高职高专计算机类专业"十二五"规划教材

计算机网络技术基础与应用

郑阳平　主　编

宋文津　衡军山　郝春雷　黄玉芬　副主编

宋汉珍　主　审

化学工业出版社

·北京·

本书注重理论联系实际，突出计算机网络技术的基本操作技能和实用性。本书难度适中，内容编排新颖、图文并茂，通俗易懂，是学习计算机网络应用技术的理想教材。全书共四篇，分别为基础篇、组网篇、用网篇和技能篇。通过本书的学习，读者将懂得计算机网络的基础知识，会组建简单中小型局域网，会使用网络，会简单管理网络。

本书主要内容包括计算机网络基本概念、数据通信基础知识、计算机网络体系结构、传输介质与综合布线基础、局域网技术、Internet 基础、广域网基础知识、传输控制协议、Internet 应用和计算机网络安全。为了使读者在学习计算机网络基础知识的同时，获得一些实用的技能，每章都配有思考与练习题，并在第四篇中安排了大量的实践技能训练。

本书可作为高职高专院校计算机相关专业的教材，也可供非计算机专业学生及其他相关人员学习参考。

图书在版编目（CIP）数据

计算机网络技术基础与应用 / 郑阳平主编. —北京：
化学工业出版社，2014.7（2019.11 重印）
高职高专计算机类专业"十二五"规划教材
ISBN 978-7-122-20875-0

Ⅰ. ①计…　Ⅱ. ①郑…　Ⅲ. ①计算机网络-高等职业
教育-教材　Ⅳ. ①TP393

中国版本图书馆 CIP 数据核字（2014）第 122044 号

责任编辑：王昕讲　　　　　　　　　　装帧设计：刘丽华
责任校对：宋　玮

出版发行：化学工业出版社（北京市东城区青年湖南街 13 号　邮政编码 100011）
印　　装：大厂聚鑫印刷有限责任公司
787mm×1092mm　1/16　印张 17　字数 490 千字　2019 年 11 月北京第 1 版第 3 次印刷

购书咨询：010-64518888　　　　　　　售后服务：010-64518899
网　　址：http: // www.cip.com.cn
凡购买本书，如有缺损质量问题，本社销售中心负责调换。

定　　价：35.00 元

前　言

计算机网络课程是计算机类及相关专业的重要基础课程。随着计算机网络技术的飞速发展，计算机网络课程的内容也需要做适当的调整，应及时更新教材内容，突出计算机网络的实用性，充分体现职业教育的理念，提高学生实践动手能力。

本教材以"一懂三会"为主线，以懂得计算机网络基础知识为核心，会组建简单中小型局域网、会使用网络，会简单管理网络，对知识内容进行合理编排。本教材的编写具有以下几个特点。

（1）本教材依据高职高专教育特点，体现工学结合的人才培养目标。理论知识以"必需，适度，够用"的职业教育理念为主导，以"应用实例巩固理论知识，淡化技术原理，强调实际应用"为原则，合理地编排教材内容结构，整个教材内容突出理论与实践紧密结合，通过应用实例来分析原理性基础知识，避免生硬的技术理论，同时增加实践技能操作，体现计算机网络的实用性。

（2）本教材开拓了基础理论教学、应用技术教学和实践教学"三合一"的新模式。本书集计算机网络技术基础知识、应用技术和技能操作于一体，既有计算机网络技术的基础知识，又有计算机网络的实用应用技术，同时还有对应的工程实例，体现了工学结合的特色。学生通过组网篇、用网篇和技能篇的实践练习，运用计算机网络技术进行基本的"组网、用网和管网"，还可以运用网络知识和工具软件，来诊断、排除网络中的常见故障。通过"三合一"的新模式，将"学中做"与"做中学"的思想贯穿于教学过程中，实现知识讲解和技能训练的有机结合。

（3）本书按照"问题导入→学习任务→知识内容介绍→工程实例"进行章节体系设计，将知识内容以"问题导入"形式展现给初学者，以导学中的问题为章节主线，预留悬念，通过本章的学习，回答导学中的问题；同时，与"学习任务"一起体现本章需要掌握主要知识内容，使初学者有一个整体的初步认识；然后逐步细化，逐层展开，按照由浅到深，由简到繁的顺序，以实例形式说明技术知识，最后通过"工程实例"体现实践应用，在实践应用中给予总结与提升。

本书建议学时为60~80学时，其中理论学时35~50学时，实践学时为25~30学时。授课时，注重基础篇、组网篇、用网篇和技能篇的前后结合，以任务驱动，理论结合实际，突出实例和技能操作在本课程的作用。我们将为使用本书的教师免费提供电子教案等教学资源，需要者可以到化学工业出版社教学资源网站http://www.cipedu.com.cn免费下载使用。

本书由郑阳平担任主编，宋文津、衡军山、郝春雷、黄玉芬担任副主编，全书由宋汉珍担任主审，郑阳平统稿。本书第1章由衡军山编写，第2章、第4~7章由郑阳平编写，第3章由郝春雷编写，第8、10、11章由宋文津编写，第9章和附录A由夏雪刚编写，第12章的12.1、12.3~12.6、12.12由李广莉编写，第12章的12.2、12.7、12.10由景妮编写，第12章的12.8、附录B、附录C由黄玉芬编写，第12章的12.9、12.11由张清涛编写。另外，刘明华和张宏甫提供了丰富的教学资源，并参与部分章节的编写，在此表示感谢。本书在编写过程中，得到了承德石油高等专科学校领导和同事们的大力支持和帮助，并提出了许多宝贵意见，也借鉴了大批优秀教材和有关资料，吸取了许多专家和同仁的宝贵经验，在此向他们深表谢意。

由于编者水平有限，教材中难免有不足与疏漏之处，殷切希望同行专家和广大读者批评指正。

编　者
2014 年 6 月

目　　录

第一篇　基　础　篇

第二篇　组　网　篇

第三篇　用　网　篇

第四篇 技 能 篇

第一篇 基　础　篇

第1章　计算机网络概述

【问题导入】

你可能有过在家里用宽带上网的经历，有过在网吧上网的经历，有过通过智能手机上网的经历，而现在置身于大学校园，网络更是与你的学习和生活密不可分。你可以通过网络聊天、购物、看电影，也可以通过网络查阅资料、学习课程、收发邮件、共享信息。随着计算机网络技术和信息技术的发展，网络已经深入到了人们的世界，其丰富的功能已经对人们的生活产生了深远的影响。那么当沉浸于多彩的网络世界时，你是否想过，是什么介质把计算机、智能手机等设备连在一起，什么协议让处于不同地域的计算机可以相互通信？计算机网络有多大？计算机网络是如何构建的？带着这些问题，来学习计算机网络技术。

图 1-1　计算机网络互联逻辑模型

计算机网络互联逻辑模型如图 1-1 所示，将世界范围内，不同地域，不同类型的计算机等终端设备相互连接在一起，形成了一个庞大的网络。

问题 1：什么是计算机网络？

回答 1：_____

_____

_____。

问题 2：计算机网络的功能是什么？

回答 2：_____。

问题 3：计算机网络由哪些基本部分组成？

回答 3：_____

_____。

【学习任务】

本章主要介绍计算机网络的基本概念、计算机网络的分类和计算机网络的组成，本章的主要学习任务如下所示。

- 了解计算机网络的发展史；
- 理解网络的定义及功能；
- 了解从不同角度对网络的分类；
- 理解计算机网络的拓扑结构；
- 理解计算机网络的基本组成。

1.1　计算机网络发展与定义

随着人类社会的不断进步、经济的迅猛发展以及计算机的广泛使用，人们对信息的要求越来越强烈，为了更有效地传送和处理信息，计算机网络应运而生。到了 20 世纪 90 年代，Internet 的兴起和快速发展，使越来越多的人接触到了计算机网络这个概念，越来越多的人对计算机网络产生兴趣。计算机网络是现代计算机技术和通信技术相结合的产物，网络被广泛地应用于工商业的各个方面，包括电子银行、电子商务、现代化的企业管理、信息服务业等。从学校远程教育到政府日常办公乃至今天的数字城市，智慧城市，很多方面都离不开计算机网络技术。可以不夸张地说，计算机网络在当今世界无处不在。

1997 年，在美国拉斯维加斯的全球计算机技术博览会上，微软公司总裁比尔·盖茨先生发表了著名的演说。在演说中，"网络才是计算机"的精辟论点充分体现出信息社会中计算机网络的重要基础地位。计算机网络技术的发展越来越成为当今世界高新技术发展的核心之一。计算机网络的发展特点可以说是"历史不长，发展很快"。

1.1.1　计算机网络发展历史

计算机网络是现代通信技术和计算机技术相结合的产物，它实现了资源共享和远程通信及信息处理。

计算机网络的形成与发展历史，大致可以划分为 3 个阶段。

1）面向终端的计算机网络

在 20 世纪 50 年代，计算机主要是一些大型机，数量少，而且价格昂贵，没有网络操作系统和管理软件，根本形不成规模性的计算机网络。随着计算机技术的发展，在 20 世纪 60 年代，面向终端的计算机通信网得到很大发展，如图 1-2 所示。当时的计算机网络的发展可分为初级阶段和远程联机阶段。初级阶段就是以单个计算机为中心的面向终端的计算机网络，一台主机连接若干台终端，终端是不具有中央处理器，没有数据处理能力，这一阶段已具备了计算机网络的雏形。后来，为了实现主机与远程终端的通信，出现了以"终端—通信线路—计算机"构成的远程联机系统，由此开始计算机技术和通信技术的结合。典型应用是由一台计算机

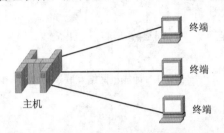

图 1-2　以单主机为中心的联机终端网络系统

和全美范围内 2000 多个终端组成的飞机定票系统。还有美国半自动地面防空系统（SAGE），将雷达信号和其他信息经远程通信线路送至中央计算机处理，第一次利用计算机网络实现远程集中控制和人机对话。

2）"计算机—计算机"网络

20 世纪 60 年代中期，随着计算机和通信技术的进步，出现了由若干台计算机互联的系统，开创了"计算机—计算机"通信时代，并呈现出多处理中心的特点。1969 年 12 月美国国防部高级研究计划局建立的 ARPANet 网投入运行，标志着计算机网络的兴起。ARPANet 是第一个采用分组交换技术的网络，而分组交换技术是计算机网络发展的巨大推动技术。分组交换技术克服了传统电话交换的缺点，提高了网络资源的利用率。ARPANet 的成功使计算机网络概念发生根本的变化，由面向终端的计算机网络以通信子网为中心，ARPANet 也是当今因特网（Internet）的原型。

3）开放标准化的网络

20 世纪 70 年代中期，国际上各种广域网、局域网与公用分组交换网的发展十分迅速，各个计算机生产商纷纷发展各自的计算机网络系统，随之而来的是网络体系结构与网络协议的标准化问题。由于没有统一的标准，不同厂商的产品之间互联很困难，人们迫切需要一种开放性的标准化实用网络环境，这样，在 20 世纪 70 年代后期，人们认识到了这个问题的严重性，开始提出发展计算机网络的国际标准化问题。许多国际组织，如国际标准化组织（ISO）、国际电报电话咨询委员会（CCITT）、电气电子工程师协会（IEEE）等都成立了专门的研究机构，研究计算机系统的互连、计算机网络协议标准化等问题，以便不同的计算机系统、不同的网络系统能互连在一起，实现"开放"的通信和交换，实现资源共享和分布式处理等。1984 年，ISO 正式颁布了一个称为"开放系统互连基本参考模型"（OSI 模型）的国际标准 ISO 7498。该模型被国际社会普遍接受，并认为是新一代计算机网络

体系结构的基础。80 年代中期，以 OSI 模型为参照，ISO 以及 CCITT、IEEE 等机构开发制定了一系列协议标准，形成了一个庞大的 OSI 基本标准集。OSI 标准确保了各厂商生产的计算机和计算机网络产品之间的互连，推动了 OSI 技术的发展和标准的应用。

互联网就是计算机网络的典型代表，它是自印刷术发明以来，人类在通信方面取得的最大的成就，它给人们日常生活带来了很大的便利，缩短人际交往的距离，改变了人们的生活、工作、学习和交往方式。互联网的出现让世界变成了一个"地球村"。

1994 年 4 月 20 日，中国通过一条 64Kbps 的国际专线全功能的接入国际互联网。20 年来，互联网在中国快速的发展。如今，6 亿中国网民和多家中国著名的网络公司正重划世界互联网版图，中国创造的 4G 网络标准成为国际标准之一；全球最大的 15 个社交网络中，6 个来自中国；2013 年国人在网购上花费 1.9 万亿元，接近当年马来西亚的 GDP 总量。

1.1.2　计算机网络定义

网络（Network）是一个复杂的人或物的互连系统。人们生活的周围无时无刻存在着各种网，如电话网、交通网等；人们常说的"三网融合"，即电话网络、电视网络和计算机网络的融合工程。

所谓计算机网络，顾名思义是由计算机组成的网络系统，就是利用通信设备和线路，将地理位置不同、功能独立自主的多个计算机系统相互连接，用网络软件（网络通信协议和网络操作系统等）实现网络中资源共享和信息传递的系统。关于计算机网络定义有不同的方式，最简单计算机网络定义是：一些相互连接的、以共享资源为目的的、自治的计算机的集合。

如果用一句话概括计算机网络，它就是一个互连的、自主的计算机集合，主要涉及下面 4 个要点。

（1）自主："自主"指网络中每个计算机都不依赖于其他计算机，可以独立工作。在一个计算机网络中，至少包含两台以上地理位置不同且都具有"自主"功能的计算机。通常将具有"自主"功能的计算机称为"主机"（Host），在计算机网络中也称为"节点"（Node）。网络中的"节点"不仅仅指计算机，还可以是其他通信设备，如集线器、交换机、路由器等。

（2）互连：互连指由通信介质将网络中各节点进行物理互连。通信介质可以是双绞线、同轴电缆、光纤等有线传输介质；也可以是红外线、微波等无线传输介质。

（3）网络通信协议：网络通信协议是一系列规则和约定的规范性描述，定义了设备间通信的标准。在计算机网络中，各节点之间互相通信或交换信息，需要有某些约定和规则，这些约定和规则的集合就是协议。

（4）网络资源共享：资源共享包括硬件资源和软件资源共享。计算机网络是以实现数据通信和资源共享为目的的。

1.1.3　计算机网络功能

计算机网络主要具有四大功能。

（1）资源共享

资源共享是计算机网络提供的最重要的功能之一，包括硬件资源和软件资源共享。软件资源有程序和形式多样的数据（如数字信息、声音、图像等）；硬件资源除计算机外，还有各种设备（如打印机、传真机、扫描仪等）。

（2）数据通信

数据通信是计算机网络的基本功能之一，可实现不同地理位置的计算机与计算机之间、计算机与通信设备之间的数据传输。近几年，随着网络技术的发展，计算机网络提供的数据通信服务无论在速度还是质量上，都有了明显的提高。

（3）分布式处理和负载均衡

分布式处理和负载均衡是计算机网络提供的基本功能之一。对于大型的任务或当网络中某台计算机的任务负载太重时，可将任务分散到网络中的各台计算机上进行，或由网络中比较空闲的计算机分担负荷。均衡负载，包括分布式输入、分布式计算、分布式输出三个方面。

（4）提高计算机的可靠性和可用性

有了计算机网络，计算机系统软件和硬件的可靠性都得到提高，例如，可以利用多个服务器为用户提供服务，当某个服务器崩溃时，其他服务器可以继续提供服务。

另外计算机网络还可以为人们提供综合信息服务等功能。例如，网络游戏和网上购物等休闲娱乐服务。

1.2　计算机网络分类

1.2.1　根据网络覆盖范围分类

计算机网络用户间的距离是决定网络类型及使用技术的要素之一。计算机网络按照其覆盖的地理范围可分为以下几种。

（1）局域网

局域网（Local Area Network，LAN）是指覆盖范围一般在方圆几十米到几千米。局域网是指在某一区域内由多台计算机互连在一起，在网络软件的支持下可以相互通信和资源共享的网络系统。"某一区域"指的是同一办公室、同一建筑物、同一公司和同一学校等，一般是方圆几千米以内。局域网可以由办公室内的两台计算机组成，也可以由一个公司内的上千台计算机组成。局域网一般为一个部门或单位所有，建网、维护以及扩展等较容易，数据传输速率高，误码率低，可靠性高。

（2）城域网

城域网（Metropolitan Area Network，MAN）是指覆盖地理范围为中等区域范围。介于局域网和广域网之间，通常是在一个城市内的网络连接。MAN 是对局域网的延伸，用来连接局域网，在传输介质和布线结构方面牵涉范围较广。城域网作为本地的公共信息服务平台组成部分，负责承载各种多媒体业务，为用户提供各种接入方式，满足政府部门、企事业单位、个人用户对基于 IP 的各种多媒体业务的需求。

（3）广域网

广域网（Wide Area Network，WAN）是指覆盖地理范围为几十到几千公里。广域网分布距离远。它把各个城市的城域网相互连接起来，再通过各城市的城域网把城市里的许多局域网连接在一起，实现了众多局域网之间的资源共享。著名的 Internet 就是一种广域网。

广域网、城域网和局域网的连接关系如图 1-3 所示。

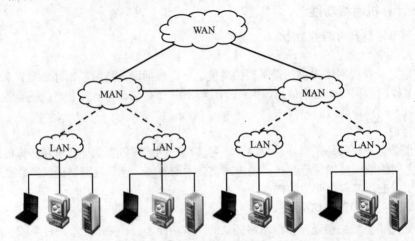

图 1-3　广域网、城域网和局域网的连接关系示意图

1.2.2　根据拓扑结构分类

拓扑学是几何学的一个分支。拓扑学首先把实体抽象成与其大小、形状无关的点，将连接实体的线路抽象成线，进而研究点、线、面之间的关系，即拓扑结构（Topology Structure）。在计算机网络中，抛开网络中的具体设备，把服务器、工作站等网络单元抽象为"点"，把网络中的电缆、双绞线等传输介质抽象为"线"。

网络拓扑结构就是指计算机网络中的通信线路和节点相互连接的几何排列方法和模式。拓扑结构影响着整个网络的设计、功能、可靠性和通信费用等许多方面，是决定局域网性能优劣的重要因素之一。设计计算机网络的拓扑结构，是设计计算机网络的第一步。

网络拓扑结构分为物理拓扑结构和逻辑拓扑结构两类。物理拓扑结构是指计算机、传输介质、交换机或路由器以及其他网路设备的物理布局。逻辑拓扑结构是指信号在网络中的实际通路。一般情况下，网络拓扑结构指的是物理拓扑结构。

计算机网络按照拓扑结构可划分为总线型结构、环型结构、星型结构和网状结构。

1）总线型拓扑结构

总线型拓扑结构是将各个节点的设备，用一根总线连接起来，所有的计算机共用一条物理传输线路，所有的数据都发往共用的同一条线路上的网络，如图 1-4 所示。

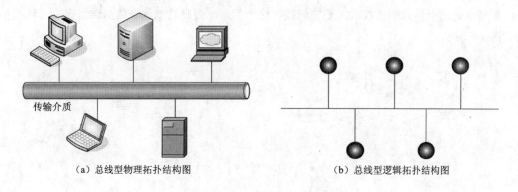

传输介质

（a）总线型物理拓扑结构图　　　　　　　　（b）总线型逻辑拓扑结构图

图 1-4　总线型拓扑结构示意图

总线型拓扑结构突出的优点是网络结构简单、成本低，安装使用方便；缺点是必须要解决发送数据的冲突问题，网络的稳定性较差，任一节点故障可能导致整个网络的瘫痪。这种物理连接方式已经淘汰。

2）星型拓扑结构

星型拓扑结构以一台中央处理设备为核心，其他设备仅与该中央处理设备之间有直接的物理链路，所有的数据必须经过该台中央处理设备。星型拓扑结构的优势是连接路径短，易管理，易维护，传输效率高。星型拓扑结构如图 1-5 所示。这种结构的缺点是中心节点需具有很高的可靠性和冗余度。

星型拓扑结构的优点是当局部线路出现故障时，不会影响网络中的其他主机；扩充设备容易；中央节点可以方便地控制和管理网络，并及时发现和处理故障。

星型拓扑结构的缺点是每一台计算机和网络设备都需要通过网线与中心节点相连，一旦中央节点发生故障，整个网络将不能工作，所以中央节点需要较高的性能。

星型拓扑结构是在当前的局域网中使用较为广泛的一种拓扑结构，它已基本代替了早期的总线型拓扑结构。

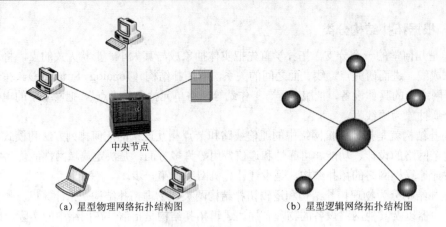

（a）星型物理网络拓扑结构图　　　　　　　（b）星型逻辑网络拓扑结构图

图 1-5　星型拓扑结构示意图

3）环型拓扑结构

环型拓扑结构是所有计算机连成环状，信号沿着一个方向传送。即各节点的首尾相接形成的一个封闭的环，每个节点都与它前一个和后一个相接。在环型结构中，信息沿着环，按顺序传递，如果下一个节点是这个信息的接收者，则它就接收这个信息，否则就把这个信息转发出去。环型拓扑结构如图 1-6 所示。

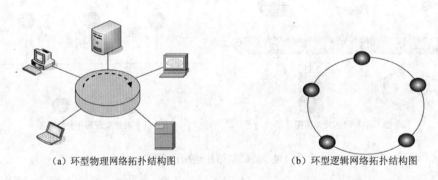

（a）环型物理网络拓扑结构图　　　　　　　（b）环型逻辑网络拓扑结构图

图 1-6　环型拓扑结构示意图

环型拓扑结构的优点是每个节点用户都与两个相邻节点用户相连。数据将沿一个方向逐站传送，每个节点的地位和作用都是平等的，且每个节点都能获得执行控制权。简化路径选择控制，传输延迟固定，实时性强，可靠性高。

环型拓扑结构的缺点是任何一个节点发生故障，就会导致环中的所有节点无法工作；每个节点是有序的，网络扩充较难。节点过多时，影响传输效率。

4）网状拓扑结构

网状拓扑结构的可靠性最高。在这种结构中，每个节点都有多条链路与网络相连，高密度的冗余链路，使一条，甚至几条链路出现故障，网络仍然能够正常工作。网状网络拓扑结构，如图 1-7 所示。

这种网络结构的主要优点是有链路冗余，可靠性高，局部的故障不会影响整个网络的正常工作。其缺点是网络机制复杂，成本高、结构复杂、不易管理和维护，很少在局域网中使用，多用于广域网。

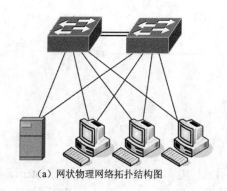 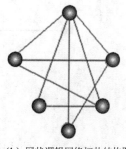

（a）网状物理网络拓扑结构图　　　　　　　（b）网状逻辑网络拓扑结构图

图 1-7　网状拓扑结构示意图

选择拓扑结构时，应考虑以下 3 点。

- 费用低：最理想的情况是建楼的同时进行考虑，并考虑今后扩展的要求。
- 灵活性：要考虑到设备搬动时，能容易重新配置网络拓扑。
- 可靠性：拓扑的选择要使故障检测和故障隔离较为方便。

1.2.3　根据网络组成部件的功能分类

从计算机网络各组成部件的功能来看，各部件主要完成两种功能，即网络通信和资源共享，如图 1-8 所示，把计算机网络中实现网络通信功能的设备及其软件的集合称为网络的通信子网，而把网络中实现资源共享的设备和软件的集合称为资源子网。通信子网主要由通信控制处理机、通信链路及其他通信设备如调制解调器等组成。资源子网由主计算机、终端以及相应的 I/O 设备、各种软件资源和数据资源构成。

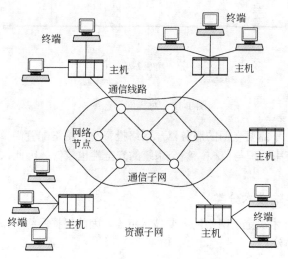

图 1-8　通信子网与资源子网结构图

1.2.4　按网络工作模式分类

按网络工作模式分类分为对等网络和基于服务器模式网络。

1）基于服务器模式的网络

基于服务器模式的网络也称为客户机/服务器的网络，即 C/S 结构。至少应该有一台服务器，由它提供网络的安全保护与资源管理的功能，S 代表服务器（Server），表示提供服务方，专门为其他计算机提供服务，它所运行的软件可连接多个客户机（Client），即支持多进程；C 代表客户机，是请求服务方，通过向服务器发出请求获得相关服务。C/S 结构，如图 1-9 所示。

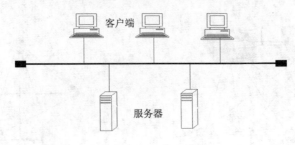

图 1-9　C/S 结构示意图

C/S 结构的网络性能，很大程度上取决于服务器的性能和客户机的数量。随着 Internet 技术的发展与应用，出现了对 C/S 结构的改进结构，即浏览器/服务器（Browser/Server，B/S）结构。如 Internet 信息资源通过浏览器访问。

基于服务器模式网络，具有统一文件存储，方便数据备份与维护，保密性强；网络管理方便，容易实现；需要一台高档计算机作为服务器，增加投资；服务器网络操作系统使用繁杂，需要专门的网络管理员。

2）对等网络

对等网（Peer to Peer）是早期的网络形式，也是最简单的网络，是局域网中最基本的一种，如图 1-10 所示。和 C/S 结构的网络不同，对等网结构中的计算机，功能一样，地位平等，没有客户机和服务器之分，拥有绝对的自主权，既可以为其他节点提供服务，也能访问其他节点，如图 1-10 所示。各节点之间能进行简单的共享访问。对等网的组织形式常采用工作组的方式。

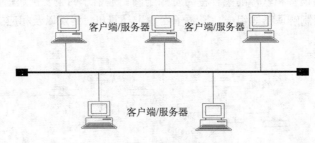

图 1-10　对等网示意图

对等网络组建简单，不需要专门的服务器，网络投资小，网络配置简单，使用方便，数据保密性差；较难实现数据的集中管理与监控，整个系统的安全性也较低。因此，对等网主要针对简单的网络应用。

1.2.5　根据通信传输技术分类

网络所采用的传输技术决定了网络的主要技术特点，因此根据网络所采用的传输技术对网络进行划分是一种很重要的方法。

1）广播式网络

广播式网络（Broadcast Networks），是指在广播通信信道中，多个节点共享一个通信信道，一个节点广播信息，其他节点必须接收信息。网络上所有的计算机共享一条通信信道，所有连接到公共信道的节点均可接收此分组，然后将自己的地址与分组中的目的地址相比较，若相同则接收，否则丢弃分组，准备接收下一分组。

2）点到点网络

点到点网络（Point-to-Point Networks），是指在点到点通信信道中，一条通信信道只能连接一对节点，如果两个节点之间没有直接连接线路，那么它们只能通过中间节点中间节点的接收、存储与转发，直至目的节点。

一般来说，局域性网络使用广播方式；广域性网络使用点对点方式。

1.2.6　根据所有权分类

1）公用网

由电信部门组建，政府和电信部门共同管理和控制的网络。如公共电话交换网（PSTN）、数字数据网（DDN）、综合业务数字网（ISDN）。

2）专用网

也称私用网，由租用电信部门的传输线路或自己铺设线路而建立的只允许内部使用的网络。一般为某一单位或某一系统组建并拥有所有权，一般不允许其他的用户使用。如金融、铁路、石油等行业的专用网。

1.3　计算机网络组成

计算机网络的规模大小不一，且种类很多，但这些计算机网络的组成基本相同，由 3 个部分组成：网络硬件、传输介质、网络软件，如图 1-11 所示。

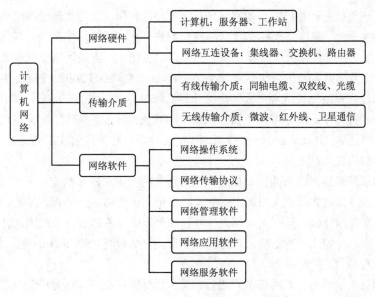

图 1-11　网络组成部分

1）网络硬件

网络硬件是构成网络的节点，包括计算机和网络互连设备。计算机可以是服务器，也可以是工作站。网络互连设备包括集线器、交换机、路由器等。

（1）工作站：工作站是指连接到计算机网络中并通过应用程序来执行任务的计算机。用户主要通过工作站来使用网络资源并完成自己的任务。网络操作系统通过个人计算机增加网络功能，使其成为网络工作站。简单地理解，用户在平时工作、学习和生活中使用的计算机都是工作站。

（2）服务器：服务器是网络资源管理和共享的核心，为不同的用户提供不同的网络服务。服务器的性能对整个网络的资源共享起着决定性的影响。服务器是指向网络用户提供特定的服务软件的计算机。服务器一方面为网络提供特定的服务，以服务器提供的服务来命名服务器，如提供 Web 服务的称为 Web 服务器，提供文件共享服务的服务器称为文件服务器等；另一方面是指服务器是软件和硬件的统一体，服务器要完成服务功能，需要服务程序来完成。特定的服务程序需要运行在高性能的硬件上，如大内存，大容量高速硬盘，多处理器等。

（3）网络互连设备：网络中使用的连接设备由网络适配器、中继器、集线器、交换机、路由器、网桥、网关等。如网络适配器又称网卡，是计算机、服务器连接网络的必备部件。

2）传输介质

传输介质是把网络节点连接起来的数据传输通道，包括有线传输介质和无线传输介质。传输介质是网络通信的物理基础，也是网络数据传输的通路，所有的网络数据都要经过传输介质进行传输。因此，传输介质的性能特点对数据的传输速率、通信距离、可连接的网络节点数和数据传输的可靠性等均有很大的影响。必须根据不同的通信要求，选择合理传输介质，避免网络所选用传输介质的种类和质量对网络性能产生负面影响。同轴电缆、双绞线、光缆都是有线传输介质；微波、卫星通信、红外线都是无线传输介质。

3）网络软件

在网络系统中，除了包括各种网络硬件设备外，还应具备网络软件，网络软件是计算机网络中必不可少的资源，网络软件是负责实现数据在网络硬件之间通过传输介质进行传输的软件系统，包括网络操作系统、网络传输协议、网络管理软件、网络服务软件、网络应用软件。

（1）网络操作系统

网络操作系统是指在计算机或其他网络硬件上安装的，用于管理本地及网络资源以及相互通信的操作系统，就像一台计算机必须拥有独立的操作系统一样。网络操作系统的基本任务就是屏蔽本地资源与网络资源的差异性，为用户提供基本的网络服务功能，完成网络资源管理，并提供网络系统的安全性服务。常见网络操作系统有 Windows Server 2000/2003/2008，Linux 和 UNIX。其中，Windows 系列的操作系统比较适合个人用户的计算机和中小型网络的服务器，UNIX 比较适合作为大型的 Internet 服务器。Linux 是 UNIX 操作系统，因其免费开放的特性，研究使用的用户较多，许多网络管理人员都是从使用 Linux 开始的，而且 Linux 还可以作为经济实用的企业服务器操作系统。

（2）网络传输协议

网络传输协议就是连入网络的计算机必须共同遵守的一组规则和约定，它可以保证数据传送与资源共享能顺利完成。这类似于人与人之间交流，一个人说英语，一个人说德语，一个人说汉语，谁也不知道对方在说些什么，只有大家都说一种互相都能听懂的语言，彼此之间才能交流，计算机之间要想共享数据也是如此。网络协议软件种类非常多，如最著名的 Internet 采用的 TCP/IP 协议。

（3）网络管理软件

网络管理软件是能够通过对网络节点进行管理，以保障网络正常运行的管理软件。是一个很复杂的系统，主要是解决网络中出现的问题，例如，如何避免服务器之间的任务冲突，如何跟踪网络用户节点的工作状态等。使用网络管理软件工具可以更方便地查明设备和网络的性能问题，并能够监测网络的流量。网络管理软件有免费的，也有商业的。

（4）网络服务软件

网络服务软件运行于特定的操作系统下，提供网络服务的软件。如 Windows Server 2003 下，Internet 信息服务（Internet Information Server，IIS）可以提供 WWW 服务、FTP 服务和 SMTP 服务等。Apache 是在各种 Windows 和 UNIX 系统中使用频率很高的 WWW 服务软件。War FTPd、Serv-U FTP PRO 都是功能很强大的运行于 Windows 系列操作系统的 FTP 服务软件。

（5）网络应用软件

网络应用软件能够与服务器进行通信，是在网络环境下直接面向用户的，直接为用户提供网络服务的软件。用户需要网络提供一些专门服务时，需要使用相应的网络应用软件。例如，要去上网，需要使用 Internet Explorer 或 Firefox 浏览器；要在 Internet 上传或下载文件，可使用迅雷、FlashGet等；要参加网络会议可使用 NetMeeting。随着网络应用的普及，将会有越来越多的网络应用软件为用户提供服务，这些软件也必将推动网络服务的多样化和简单化。

1.4　认识校园网络的拓扑结构

以某学校校园网的拓扑结构为例，初步认识网络拓扑结构及其组成，目的是对网络拓扑结构有一个初步的感性认识，对计算机网络有一个初步的宏观轮廓。如图 1-12 所示为某学校校园网络拓扑结构示意图。

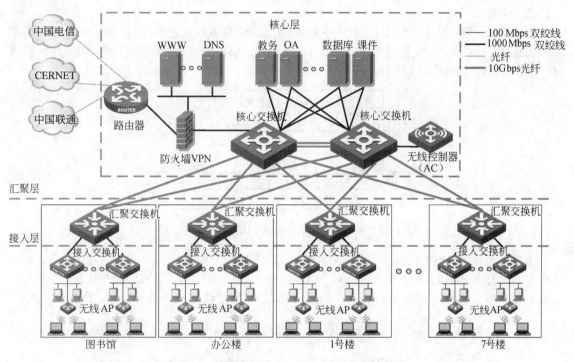

图 1-12　某学校校园网络拓扑结构示意图

- 接入层：直接连接终端用户部分。
- 汇聚层：每一层楼都有汇聚层交换机，专门负责把接入层的交换机进行汇聚。
- 核心层：是网络的主干线路，连接内部网络服务器。
- 内网服务器及存储区：是重要区域，直接和核心交换机连接，如教务服务器，OA 服务器等。
- 校外服务器区：主干设备，和防火墙连接，如 Web 服务器，DNS 服务器等。
- 网络出口区：有路由器、防火墙、VPN 等主干设备，连接 ISP（Internet Service Provider，Internet 服务提供商）。

1.5　计算机网络相关的几个概念

1）互连和互联

（1）互连

通常是指用通信介质将节点进行物理连接。"互连"强调的是物理连接，是用某种介质进行的物理连接。

（2）互联

通常是指在物理互连的基础上，用协议及软件实现各节点的逻辑互通。也就是说，"互联"强调的是软件互通，互联需要协议及软件，没有软件的联通，只有硬件的互连，也达不到共享和通信的目的。

2）带宽和宽带

（1）带宽

带宽本来是指信号具有的频带宽度，单位是赫兹（Hz）。现在带宽是数字信道所能传送的最高数据率的同义语，即每秒传送多少比特。单位是比特每秒（b/s，或 bps）。描述带宽也常常把"比特/秒"省略。

例如，人们常说带宽是 10M，实际上是 10 Mb/s。1Mbit/s =1024Kb/s，1Kb/s=1024b/s。

（2）宽带

宽带是指传输比特的"线路"，是一种传输技术。宽带指每秒将更多的"比特"（bit）从计算机注入到线路，即提高了发送比特的频率。但要注意的是，仅仅是注入比特到线路的频率高了，但传播速度是一样的，如图 1-13 所示。

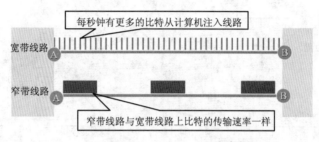

图 1-13　宽带线路和窄带线路上比特传输速率一样

有些人愿意用"汽车在公路上跑"来比喻"比特在网络上传输"，认为宽带传输得更快，好比汽车在高速公路上可以跑得更快一样。对于这种比喻一定要谨慎对待。其实，宽带线路车距缩短，即发车频率高了，如宽带线路是 1min 发一趟车，窄带线路可能就是 5min 发一趟车，如图 1-14 所示。

图 1-14　宽带线路和窄带线路区别

还有种错误的概念认为"宽带"相当于"多车道"，实际上，通信线路是串行传输，而不是并行传输，如图 1-15 所示。

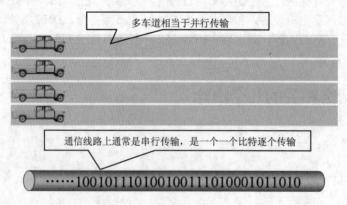

图 1-15　宽带线路通信方式

另外，人们通常把宽带接入技术简称"宽带"，但实际上，宽带接入和宽带不是一个概念。通常的家庭采用调制解调器接入 Internet，实现上网，一般用的是（非对称数字用户线 Asymmetric Digital Subscriber Line，ADSL）。ADSL 技术就是用数字技术对现有的模拟电话用户线进行改造，使它能够承载宽带业务。标准模拟电话信号的频带被限制在 300~3400Hz 的范围内，但用户线本身实际可通过的信号频率仍可超过 1MHz。ADSL 技术就把 0~4kHz 低端频谱留给传统电话使用，而把原来没有被利用的高端频谱留给用户上网使用。ADSL 的主要特点是上行和下行带宽做成不对称的。上行指从用户到 ISP，而下行指从 ISP 到用户。通常下行数据率为 32Kb/s～6.4Mb/s，而上行数据率为 32～640Kb/s。

3）时延

时延是指一个报文或分组从计算机网络的一端传送到另一个端所需要的时间。它包括了发送时延，传播时延，处理时延，排队时延。一般来讲，发送时延与传播时延是主要考虑的因素。

一般人们能忍受小于 250ms 的时延，若时延太长，会使通信双方感到不舒服。

4）吞吐量

吞吐量表示在单位时间内通过某个网络（或信道、接口）的数据量。吞吐量是经常用于对现实世界中的网络的一种测量，以便知道实际上有多少数据量能够通过网络。吞吐量受网络的带宽或网络的额定速率的限制。

思考与练习

一、选择题

1. 校园网属于（　　）。
    A. LAN　　　　　B. WAN　　　　　C. MAN　　　　　D. WLAN
2. Internet 的基本结构与技术起源于（　　）。
    A. DECnet　　　　B. ARPANet　　　C. NOVELL　　　D. UNIX
3. 计算机网络中，所有的计算机都连接到一个中心节点上，一个网络节点需要传输数据，首先传输到中心节点上，然后由中心节点转发到目的节点，这种连接结构被称为（　　）。
    A. 总线型结构　　B. 环型结构　　　C. 星型结构　　　D. 网状结构
4. 星型、总线型、环型和网状型是按照（　　）分类的。
    A. 网络跨度　　　B. 网络拓扑　　　C. 管理性质　　　D. 网络功能
5. 计算机网络是一门综合技术，其主要技术是（　　）。
    A. 计算机技术与多媒体技术　　　　B. 计算机技术与通信技术
    C. 电子技术与通信技术　　　　　　D. 数字技术与模拟技术

二、填空题

1. 计算机网络最主要的功能是（　　　　）。
2. 局域按照覆盖范围分为（　　　　）、MAN、（　　　　）。
3. 根据网络组成部件的功能分类，可把计算机网络划分为通信子网和（　　）。
4. 带宽实际上就是（　　　　）的同义词，单位是（　　　　）。

三、问答题

1. 什么是计算机网络？
2. 常见的网络拓扑结构有哪些？各有什么特点？
3. 什么是计算机网络资源共享？试举例说明。
4. 简述计算机网络的组成。
5. 简述互联和互连的区别。

第 2 章　数据通信基础

【问题导入】

目前，电话交换网（PSTN）、有线电视网（CATV）是电信网络中覆盖面最广的网络，它们传输的信号都是模拟信号。而计算机处理的是数字信号，如何将通常将信息，转换为信号，在通信线路上进行传输，就是数据通信主要技术。如使用调制解调器，家庭就可以通过普通电话线接入 Internet，畅游网络，它是把低端频谱留给传统电话进行语音通信，而把原来没有被利用的高端频谱留给用户上网使用。这种两台计算机通过电话线进行数据通信的例子，就是一个简单的数据通信系统模型。

计算机网络是计算机技术与通信技术结合的产物，数据通信是计算机网络实现数据交换的基础，也是学习计算机网络的必要前提。

问题 1：什么是模拟信号，什么是数字信号？

回答 1：_____

_____

_____。

问题 2：什么数据通信？

回答 2：_____

_____。

问题 3：什么是传输速率？

回答 3：_____

_____

_____。

问题 4：数据交换方式有哪些？

回答 4：_____

_____。

【学习任务】

本章将介绍和数据通信系统的构成及与数据通信相关的一些基本概念，本章学习任务如下所示。

- 掌握信息、数据和信号的概念，模拟和数字的概念；
- 理解数据通信和数据通信系统的基本结构；
- 理解数据通信的主要技术指标；
- 理解信号传输方式，数据通信方式，并行通信和串行通信，同步通信和异步通信；
- 理解数据交换技术；
- 了解差错校验技术。

2.1　数据通信的基本概念

数据通信是通信技术和计算机技术相结合而产生的一种新的通信方式。从某种意义上讲，计算机网络是建立在数据通信系统上的资源共享系统。计算机网络的主要功能是为了实现信息资源的共享与交换，而信息是以数据的形式来表达的。

2.1.1 信息、数据和信号

数据通信的目的是交换信息。信息是人对现实世界事物存在方式或运动状态的某种认识，信息的载体可以是声音，图像，动画等多种形式。为了传送这些信息，需要将这些信息（如一个字母，或数字）用二进制代码表示。被传输的二进制代码称数据，是信息的载体。而当这些二进制代码表示的数据要通过物理介质进行传输时，还需要将其转变成信号。信号是数据在传输过程中的电磁波表现形式。

信息、数据和信号三者之间关系：数据是信息的载体，是信息的表示形式，信息是数据的具体含义，涉及数据的内容和解释，信号则是数据在传输过程中的电磁波表示形式。

2.1.2 模拟信号与数字信号

数据可以分为模拟数据与数字数据两种。在通信系统中，表示模拟数据的信号称作模拟信号，表示数字数据的信号称作数字信号，两者是可以相互转化的。模拟信号和数字信号如图 2-1 所示。

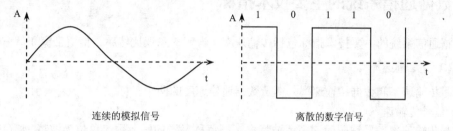

连续的模拟信号　　　　　　　　　　　　离散的数字信号

图 2-1 模拟信号和数字信号

模拟信号是一种波形连续变化的信号，它的取值是无限个，例如，拨打电话的语音信号，电视摄像产生的连续图像信号，以及许多遥感遥测信号都是模拟信号。

数字信号是一种离散的信号，它的取值是有限的，通常表现为离散的脉冲形式。计算机中传送的是典型的数字信号，数字电话和数字电视等都可看成是数字信号。

2.1.3 数据通信

现代通信主要借助光和电来传输信息。数据通信就是发送方将要发送的数据转换成电（光）信号通过物理信道传输到数据接收方的过程。

信号的传输通道称为信道。传输模拟信号的通道称为模拟信道；传输数字信号的通道称为数字信道。由于信号是可以离散变化的数字信号，也可以是连续变化的模拟信号，所以与之相对应，数据通信被分为模拟数据通信和数字数据通信。所谓模拟数据通信是指在模拟信道上以模拟信号形式来传输数据；而数字数据通信则是指利用数字信道以数字信号形式来传输数据。

2.1.4 数据通信系统

数据通信系统比较复杂，下面通过两个计算机使用电话线通信简单的例子介绍数据通信系统模型，如图 2-2 所示。一个数据通信系统分为三大部分，即源系统、传输系统和目标系统。

源系统一般包括信源和发送器两部分。在通信系统中发送信息的一端称为信源。通常信源生成的数字比特流要通过发送器编码后才可以在传输系统中进行传输，典型的发送器就是调制器。调制的含义就是把数字信号转换为模拟信号的过程，也称 D/A 转换。

目标系统一般包括信宿和接收器两个部分。在通信系统中，接收信息的一端称为信宿。接收器负责接收传输系统传输过来的信号，并把它转换为能够被信宿识别和处理的信息，典型的接收器就是解调器。解调的含义就是把模拟信号转换为数字信号的过程，也称 A/D 转换。

信源与信宿之间通过信道实现信号传输。数据在传输过程中会受到外界各种干扰信号的影响，把这种干扰信号称为噪声。

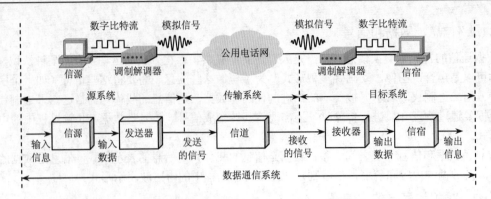

图 2-2　数据通信系统模型

2.2　数据通信系统的主要技术指标

数据通信系统的主要技术指标包括传输速率、误码率和误比特率、信道带宽和信道容量。

2.2.1　传输速率

信号传输速率和数据传输速率是衡量数据通信速度的两个指标。

1）信号传输速率

信号传输速率，又称码元速率或波特率，即每秒发送的码元数，单位为波特/秒（Baud/s）。波特率是用在数据信号入口的一种术语，它实质上是数字数据经调制后的传输速率度量单位，所以也称调制速率。

2）数据传输速率

数据传输速率是每秒传输的信息量，即指每秒传输的二进制位的位数，单位为位/秒（b/s 或 bps），又称比特率，也称信息传输速率。数据传输率的高低由每位所占时间决定。如果每位所占时间少即脉冲宽度窄，则数据传输率高。数据信息传输率是用在数据信源出口的一种术语。

数据传输速率单位之间关系如下所示。

$$1Kbps=2^{10}=1024bps \qquad 1Mbps=2^{20}=1024Kbps$$
$$1Gbps=2^{30}=1024Mbps \qquad 1Tbps=2^{40}=1024Gbps$$

对于一个二进制的信号（两级电平），每个码元包含 1 位信息比特，则信号传输速率等于数据传输速率；对于一个四进制表示的信号（四级电平），每个码元包含 2 位信息比特，信号传输速率是波特率的 2 倍，如图 2-3 所示。

一般来说，对于 M 进制的信号（M 级电平）传输时，数据传输速率 R_b 和波特率 R_B 之间的关系如下所示。

$$R_b=R_B\times\log_2^M$$

2.2.2　误码率和误比特率

误码率和误比特率是衡量数据传输系统正常工作状态下传输可靠性的重要参数。误码率是指二进制码元在数据传输系统中被传错的概率，误比特率是指在传输中出错比特的概率。

若传输总码元数为 N，传错码元数为 N_e，则误码率 P_e 为

$$P_e=\frac{N_e}{N}$$

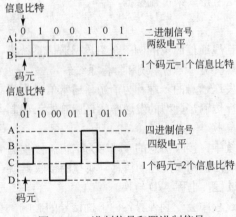

图 2-3　二进制信号和四进制信号

若传输总比特数为 M，传错比特数为 M_b，则误比特率 P_b 为

$$P_b = \frac{M_b}{M}$$

在实际的数据传输系统中，电话线路在 300～2400bps 传输速率时，平均误码率为 10^{-2}～10^{-6}，在 4800～9600bps 传输速率时平均误码率为 10^{-2}～10^{-4}。而计算机通信的平均误码率要求低于 10^{-9}，即平均每传输 1Mbit 才允许错 1bit 或更低。

在理解误码率定义时应注意的是，对于一个实际的数据传输系统，不能笼统地要求误码率越低越好，要根据实际传输要求提出误码率要求；在数据传输速率确定后，误码率越低，数据传输系统设备越复杂，造价越高。

2.2.3　信道带宽和信道容量

信道带宽是指信道中传输的信号在不失真的情况下所占用的频率范围，通常称为信道的通频带，单位用赫兹（Hz）表示。信道带宽是由信道的物理特性所决定的，例如，电话线路的频率范围为 300～3400Hz，则它的带宽范围就是 300～3400Hz。

信道容量是衡量一个信道传输数字信号的重要参数，是指单位时间内信道上所能传输的最大比特数，用每秒比特数（bps）表示，即信道的最大传输速率。当数据传输速率超过信道的最大信号传输速率时，就会产生失真。

通常，信道容量和信道带宽具有正比的关系，信道带宽越大，信道容量越高，所以要提高信号的传输率，信道就要有足够的带宽。从理论上看，增加信道带宽是可以增加信道容量的，但在实际上，信道带宽的无限增加并不能使信道容量无限增加，其原因是在一些实际情况下，信道中存在噪声或干扰，制约了信道带宽的增加。

2.3　数据传输技术

2.3.1　信号传输方式

信号传输方式分为基带传输、频带传输和宽带传输。

1）基带传输

数据信息被转换成电信号时，利用原有电信号的固有频率和波形在线路上传输，称为基带传输。计算机等数字设备中，二进制数字序列的最方便的电信号表示方式是矩形波，即用"1"或"0"分别来表示"高"电平或"低"电平。所以把矩形波固有的频带称为基带，矩形波信号称为基带信号，而在信道上直接传输基带信号称为基带传输，实际上基带就是数字信号所占用的基本频带。即在信道上直接传输数字信号称为基带传输。

基带传输系统安装简单、成本低，主要用于总线型拓扑结构的局域网，在 2.5km 的范围内，可以达到 10Mbit/s 的传输速率。

由于在近距离范围内，基带信号的功率衰减不大，从而信道容量不会发生变化，因此，在局域网中通常使用基带传输技术。

2）频带传输

所谓频带传输是指将数字信号调制成模拟信号后再进行发送和传输，到达接收端时再把模拟信号解调成原来的数字信号。可见，在采用频带传输方式时，要求发送端和接收端都要安装调制器解调器。在实现远距离通信时，经常借助于电话线路，此时就需要利用频带传输方式。利用频带传输，不仅解决了利用电话系统传输数字信号的问题，而且可以实现多路复用，以提高传输信道的利用率。计算机网络的远距离通信通常采用的是频带传输。基带信号与频带信号的转换是由调制解调技术完成的。

频带传输的优点是可以利于现有的大量模拟信道通信，价格便宜，容易实现。它的缺点是速率

低，误码率较高。家庭用户拨号上网就属于这一类通信。

3）宽带传输

宽带传输采用 75Ω 的 CATV 电视同轴电缆或光纤作为传输媒体，带宽为 300MHz。使用时通常将整个带宽划分为若干个子频带，分别用这些子频带来传送音频信号、视频信号以及数字信号。宽带同轴电缆原是用来传输电视信号的，当用它来传输数字信号时，需要利用电缆调制解调器（Cable Modem）把数字信号变换成频率为几十兆赫到几百兆赫的模拟信号。

可利用宽带传输系统来实现声音、文字和图像的一体化传输，这也是通常所说的"三网合一"，即语音网、数据网和电视网合一。另外，使用 Cable Modem 上网就是基于宽带传输系统实现的。

宽带传输的优点是传输距离远，可达几十千米，而且同时提供了多个信道。但它的技术较复杂，其传输系统的成本也相对较高。

一般地说，宽带传输与基带传输相比有以下优点。

● 能在一个信道中传输声音、图像和数据信息，使系统具有多种用途；
● 一条宽带信道能划分为多条逻辑基带信道，实现多路复用，因此信道的容量大大增加；
● 宽带传输的距离比基带传输远，因数字基带直接传送数字，传输的速率愈高，传输的距离愈短。

2.3.2　数据通信方式

1）单工通信

单工通信又称单向通信，信息传送只能在一个固定的方向上进行，任何时候都不能改变方向，即发送方只能发送信息不能接收信息，接收方只能接收信息而不能发送信息，任何时候都不能改变信号传送方向，如图 2-4 所示。例如，无线电广播和电视都属于单工通信。

图 2-4　单工通信

2）半双工通信

半双工通信是指信号可以沿两个方向传送，但同一时刻一个信道只允许单方向传送，即两个方向的传输只能交替进行，而不能同时进行。由于半双工在通信中要频繁地切换信道的方向，所以通信效率较低，但节省了传输信道，如图 2-5 所示。例如，无线对讲机、计算机与终端之间的会话式通信都属于半双工通信。

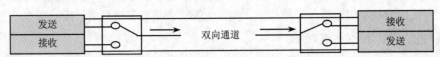

图 2-5　半双工通信

3）全双工通信

全双工通信又称双向同时通信。信号可以同时进行双向发送，即双方可以同时发送信息与接收信息，如图 2-6 所示。这种传输方式中，因此可以提高总的数据流量。例如计算机与计算机之间的通信就是全双工通信。

图 2-6　全双工通信

2.3.3　并行通信与串行通信

按照通信方式，数据通信分为并行通信和串行通信。

1）并行通信

并行传输是指数据以成组方式在多个并行的信道上同时传输，相应地需要若干根传输线。一般用于计算机内部或近距离设备的数据传输，如图 2-7 所示为计算机和打印机之间的通信示意图，一次传送一个字节，所以传输信道需要 8 根数据线，不需要额外的措施来实现收发双方的字符同步。但是，还需要其他的控制信号线。

并行传输优点是速度快，缺点是费用高，易受干扰。仅适合于短距离和高速率的通信。

2）串行通信

串行传输是指数据在信道上一位一位地逐个传输，从发送端到接收端只需一根传输线，成本少，易于实现，计算机网络普遍采用。如图 2-8 所示，计算机内部都采用并行通信，计算机之间进行远距离通信时，采用串行通信方式，发送端需要通过并/串转换装置将并行数据位流变为串行数据位流，然后送到信道上传输，在接收端再通过串/并转换，还原成 8 位并行数据流。计算机和外界进行串行通信是通过串行端口（COM）完成的。

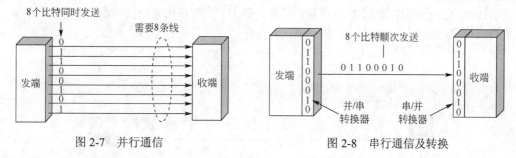

图 2-7　并行通信　　　　　　　　　　　图 2-8　串行通信及转换

串行通信的优点是收、发双方只需要一条传输信道，易于实现，成本低，但速度比较低。一般用于长距离传输。

通常串行传输顺序为由低位到高位，传完这个字符再传下一个字符，因此收、发双方必须保持字符同步或位同步，以使接收方能够从接收的数据比特流中正确区分出与发送方相同的字符，这是串行传输必须解决的同步问题。串行通信分为同步通信和异步通信。

（1）同步通信

数据通信中整个计算机通信系统能否正确有效地工作，在相当程度上依赖于是否能很好地实现同步。所谓同步，就是接收端要按发送端所发送的每个码元的重复频率以及起止时间来接收数据。同步通信是指在约定的数据通信速率下，发送方和接收方的时钟信号频率和相位始终保持一致（同步），这就保证了通信双方在发送数据和接收数据时完全一致。在通信时，接收端要校准自己的时间和重复频率，以便和发送端取得一致，这个过程称为同步过程。

在有效数据传送之前首先发送一串特殊的字符进行标识或联络，这串字符称为同步字符或标识符。在传送过程中，发送端和接收端的每一位数据均保持同步。同步通信方式的信息格式是一组字符组成的数据块（帧）。对这些数据，不需要附加起始位和停止位，而是在发送一组字符或数据块之前先发送一个同步字符 SYN（以 01101000 表示）或一个同步字节（01111110），用于接收方进行同步检测，从而使收发双方进入同步状态。同步之后，可以连续发送任意多个字符或数据块，发送数据完毕后，再使用同步字符或字节来标识整个发送过程的结果，如图 2-9 所示。

在同步传送时，由于发送方和接收方将整个字符组作为一个单位传送，且附加位又非常少，从而提高了数据传输的效率。所以，这种方法一般用在高速传输数据的系统中，如计算机之间的数据通信。

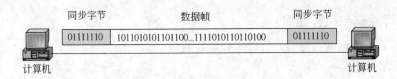

图 2-9　同步通信方式

另外，同步通信方式下以固定的时钟节拍来发送数据信号，字符间顺序相连，既无间隙也无插入字符。收发双方的时钟与传输的每一位严格对应，以达到位同步；在开始发送一帧数据之前先发送固定长度的帧同步字符，再发送数据帧，最后发送帧终止字符，这样来保证字符同步和帧同步。每两帧之间发送空白字符。接收方收到数据后必须首先识别同步时钟，在近距离传输中可另加一条数据线来实现同步，在远距离传输过程中必须加入时钟同步信号来解决同步问题。

（2）异步通信

异步传输是最早使用也是最简单的一种方法，但是每个字符有 2～3 位的额外开销，这就降低了传输效率。用这种方法，每次传送一个字符（可由 5～8 位组成），在传送字符前，设置一个起始位，以示字符信息的开始，接着是字符代码，字符代码后面有一位校验位，最后设置 1～2 位的终止位，表示传送的字符结束，如图 2-10 所示。这样，每一个字符都由起始位开始，在终止位结束，所以也称为起止式同步。

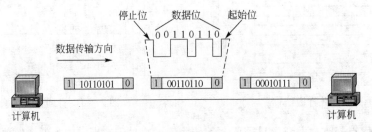

图 2-10　异步通信方式

异步方式实现比较容易，收、发双方时钟信号不需要精确同步。缺点是增加起、止信号，效率低，适用于低速数据传输中。

异步通信和同步通信的区别如下所示。

异步通信，开销大，效率低；控制简单，若传输有错，只需重传出错的字符。适合低速传输。

同步通信，开销小，传输效率高；当所传输的数据块中出现与同步字符或同步标志位相同比特序列时，需提供解决方案；一次传输出错，需重传整个数据块。适用于高速传输。

2.4　数据交换技术

通信子网由传输线路和中间节点组成，当信源和信宿间没有线路直接相连时，信源发出的数据先到达与之相连的中间节点，再从该中间节点传到下一个中间节点，直至到信宿，这个过程称为交换。在计算机网络中，计算机通常使用公用通信的传输线路进行数据交换，以提高传输设备的利用率。在网络中，数据交换方式可以分为电路交换、报文交换和分组交换。

从交换原理上来看，电路交换是基于电路传输模式，属于同步传送模式；而报文交换、分组交换则是采用存储/转发模式，属于异步传送模式。

2.4.1　电路交换

电路交换（Circuit Switching）也称线路交换，是一种直接的交换方式，要求在通信的双方之间建立起一条实际的物理通路，并且在整个传输过程中，这条通路被独占。电话系统是最典型的电路交换例子。

电路交换实现数据通信需经过建立连接、数据传输、释放连接三个步骤。

1）建立连接

通过源节点请求完成交换网中相应节点的连接过程，这个过程建立起一条由源节点到目的节点的传输通道。电路交换在数据传输之前，必需先建立一条点到点的通道。

2）数据传输

电路建立完成后，就可以在这条临时的专用电路上传输数据，通常为全双工传输。

3）释放连接

在完成数据传输后，源节点发出释放请求信息，请求终止通信。若目的节点接受释放请求，则发回释放应答信息。在电路拆除阶段，各节点相应地拆除该电路的对应连接，释放由该电路占用的资源。

电路交换技术的优点是实时性强，传输延迟小，线路一旦接通，就不会发生冲突，而且保证信息传输顺序。

电路交换的缺点是一旦建立连接，独占线路，造成信道浪费。电路建立和拆除的时间较长，而且在这期间，电路不能被共享，利用率低，当数据量较小时，为建立和拆除电路所花费的开销较大。因此，电路交换适用于系统间要求高质量的大量数据的传输。

2.4.2　报文交换

早在 20 世纪 40 年代，电报通信系统就采用了报文交换（Message Switching）方式。与电路交换的工作原理不同，每个报文传送时，没有连接建立和释放这两个阶段。报文交换克服了电路交换的缺点，通信多方共享一条传输信道，大大提高了信道的利用率。报文交换是源站发送报文时，把目的地址添加在报文中，然后根据报文的目的地址，报文在网络中一个节点传至另一个节点，直到目的计算机。信息的交换是以报文为单位的，通信的双方无需建立专用通道，采用存储转发的方式进行报文交换。

所谓存储转发就是将待发送的数据先存入网络设备的缓存区并排队，再由网络设备按顺序将数据转发出去。例如，当计算机 A 要与计算机 B 进行通信时，计算机 A 需要先把要发送的信息加上报文头，包括目的地址、源地址等信息，并将形成的报文发送给交换设备 IMP（接口信息处理机或称交换器）。接着交换器把收到的报文信息存入缓冲区并输送进队列等候处理。交换器依次对输送进队列排队等候的报文信息作适当处理以后，根据报文的目标地址，选择合适的输出链路。如果此时输出链路中有空闲的线路，便启动发送进程，把该报文发往下一个交换器，这样经过多次转发，一直把报文送到指定的目标计算机。

报文交换方式优点是线路利用率高，信道可为多个报文共享；接受方和发送方无需同时工作，在接受方"忙"时，报文可以暂存在交换器；可同时向多个目标地址发送同一个报文；能够在网络上实现报文的差错控制和纠错处理；根据报文的长短或其它特征可以给报文建立优先级，使得一些短的、重要的报文能优先传递。缺点是网络传输时延大，并且占用了大量的内存与外存空间，因而不适用于要求系统安全性高、不宜用于实时通信或交互通信。

2.4.3　分组交换

分组交换（Packet Switching）采用了报文分组和存储转发的技术。分组交换又称报文分组交换。是综合了电路交换和报文交换两者优点的一种交换方式。它不像报文交换以报文为单位进行交换、传输，而是以更短的、标准的分组为单位进行交换传输。分组交换就是设想将用户的大报文分割成若干个具有固定长度的报文分组（又称为包，Packet）。每个分组都有一个首部（包含地址、长度等信息）。首部用以指明该分组发往何地址，然后由交换机根据每个分组的地址标志，将分组转发至目的地。同一个报文的不同分组可以在不同的路径中传输，到达指定目标以后，再将分组重新组装成完整的报文。

　　分组交换适用于对话式的计算机通信，如数据库检索、图文信息存取、电子邮件传递和计算机之间的通信等各方面，传输质量高、成本较低，并可在不同速率终端间通信。其缺点是不适宜于实时性要求高、信息量很大的业务使用。

2.4.4　虚电路和数据报

　　在计算机网络中，绝大多数通信子网均采用分组交换技术。根据通信子网的内部机制不同，又可以把分组交换子网分为两类：一类是面向连接的"虚电路"（virtual circuit），类似于电话系统中的物理线路；另一类是无连接"数据报"（Datagram），类似于邮政系统中的电报。

　　1）面向连接和无连接两种服务

　　（1）无连接服务

　　所谓连接，就是两个对等实体为进行数据通信而进行的一种结合。无连接服务是指发送方将信息封装成一定的信息块，再通过网络发送到接收方，每一个信息块都具备传输路由信息，可以自主地传输到达目的地。在无连接服务的情况下，两个实体之间的通信不必事先建立连接。

　　（2）面向连接服务

　　面向连接服务是指发送方在发送信息之前必须向接收方发出连接请求，对方同意连接后，双方建立一条信息通道并在这条通道中交换信息。当双方完成信息传输后，便拆除通道。因此，采用面向连接服务进行数据传送要经历建立连接，数据交换和释放连接3个阶段。

　　面向连接服务提供的是可靠的服务，保证数据信息从源端到目的端有次序的传输，避免分组的丢失、重复和乱序，适合对数据传输要求比较高的数据传输。

　　2）数据报和虚电路

　　（1）数据报

　　数据报是面向无连接的网络服务，是分组交换的一种业务类型。用数据报方式传送数据时，将每一个分组作为一个独立的报文进行传送。数据报方式中的每个分组是被单独处理的，每个分组称为一个数据报，每个数据报都携带地址信息。通信双方在开始通信之前，不需要先建立电路连接，因此被称为无连接型。无连接型的发送方和接收方之间不存在固定的电路连接，所以发送分组顺序和接收分组的次序可能不同，每个分组自主选路。接收方接收到的分组要由接收终端来重新排序。如果分组在网内传输的过程中出现了丢失或差错，网络本身也不作处理，完全由通信双方终端的协议来解决。因此一般说来，数据报业务对沿途各节点的交换处理要求较少，所传输的时延小，但对于终端的要求却较高。

　　无连接服务提供的是一种不可靠的服务。这种服务常被描述为"尽最大努力交付"或"尽力而为"，实际上"尽最大努力交付"的服务就是没有质量保证的服务。

　　网络随时接受主机发送的分组（即数据报），网络为每个分组独立地选择路由。网络尽最大努力地将分组交付给目的主机，但网络对源主机没有任何承诺，不保证所传送的分组不丢失，也不保证按源主机发送分组的先后顺序以及在时限内必须将分组交付给目的主机。当网络发生拥塞时网络中的节点可根据情况将一些分组丢弃，数据报提供的服务是不可靠的服务。

　　如图2-11所示，若主机H1要将由3个数据报文分组组成的报文发送到主机H5，它先按顺序依次将分组发送到节点A，节点A在对每个数据报做出路由选择。当数据报1进入时选择的路径是H1→A→B→E→H5，数据报2进入时选择的路径是H1→A→B→D→E→H5。数据报3进入时选择的路径是H1→A→C→E→H5。这样，具有相同目的地址的数据报就不一定遵循相同的路径，数据报3有可能正好抢在数据报2之前到达主机H5。于是这三个数据报可能不按发送顺序到达主机H5，也就是说要对到达主机H5的数据报重新按照原来的顺序进行排序。

　　数据报方式具有以下几个特点。

　　① 同一个报文的不同分组可以经过不同的传输路径通过通信子网。

　　② 同一个报文的不同分组到达目的节点时可能会出现乱序、重复和丢失现象。

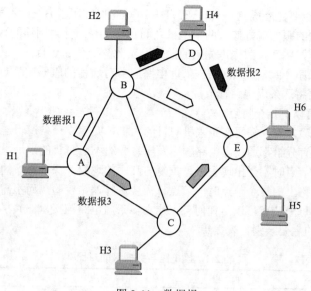

图 2-11　数据报

③ 每个分组在传输过程中都必须带有目的地址和源地址，因此开销较大。

④ 数据报方式的传输延迟较大，适用于突发性通信，不适用于长报文、会话式通信。

在研究数据报方式特点的基础上，人们进一步提出了面向连接的虚电路方式。

（2）虚电路

虚电路是分组交换的另一种业务类型。虚电路就是面向连接的服务。虚电路是在分组交换散列网络上的两个或多个节点之间的链路。这种分组交换的方式是利用统计复用的原理，将一条数据链路复用成多个逻辑信道。在数据通信呼叫建立时，每经过一个节点便选择一条逻辑信道，最后通过逐段选择逻辑信道，在发送用户和接收用户之间建立起一条信息传送通路。由于这种通路是由若干逻辑信道构成的，并非实体的电路，所以称为"虚电路"。

如图 2-12 所示，主机 H1 先向主机 H5 发出一个特定格式的控制信息分组，要求进行通信，同时寻找一条合适的路由。若主机 H5 同意通信就发回响应，然后双方就建立了虚电路 H1→A→B→E→H5，以后主机 H1 向主机 H5 传送的所有分组都必须沿着这条虚电路传送。与此同时，主机 H2

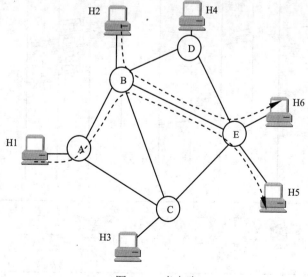

图 2-12　虚电路

和主机 H6 通信之前，也要建立虚电路 H2→B→E→H6。它们共用了 B—E 之间的链路。在虚电路建立后，网络向用户提供的服务就好像在两个主机之间建立了一对穿过网络的数字管道。所有发送的分组都按顺序进入管道，然后按照先进先出的原则沿着此管道传送到目的主机。到达目的主机的分组顺序就与发送时的顺序一致，因此网络提供虚电路服务对通信的服务质量 QOS 有较好的保证。在数据传送完毕后，还要将这条虚电路释放掉。

虚电路方式主要有以下几个特点。

① 在每次分组传输之前，需要在源主机与目的主机之间建立一条逻辑连接。

② 一次通信的所有分组都通过虚电路顺序发送，分组不必带目的地址、源地址等信息。

③ 分组到达目的节点时不会出现丢失、重复与乱序的现象，保证有序的到达目的节点。

④ 分组通过虚电路上的每个节点时，节点只需要进行差错校验，而不需要进行路由选择。

⑤ 通信子网中的每个节点可以与任何节点建立多条虚电路连接，即共享物理链路。

虚电路与数据报的主要区别见表 2-1。

表 2-1　虚电路与数据报的对比

项　　目	数　据　报	虚　电　路
建立连接	不需要	需要
寻址方式	每个分组都有源端和目的端的地址	在连接建立阶段使用目的端地址，分组使用短的虚电路号
路由选择	每个分组独立选择路由	在虚电路建立好时进行，所有分组均按同一路由传输
节点失败的影响	出故障的节点可能会丢失分组，一些路由可能会发生变化	所有经过出故障的节点的虚电路均不能工作
分组的顺序	不一定按发送顺序到达目的节点	总是按发送顺序到达目的节点
端到端的差错处理	由主机负责	由通信子网负责
端到端的流量控制	由主机负责	由通信子网负责

数据交换方式比较，如图 2-13 所示，A 为信源，D 为信宿，B 和 C 为中间节点，P₁~P₄ 为四个分组。从图中可以看出，若要连续传送大量的数据，则电路交换传输效率较快。报文交换和分组交换不需预先分配传输带宽，在传送突发数据时可提高整个网络的信道利用率。分组交换比报文交换的时延小，但其节点交换机必须具有更强的处理能力。

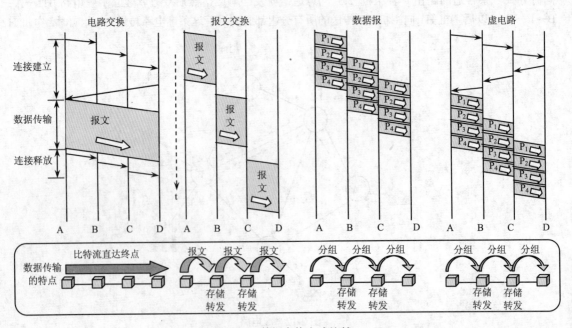

图 2-13　数据交换方式比较

2.5　差错校验

根据数据通信系统模型，当数据从信源发出经过信道传输时，由于信道总存在着一定的噪声，数据到达信宿后，接收的信号实际上是数据信号和噪声信号的叠加。如果噪声对信号的影响非常大，就会造成数据的传输错误。

差错校验是采用某种手段去发现并纠正传输错误。发现差错甚至能纠正差错的常用方法是对被传送的信息进行适当的编码，给信息码元加上冗余码元，并使冗余码元与信息码元之间具备某种关系，然后将信息码元和冗余码元一起通过信道发出。接收端接收到这两种码元后，检验它们之间的关系是否符合发送端建立的关系，这样就可以检验传输差错，甚至可以纠错。能校验差错的编码称为检错码，可以纠错的编码称为纠错码。

差错控制用得最广泛的方法是反馈重发纠错，发送端计算检错码并随同信息一起发送，接收端按同样的方式计算，若发现错误后反馈给发送端，发送端重发信息。计算机网络中，常用的差错校验有奇偶校验、循环冗余校验（Cyclic Redundancy Check，CRC）等，其中，循环冗余校验是数据链路层经常采用的技术。

1）奇偶校验码

采用奇偶校验码时，在每个字符的数据位（字符代码）传输之前，先检测并计算出数据位中"1"的个数（奇数或偶数），并根据使用的是奇校验还是偶校验来确定奇偶校验位，然后将其附加在数据位之后进行传输。当接收端接收到数据后，重新计算数据位中包含"1"的个数，再通过奇偶校验位就可以判断出数据是否出错。

例如，二进制代码为 1011011，其中有奇数个"1"，则

奇校验方法：10110110 ，在信息码的后面加一个"0"变为奇数个"1"；

偶校验方法：10110111 ，在信息码的后面加一个"1"变为偶数个"1"。

奇偶校验的优点是简单、易实现，在位数不长的情况下常常采用，但奇偶校验检错能力有限。

2）循环冗余码

循环冗余码是一种较为复杂的校验方法，它先将要发送的信息数据与一个通信双方共同约定的数据进行除法运算，并根据余数得出一个校验码，然后将这个校验码附加在信息数据帧之后发送出去。接收端在接收数据后，将包括校验码在内的数据帧再与约定的数据进行除法运算，若余数为"0"，则表示接收的数据正确，若余数不为"0"，则表明数据在传输的过程中出错。

思考与练习

一、选择题

1. 下列数据为数字数据的是（　　）。

    A. 电话中的声音　　　　B. 电视节目　　　　　　C. 计算机中的数据　　　　　D. 电压变化

2. 数字通信过程中同步是指（　　）。

    A. 收发双方必须在时间上保持同步　　　　B. 码元之间要保持同步，字符起止时间可以不一样

    C. 字符起止时间同步，码元之间可以不同步　　D. 必须同一个时钟

3. 在同一信道上的同一时刻，能够进行双向数据传输的通信方式是（　　）。

    A. 单工　　　　　　　　B. 半双工　　　　　　　C. 全双工　　　　　　　　　D. 以上三种均不是

4. 信号传输方式分为频带传输、（　　）和宽带传输。

    A. 基带传输　　　　　　B. 基本传输　　　　　　C. 快速传输　　　　　　　　D. 双向传输

5. 波特率，即每秒钟发送的码元数，单位为（　　）。

    A. bit/s　　　　　　　　B. Baud/s　　　　　　　C. B/s　　　　　　　　　　D. 以上都不对

6. 下列不属于存储/转发方式的是（　　）。

    A. 电路交换   B. 报文交换   C. 分组交换   D. 虚电路

7. FM 广播电台发出的信号是（　　）。

    A. 数字信号   B. 模拟信号   C. 电信号   D. 混合信号

8. 关于异步通信和同步通信说法不正确的是（　　）。

    A. 异步通信，开销大，效率低，适合低速传输

    B. 异步通信控制简单，若传输有错，只需重传出错的字符

    C. 同步通信，开销大，效率低，适用于高速传输

    D. 同步通信控制较复杂，一次传输出错，需重传整个数据块

9. 两台计算机利用电话线路传输数据信号时，必备的设备是（　　）。

    A. 网卡   B. 调制解调器   C. 中继器   D. 同轴电缆

10. 以下各项中，不是数据报操作特点的是（　　）。

    A. 每个分组自身携带有足够的信息，它的传送是被单独处理的

    B. 在整个传送过程中，不需建立虚电路

    C. 使所有分组按顺序到达目的端系统

    D. 网络节点要为每个分组做出路由选择

二、填空题

1. 衡量数据通信速度的两个指标（　　　　）和（　　　　）。

2. 串行通信分为（　　）和异步通信。

3. 数据传输速率的单位是（　　　　）。

三、名词解释

1. 数据

2. 信息

3. 信号

4. 数据通信

5. 基带传输

6. 频带传输

7. 宽带传输

8. 数据传输率

9. 信号传输率

10. 信道容量

11. 信道带宽

12. 差错控制

四、问答题

1. 什么是误码率？什么是误比特率？

2. 举例说明：什么是单工？什么是半双工？什么全双工？

3. 数据交换技术包括哪些？各有什么特点？

4. 什么是面向连接？什么是无连接？

5. 简述数据报和虚电路的区别。

第3章 计算机网络体系结构

【问题导入】

早期网络体系的结构多种多样，网络产品互不兼容，缺乏统一标准，影响了计算机网络的发展。但是，在 20 世纪 70 年代国际标准化组织（ISO）制定了一套能在世界范围内将不同计算机互连成网络的标准框架，是计算机快速发展的基础。如此庞大的计算机网络由多个互连的节点组成，节点之间要不断地交换数据和控制信息，要做到有条不紊地交换数据，每个节点就必须遵守一整套合理而严谨的结构化管理体系。计算机网络就是按照高度结构化方法采用功能分层原理来实现的，这就是计算机网络网络体系结构的主要内容。

问题 1：什么是计算机网络协议？

回答 1：_____

_____。

问题 2：什么是计算机网络体系结构？

回答 2：_____

_____

_____。

问题 3：计算机网络体系结构包括哪些？

回答 3：_____

_____

_____。

【学习任务】

本章主要介绍计算机网络协议和网络体系结构。本章主要学习任务如下所示。

- 掌握网络体系结构的概念；
- 理解协议的概念；
- 理解 OSI 参考模型各层功能；
- 理解 TCP/IP 参考模型。

3.1 计算机网络体系结构及协议概念

通过前面的学习，读者对数据通信也有了一些了解。但事实上，有了数据通信，网络仍不能运转。为什么呢？数据通信只能解决如何把信号从节点发送到另外的节点，除此以外的工作都是数据通信所不能解决的。例如，如何把用户的数据转换成在网络上可以传输的数据？计算机如何判断数据是发给谁的？这些要通过协议来实现。而这些复杂的网络协议，采用分层结构设计思想，不但相互独立、灵活性好，而且便于实现。

3.1.1 协议

共享计算机网络的资源，以及在网络中交换信息，就需要实现不同系统中实体间的通信。实体包括用户应用程序、文件传输信息包、数据库管理系统、电子邮件设备以及终端等。两个实体要想成功地通信，必须具有同样的语言，就如同人和人之间想要交流，假如大家只会讲中文，使用相同语言汉语进行交流，否则没有办法沟通。交流什么，怎样交流以及何时交流，都必须遵从有关实体间某种相互都能接受的一些规则，这些规则的集合称为协议。

协议就是为实现计算机网络中的数据交换建立的规则标准或约定。协议有三个要素。

① 语法（Syntax）：语法确定协议元素的格式，即规定了数据与控制信息的结构和格式，即"交流什么"。

② 语义（Semantics）：规定通信双方要发出何种控制信息、完成何种动作以及做出何种应答，即"怎么交流"。

③ 时序（Timing）：明确实现通信的顺序、速率适配及排序，即"何时交流"。

计算机网络软、硬件厂商在生产网络产品时，按照协议规定的规则生产产品，使生产出的产品符合协议规定的标准，但生产厂商选择什么电子元件、使用何种语言是不受约束的。

3.1.2　计算机网络体系结构

为了简化对复杂的计算机网络的研究、设计和分析工作，同时也为了能使网络中不同的计算机系统、不同的通信系统和不同的应用能够互连、互通和互操作，提出了网络体系结构的概念。

计算机网络体系结构就是层次结构模型、各层协议和服务构成的集合。具体来说就是为了使各种不同的计算机能够相互通信合作，把每台计算机互连的功能划分成有明确定义的层次，并规定了同层次进程通信的协议及相邻之间的接口及服务。使用层次结构可以将一个复杂的系统设计问题分成层次分明的一组组容易处理的子问题，各层执行自己所承担的任务，便于实现。为了减少计算机网络的复杂程度，按照结构化设计方法，计算机网络将其功能划分成若干个层次，较高层次建立在较低层次的基础上，并为其更高层次提供必要的服务功能。

体系结构是计算机网络的一种抽象的、层次化的功能模型,不涉及具体的实现细节。网络体系结构仅告诉网络工作者应"做什么"，而网络实现则说明应该"怎样做"。

第一个网络体系结构是 IBM 公司于 1974 年提出 SNA（System Network Architecture），是早期的最著名的网络体系结构。

计算机网络结构采用结构化层次模型，具有以下优点。

① 各层之间相互独立，即不需要知道低层的结构，只是通过相邻层之间提供的接口，为上层提供服务，这样两层之间保持了功能的独立性。

② 灵活性好，当任何一层发生变化时，只要层间接口不发生变化，就不会影响到其他任何一层。各层都可以用最合适的技术来实现，各层实现技术的改变不影响其他层。

③ 易于实现和维护。由于整个系统被分解为若干个易于处理的部分，这种层次结构使得一个庞大而又复杂系统的实现和维护变得简单和容易。

④ 有利于促进标准化，是因为每层的功能和提供的服务都已经有了精确的说明。

3.2　OSI 参考模型

ISO（International Standards Organization）成立于 1947 年，是世界上最大的国际标准化组织。它的宗旨就是促进世界范围内的标准化工作，以便于国际间的物资、科学、技术和经济方面的合作与交流。

早期网络体系结构多种多样，网络产品互不兼容，缺乏统一标准，影响了计算机网络的发展。为了实现不同厂家生产的计算机系统之间以及不同网络之间的数据通信，在 1977 年，ISO 专门建立了一个委员会，在分析和消化已有网络的基础上，考虑到联网方便和灵活性等要求，提出了一种不基于特定机型、操作系统的网络体系结构，即 1981 年正式公布的开放系统互连参考模型（Open System Interconnection/Reference Model，OSI/RM）。OSI 定义了异构网络互联的标准框架，为连接分散的"开放"系统提供了基础。这里的"开放"，表示任何两个遵守 OSI 标准的系统可以进行互连。"系统"指计算机、外部设备和终端等。"互连"是指将不同的系统互相连接起来，以达到相互交换信息、共享资源、分布应用和分布处理的目的。

3.2.1 ISO/OSI 参考模型

OSI 参考模型的 7 层由低往高分别是物理层（Physical Layer）、数据链路层（Data Link Layer）、网络层（Network Layer）、传输层（Transport Layer）、会话层（Session Layer）、表示层（Presentation Layer）以及应用层（Application Layer），其分层模型如图 3-1 所示。

下面对 OSI 各层的功能进行简单介绍。

第 1 层：物理层，在物理信道上传输原始的数据比特（bit）流，提供为建立、维护和拆除物理链路连接所需的各种传输介质、通信接口特性等。

第 2 层：数据链路层，在网络节点间的线路上通过检测、流量控制和重发等手段，无差错地传送以帧为单位的数据。

第 3 层：网络层，为传输层的数据传输提供建立、维护和终止网络连接的手段，把上层来的数据组织成数据包在节点之间进行交换传送，并且负责路由选择和拥塞控制。

7	应用层	为用户提供服务
6	表示层	数据格式的转换、数据加密等
5	会话层	建立、维护和管理会话
4	传输层	端到端的传输控制
3	网络层	寻址和路由选择
2	数据链路层	相邻节点间准确传输帧
1	物理层	透明传输比特流

图 3-1 ISO/OSI 参考模型及其功能

第 4 层：传输层，将其以下各层的技术和工作屏蔽起来，使高层看来数据是直接从端到端的，即应用程序间的，提供端到端的可靠传输。

第 5 层：会话层，在两个不同系统的互相通信的应用进程之间建立、维护和管理会话。

第 6 层：表示层，把所传送的数据的抽象语法变为传送语法，即把不同计算机内部的不同表示格式转换成网络通信中的标准表示格式。此外，对传送的数据加密（或解密）、正文的压缩（或还原）也是表示层的任务。

第 7 层：应用层，为用户提供应用服务的接口，即提供不同计算机之间的文件传送、访问与管理、电子邮件的内容处理、不同计算机通过网络交互访问的虚拟终端功能等等。

低三层可看作是传输控制层，负责有关通信子网的工作，解决网络中的通信问题；高三层为应用控制层，负责有关资源子网的工作，解决应用进程的通信问题；传输层为通信子网和资源子网的接口，起到连接传输和应用的作用。

ISO/RM 的最高层为应用层，面向用户提供应用的服务；最低层为物理层，连接通信媒体实现数据传输。

3.2.2 数据封装与拆封

1）OSI 各层的传输数据单元

在 OSI 各层模型中，每层都有自己的传输数据单元，即协议数据单元（Protocol Data Unit, PDU），如图 3-2 所示。

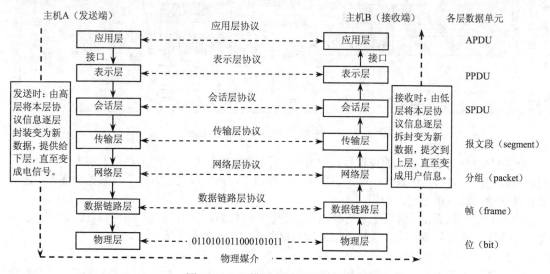

图 3-2 OSI 模型中数据发送和接收流程

各层数据单元如下所示。

物理层 PDU：比特流（bit）；

数据链路层 PDU：帧（frame）；

网络层 PDU：分组或包（packet）；

传输层 PDU：报文段（segment）；

其他更高层次的 PDU 是数据，分别为会话层 SPDU，（Session Protocol Data Unit），表示层 PPDU（Presentation Protocol Data Unit），应用层 APDU，（Application Protocol Data Unit）。

2）OSI 数据流向过程

数据流从发送端主机的上层逐层封装流向下层，直至变为电信号，在接收端则由下层逐层拆封流向上层，直至变为用户信息。例如，当主机 A 要发送数据给主机 B 时，其实际传输路线是，从 A 端 7 层开始，自上到下传递，一直传递到物理层，再通过实际传输介质进行传输，传输到接收方 B 端的物理层，再自下而上，进行各层的传递，最后才到达接收方 B 主机。整个传输过程中，只有物理层是实际数据传输的物理通道。OSI 模型中数据发送和接收流程如图 3-2 所示。

3）数据封装过程和拆封过程

从用户来看，通信是在主机 A 和主机 B 之间进行的。双方遵守应用层协议，通信为水平方向。但实际上，信息并不是从主机 A 的应用层直接传送至主机 A 的应用层，而是每一层都加上控制信息传给它的下一层，直至最底层，第一层之下是物理传输介质，在物理介质上传送的是实际电信号。

如图 3-3 所示，当发送方（主机 A）的数据从上到下逐层传递时，在每层都要加上该层适当的控制信息，即每层将每层的协议首部（协议首部包括层到层之间的通信相关信息）加到其对应的 PDU 中，这个过程称为封装。数据传输到最底层——物理层后，成为"0"和"1"组成的数据比特流，然后再转换为电信号或光信号等形式，在物理介质上传输至接收方（主机 B）。

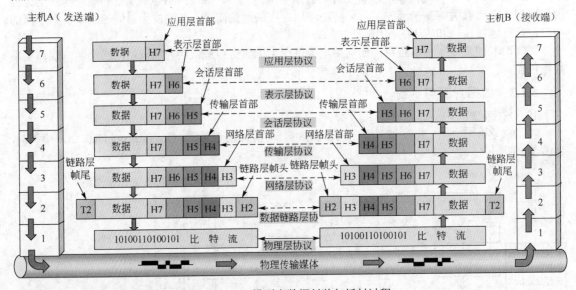

图 3-3　OSI 模型中数据封装与拆封过程

数据解封过程是数据封装的逆过程。如图 3-3 所示，在接收方（主机 B），数据向上传递时和封装过程正好相反，如同剥洋葱皮一样，层层去掉控制信息，恢复成发送方对等层数据的格式，最后将数据传送给主机 B 的进程，为用户服务。

从以上讨论可以看出，两系统通信时，除最低层外，其余各对应层间均不存在直接的通信关系，而是一种逻辑的通信关系，或者说是虚拟通信，如图 3-3 中的虚线表示。

4）OSI 参考模型主要特征

（1）OSI 参考模型是一种异构系统互连的分层结构，同时也是一种抽象结构，而不是具体实现的描述。

（2）网络中各节点都具相同的层次，不同端的相同层具有相同的功能。

（3）服务是"垂直的"，是下层通过层间接口向上层提供服务。同一端内各相邻层之间通过接口通信，上层通过接口向下层提供服务请求，而下层通过接口向上层提供服务；终端主机的每一层（如主机 A 的第 7 层）不能直接与对端相应层（主机 B 的第 7 层）通信，而是通过下一层为其提供服务来间接与对端的对等层交换数据。

（4）协议是"水平的"，是对等实体之间的通信规则。不同系统上的相同层的实体称为同等层实体，同等层实体之间的通信由该层协议管理，即必须遵循相应的协议；不同主机间（如主机 A 的第 4 层和主机 B 的第 4 层）通信时，对等层的关系用"协议"（传输层协议）来规定。对等层协议（传输层协议）只处理这一层自己的事（传输层协议规定的工作），而与其他层次无关。

（5）两个计算机通过网络进行通信时，除了物理层之外，其余各对等层之间均不存在直接的通信关系，而是通过各对等层的协议来进行通信。只有两个物理层之间才通过媒体进行真正的数据通信。

① 同一端：每一层利用下层提供的服务与对等层通信——服务是"垂直的"；

② 对等层：每一层使用自己的协议，只处理本层事情，与其他层次无关——协议是"水平的"；

③ 物理层：只有这一层是直接物理连接的。

从目前来看，OSI 参考模型并不很成功。由于该模型过于追求全面和完美，故而显得臃肿。实际上，没有哪一家公司的网络产品完全遵从它。而 TCP/IP 协议参考模型，从一开始就追求实用，反而成为今天事实上的工业标准。尽管如此，OSI/RM 的贡献仍然是巨大的，OSI 参考模型的一些概念科学、严谨，被广泛应用到 TCP/IP 中。故 OSI 参考模型对讨论计算机网络仍十分有用，是概念上的重要参考模型。

3.2.3 物理层

物理层是 OSI 参考模型的最低层，向下直接与物理信道相连接。物理层协议是各种网络设备进行互连时必须遵守的低层协议。设立物理层的目的是实现两个物理设备之间的二进制比特流的透明传输，对上层数据链路层来说屏蔽了物理传输介质的差异，以便对高层协议实现透明最大化。所以，物理层协议关心的典型问题是：使用什么样的物理信号来表示数据"1"和"0"；一位信号的持续时间多长；是否可同时在两个方向上进行数据传输；初始的物理连接如何建立以及完成通信后如何终止物理连接；物理层与传输介质的连接接口（插头和插座）有多少引脚以及各引脚的功能和动作时序等。

ISO 对 OSI 参考模型中的物理层做了如下定义：物理层为建立、维护和释放数据链路实体之间的二进制比特传输的物理连接提供机械特性、电气特性、功能特性和规程特性。物理连接可以通过中继系统，允许进行全双工或半双工的二进制比特流的传输。物理层的数据服务单元是比特，它可以通过同步或异步的方式进行传输。也就是说，物理层涉及的内容包括以下几个方面：

（1）通信接口与传输媒体的物理特性

除了不同的传输介质自身的物理特性外，物理层还对通信设备和传输媒体之间使用的接口做了详细的规定，主要体现在以下 4 个方面。

① 机械特性：规定了物理连接时所需接线器的规格尺寸、引脚数量和排列等，如 EIA RS—232C 标准规定的 D 型 25 针接口——DB—25，其简化版本为 D 型 9 针——DB—9。

② 电气特性：规定了接口电缆的线路上信号电平的高低、数据的编码方式、阻抗匹配、传输速率和距离限制等，如 EIA RS—232C 最大传输速率为 19.2Kbps，最大传输距离不超过 15m。

③ 功能特性：规定了物理接口上各信号线的功能，如 EIA RS—232C 接口中的发送数据线和接收数据线等。

④规程特性：利用各信号线传输二进制比特流的一组操作规程，即各信号线工作的规则和先后

顺序。如何在物理连接上建立和拆除物理连接，同步还是异步传输等。

（2）物理层的数据交换单元为二进制比特

对数据链路层的数据进行调制或编码，成为传输信号（模拟、数字或光信号），实现在不同传输介质上进行数据传输。

（3）比特的同步

规定通信双方必须保持时钟的同步，如异步/同步传输等。

（4）线路的连接

考虑通信设备之间连接的方式，是点对点连接中使用专用链路，还是在多点连接中所有设备共享一条链路。

（5）物理拓扑结构

网络物理拓扑结构包括总线型、星型、环型、网状等。

（6）传输方式

规定了两个设备之间传输的方式，如单工、半双工、全双工。

3.2.4　数据链路层

数据链路层是 OSI 参考模型的第二层，主要功能是介质访问及链路控制，在相邻节点间实现可靠的数据帧传输。即通过校验、确认、反馈、重发等手段在不太可靠的物理链路上实现可靠的数据帧传输。

物理链路和数据链路涉及以下几个概念。

（1）物理链路

"链路"是相邻两个节点间的连线，中间没有任何节点。物理链路指两个设备之间的一条实际线路。

（2）数据链路

在一条实际线路基础上，还必须有规程或协议进行控制，以确保数据能被正确地传输。实现这些规程或协议的硬件和软件再加上物理线路，就构成了数据链路。常见的数据链路层协议有面向比特的传输控制规程 HDLC。

数据链路层包括以下 6 方面的内容。

① 成帧：规定数据链路层最小的数据传送逻辑单位——帧的类型和格式。将从网络层接收的信息分组组成帧后传送给物理层，由物理层传送到对方。在第 5 章详细说明以太网的"帧"结构。

② 物理地址寻址：数据帧在不同的网络中传输时，需要标识发送数据帧和接收数据帧的节点，需要在数据帧的首部中加入控制信息，其中包括源节点和目的节点的地址，这个地址就是网络互连设备的物理地址，称为硬件地址，也称 MAC 地址。

③ 流量控制：协调发送方与接收方的数据帧流量，使发送速率不要超过接收方速率，确保传输正确，如停止等待协议，滑动窗口机制等。

④ 差错控制：为保证帧可靠的传输，在帧中带有校验字段，当接收方收到帧时，按照选定的差错控制方法进行校验，当发现差错时进行差错处理，差错处理一般有两种，即纠错和重发。

⑤ 接入控制：是指共享介质环境中的介质访问控制，当多个节点共享通信链路时，确定在某一时间内由哪个节点发送数据。

⑥ 链路管理：建立、维持与释放数据链路。

3.2.5　网络层

计算机网络按功能分为资源子网和通信子网。网络层就是通信子网的最高层，它在数据链路层提供服务的基础上，向资源子网提供服务。网络层将从高层传送下来的数据打包，再进行必要的路由选择、差错控制、流量控制及顺序检测等处理，使传输层所传下来的数据能够正确无误地按照目的地址传送到目的节点，并交付给目的节点的传输层。

网络层的主要功能是完成数据包的寻址与路由选择。

网络层的作用是实现不同网络的源节点与目的节点之间的数据包传输，它和数据链路层的作用不同，数据链路层只是负责同一个网络中相邻节点之间的链路管理及帧的传输等问题。因此，当两个节点在同一个网络中时，并不需要网络层，只有当两个节点分布在不同的网络中时，才会涉及网络层的功能。网络层在通信的源节点和目的节点间选择一条最佳路径，使传送的数据分组能正确、无误地到达目的地，同时还要负责网络中的拥塞控制等。

网络层涉及以下几个概念。

（1）逻辑地址寻址：当数据分组从一个网络到另一个网络时，就需要使用网络层的逻辑地址。在网络层数据包首部包含了源节点和目的节点的逻辑地址。

（2）路由功能：路由选择是指根据一定的原则和算法在传输通路中选出一条通向目的节点的最佳路由。

（3）流量控制：数据链路层的流量控制，控制的是相邻 2 个节点之间的流量；而网络层的流量控制，控制着数据包从源节点到目的节点过程流量。

（4）拥塞控制：拥塞控制是指在通信子网中由于出现过量的数据包而引起网络性能下降的现象。拥塞控制主要解决的问题是如何获取网络中发生拥塞的信息，从而利用这些信息进行控制，以避免由于拥塞出现数据包丢失以及由于严重拥塞而产生网络死锁的现象。

3.2.6　传输层

传输层是资源子网和通信子网的接口和桥梁，完成资源子网中两节点间的直接逻辑通信，实现通信子网端到端的可靠传输。传输层下面的物理层、数据链路层和网络层均属于通信子网，可完成有关的通信处理，向传输层提供网络服务；传输层上面的会话层、表示层和应用层完成面向数据处理的功能，并为用户提供与网络之间的接口。因此，传输层在 OSI 模型中起到承上启下的作用，是整个网络结构的关键部分。

传输层为高层数据传输建立、维护与拆除传输连接，实现透明的端到端传输。是真正意义上的从源到目标的"端到端"层，源端的某个程序与目的端的"类似"程序进行对等通信。

由于通信子网向传输层提供通信服务的可靠性有差异，所以无论通信子网提供的服务可靠性如何，经传输层处理后都应向上层提交可靠的、透明的数据传输。为此，传输层的协议要复杂得多，以适应通信子网中存在的各种问题。也就是说，如果通信子网的功能完善、可靠性高，则传输层的任务就比较简单；若通信子网提供的质量很差，则传输层的任务就比较复杂，以填补会话层所要求的服务质量和网络层所能提供的服务质量之间的差别。

3.2.7　会话层

会话层建立在传输层上，利用传输层提供的端到端的服务，使得两个会话实体之间不用考虑它们之间相隔多远、使用了什么样的通信子网等网络通信细节，而进行透明的、可靠的数据传输。

在 ISO/OSI 环境中，所谓一次会话，就是两个用户进程之间为完成一次完整的通信过程，包括建立、维护和结束会话连接。会话协议的主要目的就是提供一个面向用户的连接服务，并对会话活动提供有效的组织和同步所必须的手段，对数据传送提供控制和管理。

例如，网络上常常使用的下载工具软件——迅雷，支持断点续传功能，就是使用了会话层的这个功能，知道从上次中断的地方继续下载。

3.2.8　表示层

表示层处理的是 OSI 模型中用户信息的表示问题。表示层不像 OSI 模型的低五层只关心将信息可靠地从一端传输到另一端，它主要涉及被传输信息的内容和表示形式，如文字、图形、声音的表示。另外，数据压缩、数据加密（如系统口令的处理）等工作都是由表示层负责处理的。

表示层服务的典型例子就是数据编码。表示层充当应用程序和网络之间的"翻译官"角色。在表示层，数据将按照网络能理解的方式进行格式化；这种格式化也因所使用网络的类型不同而不同。例如，IBM 主机使用 EBCDIC 编码，而大部分 PC 使用的是 ASCII 码、甚至反码或补码。在这种情况下，为了让采用不同编码方法的计算机能相互理解通信交换后数据的值，便需要表示层来完成这种转换。

3.2.9　应用层

应用层是 OSI 模型的最高层，是计算机网络与用户之间的接口，包含了系统管理员管理网络服务所涉及的所有问题和基本功能。它在下面 6 层提供的数据传输和数据表示等各种服务的基础上，为网络用户或应用程序提供了完成特定网络服务功能所需的各种应用协议。

"应用层"并不是指运行在网络上的某个特别应用程序，而是提供了一组方便程序开发者在自己的应用程序中使用网络功能的服务。

常用的网络服务包括文件服务、电子邮件（E-mail）服务、打印服务、网络管理服务、安全服务、虚拟终端服务等。

3.3　TCP/IP 参考模型

尽管 OSI 参考模型得到了全世界的认同，但是传输控制协议/Internet 协议（Transmission Control Protocol /Internet Protocol，TCP/IP）是目前 Internet 使用的参考模型，其由来要追溯到计算机网络的鼻祖 ARPAnet。ARPAnet 是美国国防部高级研究项目组的一个网络，其目的在于能使各种各样的计算机都能在一个共同的网络环境中运行，即解决异种计算机网络的通信问题，使网络在互连时把技术细节隐藏起来，为用户提供一种通用的、一致的通信服务。

3.3.1　TCP/IP 概述

TCP/IP 因两个主要协议 TCP 协议和 IP 协议而得名。通常所说的 TCP/IP 协议实际上包含了大量的协议和应用，且由多个独立定义的协议组合在一起，因此，更确切地说，应该称其为 TCP/IP 协议族。

TCP/IP 协议是先于 OSI 模型开发的，不过 OSI 模型的制定，也参考了 TCP/IP 协议族及其分层体系结构的思想。而 TCP/IP 模型在不断发展的过程中也吸收了 OSI 标准中的概念及特征。OSI 模型研究的初衷是希望为网络体系结构与协议的发展提供一种国际标准，但由于 Internet 在全世界的飞速发展，使得 TCP/IP 协议得到了广泛的应用，TCP/IP 协议不是 OSI 标准，但它广泛的应用使 TCP/IP 成为"实际上的标准"，并形成了 TCP/IP 四层参考模型。TCP/IP 参考模型最早是由 Kahn 在 1974 年定义的。

TCP/IP 协议具有 4 个特点。

① 协议标准具有开放性，其独立于特定的计算机硬件及操作系统，可以免费使用；

② 独立于特定的网络硬件，运行于 LAN、WAN，特别是互联网中；

③ 统一分配网络地址，使得整个 TCP/IP 设备在网中都具有唯一的 IP 地址；

④ 实现了高层协议的标准化，能为用户提供多种可靠的服务。

3.3.2　TCP/IP 参考模型

与 OSI 参考模型相比，TCP/IP 协议的体系结构共有 4 个层次，即应用层、传输层、网际层和网络接口层，如图 3-4 所示。

由于设计时并未考虑到要与具体的传输媒体相关，所以没

图 3-4　OSI 参考模型和 TCP/IP
参考模型的对比关系

有对数据链路层和物理层做出规定。实际上，TCP/IP 参考模型的这种层次结构遵循着对等实体通信原则，每一层实现特定功能。TCP/IP 协议的工作过程，可以通过"自上而下，自下而上"形象地描述，数据信息的传递在发送方是按照应用层——传输层——网际层——网络接口层顺序，在接收方则相反，按低层为高层服务的原则。

1）网络接口层

网络接口层是 TCP/IP 参考模型中的最底层，对应着 OSI 参考模型的物理层和数据链路层。网络接口层负责从主机或节点接收 IP 分组，并把它们发送到指定的物理网络上。TCP/IP 参考模型没有对网络接口层进行详细的描述，只是指出网络层可以使用某种协议与网络连接，以便传输 IP 数据报。至于协议如何定义和实现，TCP/IP 参考模型并不深入讨论。这也说明了 TCP/IP 协议可以运行在任何网络上。

2）网际层

网际层又称网络层、IP 层，是 TCP/IP 参考模型的核心，负责相邻计算机之间的通信。负责 IP 数据报的产生以及 IP 数据报在逻辑网络上的路由转发，即把分组发往任何网络，并使分组独立地传向目的地。在 TCP/IP 参考模型中，网际层提供了数据报的封装、分片和重组，以及路由选择和拥塞控制机制。

3）传输层

TCP/IP 参考模型的传输层与 OSI 的传输层类似，它的根本任务是提供端到端的通信。既可以提供面向连接的可靠的通信服务，又可以提供无连接不可靠的通信服务。在 TCP/IP 参考模型中，传输层以端口的形式实现通信复用。

4）应用层

在 TCP/IP 参考模型中，应用层是最高层，它对应 OSI 参考模型中的会话层、表示层和应用层。也是 TCP/IP 参考模型中协议数量最多最复杂的层次，面向不同主题向用户提供各种各样的通信业务。它向用户提供一组常用的应用程序，例如文件传送、电子邮件等。

3.3.3　TCP/IP 协议族

与 OSI 参考模型不同，在 TCP/IP 参考模型中每层都有具体的协议（技术），这些协议构成了TCP/IP 协议族，如图 3-5 所示。

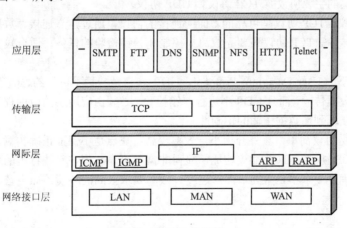

图 3-5　TCP/IP 协议族

1）网际层协议

（1）IP 协议。IP 协议是一个面向无连接的协议，在对数据传输处理上，只提供"尽力传送机制"，即尽最大努力交付服务，而不管传输正确与否。IP 协议主要用于主机与网关、网关与网关、主机与主机之间的通信。

IP 协议的任务是对数据包进行相应的寻址和路由，并从一个网络转发到另一个网络。IP 协议在每个发送的数据包前加入一个控制信息，其中包含了源主机的 IP 地址、目的主机的 IP 地址和其他一些信息。另一项工作是分割和重编在传输层被分割的数据包，当两个网络所支持传输的数据包的大小不相同时，IP 协议就要在发送端将数据包分割，然后在分割的每一段前再加入控制信息进行传输。当接收端接收到数据包后，IP 协议将所有的片段重新组合形成原始的数据。

IP 协议向 TCP 协议所在的传输层提供统一的 IP 数据报，主要采用的方法是分段、重装、实现物理地址到 IP 地址转化。

（2）网际控制报文协议（Internet Control Message Protocol，ICMP）。它为 IP 协议提供差错报告。由于 IP 是无连接的，且不进行差错检验，当网络上发生错误时它不能检测错误。向发送 IP 数据包的主机汇报错误就是 ICMP 的责任。

例如，如果某台设备不能将一个 IP 数据包转发到另一个网络，它就向发送数据包的源主机发送一个消息，并通过 ICMP 解释这个错误。ICMP 能够报告的一些普通错误类型有目标无法到达、超时等。

（3）网际主机组管理协议（Internet Group Management Protocol，IGMP）。IP 协议只是负责网络中点到点的数据包传输，而点到多点的数据包传输则要依靠网际主机组管理协议 IGMP 完成。它主要负责报告主机组之间的关系，以便相关的设备（路由器）支持多播发送。

（4）地址解析协议 ARP 和反向地址解析协议 RARP。在一个物理网络中，网络中的任何两台主机之间进行通信时，都必须获得对方的物理地址，而使用 IP 地址的作用就在于，它提供了一种逻辑的地址，能够使不同网络之间的主机进行通信。

当 IP 把数据从一个物理网络传输到另一个物理网络之后，就不能完全依靠 IP 地址了，而要依靠主机的物理地址。为了完成数据传输，IP 必须具有一种确定目标主机物理地址的方法，也就是说要在 IP 地址与物理地址之间建立一种映射关系，而这种映射关系被称为"地址解析"。

ARP 协议将 IP 地址解析成 MAC 地址；RARP 协议将 MAC 地址解析成 IP 地址。

2）传输层

传输层解决的是计算机程序到计算机程序之间的通信问题。计算机程序到计算机程序之间的通信就是通常所说的"端到端"的通信。传输层对信息流具有调节作用，提供可靠性传输，确保数据到达无误。传输层的主要协议有 TCP 协议和 UDP 协议。

（1）TCP 协议。TCP 协议是可靠的、面向连接的协议，通过建立连接、数据传输和释放连接来保证数据可靠的传输。TCP 协议还要完成流量控制和差错检验的任务。适合较大量数据的要求可靠传输的情况。

（2）UDP 协议（User Datagram Protocol，UDP）。它是一种不可靠的、无连接协议。UDP 协议不能提供可靠的数据传输，而且 UDP 不进行差错检验，必须由应用层的应用程序实现可靠性和差错控制机制，以保证端到端数据传输的正确性。

最大的优点是协议简单，额外开销小，效率较高；缺点是不保证正确传输，也不排除重复信息的发生。虽然 UDP 协议与 TCP 协议相比，显得非常不可靠，但在一些特定的环境下还是非常有优势的。对数据精确度要求不是太高，而对速度、效率要求很高的环境，如声音、视频的传输，应该选用 UDP 协议。

3）应用层

在 TCP/IP 参考模型中，应用层包括了所有的高层协议，而且不断有新的协议加入，应用层协议主要有以下几种。

① 超文本传输协议（HTTP）：用于 Internet 中的客户机与 WWW 服务器之间的数据传输；

② 文件传输协议（FTP）：实现主机之间的文件传输，下载软件使用的就是 FTP 协议；

③ 电子邮件协议（SMTP）：实现电子邮件的传送；

④ 远程终端协议（Telnet）：实现远程登录功能；

⑤　简单网络管理协议（SNMP）：实现网络的管理；

⑥　域名服务（DNS）：实现域名与 IP 地址之间的转换；

⑦　动态主机配置协议（DHCP）：实现对主机的 IP 地址自动分配和配置工作；

⑧　路由信息协议（RIP）：用于网络设备之间交换路由信息；

⑨　网络文件系统（NFS）：实现主机之间的文件系统的共享。

3.4　OSI 参考模型与 TCP/IP 参考模型的比较

3.4.1　相似点

ISO/OSI 模型和 TCP/IP 模型有许多相似之处。具体表现在以下几方面。

（1）都采用了协议分层方法，将庞大且复杂的问题划分为若干个较容易处理的范围较小的问题。

（2）各协议层次的功能大体上相似，都存在网络层、传输层和应用层。两者都可以解决异构网络的互连，实现世界上不同厂家生产的计算机之间的通信。

（3）都是计算机通信标准，OSI 参考模型是国际标准化组织 ISO 制定的一个国际标准，但它并没有成为事实上的国际标准，而 TCP/IP 不是国际标准，却成为了事实上的工业标准。两者具有同等的重要性。

（4）都能够提供面向连接和无连接两种通信服务机制。

（5）都基于一种协议族的概念，协议族是一簇完成特定功能的相互独立的协议。

3.4.2　不同点

OSI 模型和 TCP/IP 模型还是有许多不同之处。两种模型的异同之处如下。

（1）应用领域不同。OSI/RM 结构严密，理论性强，学术价值高，各种网络、硬件设备和学术文献都参考它。而 TCP/IP 相对简单，实用性更强。

（2）模型设计的差别。OSI 参考模型是在具体协议制定之前设计的，对具体协议的制定进行约束。因此，造成在模型设计时考虑得不很全面，有时不能完全指导协议某些功能的实现，从而反过来导致对模型的修修补补。TCP/IP 参考模型正好相反。协议在先，模型在后。模型实际上只不过是对已有协议的抽象描述。TCP/IP 参考参考模型不存在与协议的匹配问题。

（3）层数和层间调用关系不同。OSI 参考模型包括了 7 层，而 TCP/IP 参考模型只有 4 层。虽然它们具有功能相当的网络层、传输层和应用层，但其他层并不相同。TCP/IP 参考模型将 OSI 参考模型中的上三层合并成了一个应用层；TCP/IP 参考模型将 OSI 参考模型中的下两层合并成了一个网络接口层。OSI 参考模型中高层只能调用和它相邻的低层所提供的服务，而 TCP/IP 允许越过紧挨着的下一级而直接使用更低层所提供的服务，效率更高。

（4）最初设计差别。TCP/IP 参考模型在设计之初就着重考虑不同网络之间的互连问题，并将网际协议 IP 作为一个单独的重要的层次。OSI 参考模型最初只考虑到用一种标准的公用数据网将各种不同的系统互连在一起。后来，OSI 参考模型认识到了互联网协议的重要性，然而已经来不及像 TCP/IP 参考模型那样将互联网协议 IP 作为一个独立的层次，只好在网络层中划分出一个子层来完成类似 IP 协议的作用。

（5）对可靠性的强调不同。OSI 参考模型认为数据传输的可靠性应该由点到点的数据链路层和端到端的传输层来共同保证，而 TCP/IP 参考模型的分层思想认为，可靠性是端到端的问题，应该由传输层解决。TCP/IP 参考模型一开始就对面向连接服务和面向无连接服务同样重视，而 OSI 参考模型很晚才完善标准。

（6）市场应用和支持上不同。OSI 参考模型制定之初，人们普遍希望网络标准化，目前还没有按 OSI 参考模型实现的网络产品，OSI 参考模型仅作为理论的参考模型被广泛使用。TCP/IP 参考模型作为从 Internet 上发展起来的协议,已成了网络互连的事实标准,在 OSI 参考模型出台之前 TCP/IP 参考模型就代表着市场主流。

思考与练习

一、选择题

1. 计算机网络的体系结构是指（　　　）。
   A. 计算机网络的分层结构和协议的集合　　　B. 计算机网络的连接形式
   C. 计算机网络的协议集合　　　　　　　　　D. 由通信线路连接起来的网络系统

2. OSI 参考模型是由（　　）来制定的。
   A. ISO　　　　　　B. IEEE　　　　　C. ITU-T　　　　　D. CCITT

3. 物理层上信息传输的基本单位称为（　　）。
   A. 段　　　　　　　B. 位　　　　　　C. 帧　　　　　　D. 报文

4. 在 ISO/OSI 参考模型中,（　　）实现数据压缩功能。
   A. 应用层　　　　　B. 表示层　　　　C. 会话层　　　　D. 网络层

5. OSI 参考模型的（　　）可提供文件传输服务。
   A. 应用层　　　　　B. 数据链路层　　C. 传输层　　　　D. 表示层

6. 网络层的主要功能是（　　）。
   A. 寻址和路由选择　B. 差错控制　　　C. 可靠进行数据传输　D. 以上都不正确

7. TCP/IP 协议的 IP 层是（　　）协议。
   A. 应用层　　　　　B. 传输层　　　　C. 网络层　　　　D. 网络接口层

8. IP 协议提供（　　）。
   A. 尽最大能力交付服务　B. 可靠的服务　C. 虚电路服务　D. 以上都不是

9. 如果网络层使用数据报服务,那么（　　）。
   A. 仅在连接建立时做一次路由选择　　　　B. 为每个到来的分组做路由选择
   C. 仅在网络拥塞时做新的路由选择　　　　D. 不必做路由选择

10. TCP 协议和 IP 协议分别出现在 TCP/IP 协议模型中的（　　）。
    A. 传输层,网际层　B. 网络层,网络层　C. 传输层,应用层　D. 网络接口层,网络层

11. TCP/IP 与 OSI 参考模型相比, 说法正确的是（　　）。
    A. 层数不同,TCP/IP 是 7 层参考模型,OSI 参考模型是 4 层
    B. OSI/RM 结构严密,理论性强,学术价值高,各种网络、硬件设备和学术文献都参考它。而 TCP/IP 相对简单,实用性更强
    C. TCP/IP 参考模型是先有模型,后有协议
    D. OSI 参考模型是国际标准,目前市场上网络产品是按 OSI 参考模型实现的

二、填空题

1. OSI 参考模型分（　　）层,TCP/IP 参考模型分为（　　）层。

2. 物理层的协议数据单元是（　　）、数据链路层的协议数据单元是（　　）、网络层的协议数据单元是（　　）。

3. 计算机网络协议的三要素是（　　）、（　　）、（　　）。

4. 物理层对通信设备和传输媒体之间使用的接口做了详细的规定,主要的四个特性是（　　）、（　　）、（　　）、（　　）。

5. 传输层提供两种基本的服务,包括面向连接服务和面向无连接服务,其中,TCP 是（　　）服务,UDP 是（　　）服务。

三、问答题

1. 什么是计算机网络协议?网络协议的三要素包括哪些?

2. 为什么 OSI 参考模型采用分层结构?其好处是什么?

3. 画图说明 OSI 参考模型,并简述各层的功能?

4. 什么是面向连接服务?什么是无连接服务?

5. 在 TCP/IP 协议族中各层有哪些主要协议?

6. 对比 TCP/IP 参考模型和 OSI 参考模型,说明其异同之处。

第二篇 组 网 篇

第 4 章 传输介质与综合布线基础

【问题导入】

某中小型公司为了业务的需要，组建了局域网，公司的网络拓扑结构如图 4-1 所示。

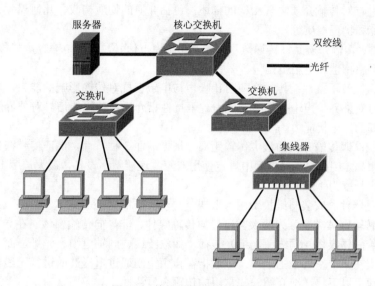

图 4-1 某公司的网络拓扑结构

从图 4-1 中可以看出，公司的局域网通过传输介质将网络互连设备及计算机连接起来，组建成一个小型的企业局域网。

问题 1：在上述局域网中，为什么采用了双绞线和光纤两种传输介质？还有其他传输介质吗？

回答 1：_____

_____

_____

_____。

问题 2：计算机与集线器之间使用双绞线连接有规范标准吗？

回答 2：_____

_____。

问题 3：传输介质与网络互连设备之间有标准接口吗？

回答 3：_____

_____。

问题 4：组建企业网络时，传输介质布线有规范标准吗？

回答 4：_____

_____。

【学习任务】

本章主要介绍计算机网络常用传输介质和综合布线基础。本章学习任务如下。

● 熟练掌握双绞线的特性及其应用；
● 理解光纤的组成及适用场合；
● 了解无线传输介质特性；
● 了解综合布线系统。

4.1　传输介质特性

传输媒体也称传输介质，是数据传输的物质基础。常用的介质有双绞线、同轴电缆、光纤、无线传输介质等。传输介质的特性对数据传输的质量有决定性的影响。其特性如下。

（1）物理特性：对传输介质物理结构的描述，包括介质的物质构成、几何尺寸、机械特性、温度性能、化学性能和物理性质等。

（2）传输特性：传输介质允许传送数字信号，还是模拟信号，以及传输容量与传输的频率范围。包括衰减特性、频率特性和适用范围等。

（3）抗干扰特性及干扰性：传输介质防止噪声与电磁干扰对传输影响的能力，抗干扰性是指在介质内传输的信号对外界噪声干扰的承受能力。干扰性指介质内传输的信号对外界的影响。良好的传输介质应有较高的抗干扰能力。

（4）地理范围：即传输介质的最大传输距离，根据前面3种特性，保证信号在失真允许范围内所能达到的最大距离。例如：在局域网中规定使用双绞线连接网络设备，最大长度100m，若使用基带细同轴电缆最大长度为185m。

（5）性价比：器件、安装与维护费用，取决于传输介质的性能与成本。

计算机网络传输媒体类型分为两大类：导向传输媒体、非导向传输媒体。在导向传输媒体中，电磁波被导向沿着固体媒体（铜线或光纤）传播，如双绞线、同轴电缆、光纤。而非导向传输媒体则不能将信号约束在某个空间范围之内，一般指在自由空间通过电磁波的进行无线传输，如无线电波、微波、红外线。以下将详细介绍一些常用的传输介质特性及其应用。

4.2　导向传输介质

4.2.1　双绞线

双绞线是由两条相互绝缘的导线按照一定的规格互相缠绕（一般以顺时针缠绕）在一起而制成的一种通用配线，可降低信号干扰的程度，每一根导线在传输中辐射的电波会被另一根线上发出的电波抵消。其中绝缘塑料所包裹的导线两两相绞，形成双绞线对，因而得名双绞线。通常将1对或多对双绞线安置在一个塑料封套内，形成双绞线线缆。双绞线进行绞合的目的是为了减小电磁干扰，增强抗干扰的能力。每对线在每英寸长度上相互缠绕的次数决定了抗干扰的能力和通信的质量，缠绕得越紧密其通信质量越高，就可以支持更高的网络数据传送速率，当然它的成本也就越高。其结构如图4-2所示。

通常在双绞线的外护套上，大约每隔2ft可以看到类似 AMP NETCONNECT CATEGORY 5e CABLE E 130341300 24AWG CM (UL) VERFIED TO CATEGORY 5e 0000300FT 这样的标注，含义如下所示。

AMP NETCONNECT CATEGORY 5e CABLE E：说明这是 AMP 公司生产的 CAT 5e 类双绞线。

130341300：表示产品的编号。

24AWG：AWG 是美国线缆，指该电缆导线横截面直径、单位长度的导线的质量、单位长度导线直流电阻等参数符合 24AWG 规定的值。AWG 的值越小，代表导线的直径越大。

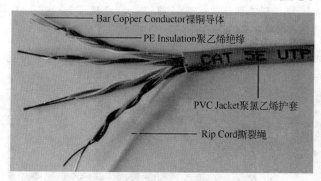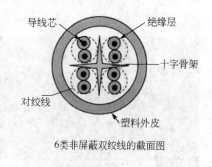

图 4-2　双绞线及截面图

CM (UL)：说明该电缆符合 UL（保险者实验室）认证，其中 CM 表示的是 NEC（美国国家电气法规）耐火等级。

VERFIED TO CATEGORY 5e：表示该线缆经 UL 测试，符合 CAT 5e 类的要求。

0000300FT：为线缆长度标记，指出纸箱中或卷轴上还剩 300ft 的线缆，可以帮助施工技术人员确定包装中剩余线缆的长度。国内以米为单位标注。

双绞线作为一种价格低廉、性能优良的传输介质，在综合布线系统中被广泛应用于水平布线。双绞线可提供高达 1000Mbps 的传输带宽，不仅可用于数据传输，而且还可以用于语音和多媒体传输。

1）双绞线分类

为增强双绞线的抗干扰能力，通常在双绞线外部加上一层金属丝网作为屏蔽层，这种双绞线称为屏蔽双绞线，（Shielded Twisted Pair，STP），没有屏蔽层的称为非屏蔽双绞线（Unshielded Twisted Pair，UTP）如图 4-3 所示。STP 传输速率高，安全性好，抗干扰能力强；价格较高，安装较困难。UTP 重量轻、成本低、安装方便、组网灵活，是目前局域网中使用频率最高的一种传输介质。

图 4-3　非屏蔽双绞线和屏蔽双绞线

非屏蔽双绞线（UTP）按电气性能划分的话，通常分为 1 类（CAT1）、2 类（CAT2）、3 类（CAT3）、4 类（CAT4）、5 类（CAT5）、超 5 类（CAT5e）、6 类（CAT6）、7 类（CAT7）双绞线等类型，数字越大，版本越新、技术越先进、带宽也越宽，当然价格也越贵了。其中 3、4、5、5e 类最为常用。双绞线广泛应用于快速以太网及千兆以太网的建设中。

1 类 UTP：主要用于电话连接，通常不用于数据传输。

2 类 UTP：通常用在程控交换机和告警系统，最高带宽为 1MHz。

3 类 UTP：也称为声音级电缆，最高带宽为 16MHz，适用于语音及 10Mbps 以下的数据传输。

4 类 UTP：最高带宽为 20MHz，适用于语音及 16Mbps 以下的数据传输。

5 类 UTP：也称为数据级电缆，带宽为 100MHz，适用于语音及 100Mbps 高速数据传输。

6 类 UTP：是一种新型的电缆，最高带宽可达 1000MHz，适用于高速以太网的骨干线路。

2）双绞线标准接口及连接器

国际电工委员会和国际电信委员会在 EIA/TIA568 标准中完成了对双绞线的规范说明。双绞线通常由橙色、橙白相间、蓝色、蓝白相间、绿色、绿白相间、棕色、棕白相间线对构成。双绞线连接标准为 RJ—45 接口和 RJ—45 连接器，RJ—45 接口类似插座类，而 RJ—45 接头是一个插头类。

RJ—45 接口（俗称网口，又称局域网接口，或 LAN 接口），是一种局域网接口规范，可用于连接 RJ—45 接头（俗称水晶头）。网络中 RJ—45 接口最为常用，一般计算机、集线器、交换机、路由器都提供了这种接口。RJ—45 连接器及接口的外观如图 4-4 所示。

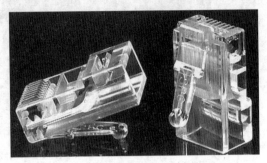

（a）笔记本计算机提供的 RJ—45 接口　　　　　　　（b）RJ—45 连接器

图 4-4　RJ—45 接口和 RJ—45 连接器

3）双绞线的线序标准

双绞线内部一共有 8 根线，其线序排列是有顺序的。EIA/TIA 的布线标准中规定了 2 种双绞线的线序，即 EIA/TIA 568A 和 EIA/TIA 568B，如图 4-5 所示。

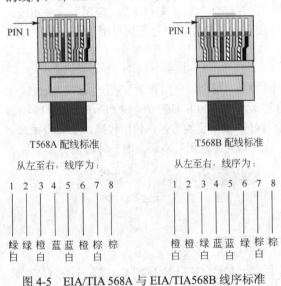

图 4-5　EIA/TIA 568A 与 EIA/TIA568B 线序标准

其中，线序号为 1 和 2 必须是一对，用于发送数据，3 和 6 必须是一对，用于接收数据。

4）直通线和交叉线

直通线又称直连线，也称平行线。即网线两端同为 EIA/TIA 568A 标准，或同为 EIA/TIA 568B 标准。一般两端都采用 T568B 标准。

交叉线一端采用 EIA/TIA 568A 标准，另一端采用 EIA/TIA 568B 标准。交叉线改变线的排列顺序以"1—3 交换，2—6 交换"为交叉原则。

直通线使用场合，一般用于计算机与交换机、计算机与集线器、路由器与交换机之间的互连。

交叉线使用场合，一般用于计算机与路由器、计算机与计算机、路由器与路由器、交换机与交换机、集线器与集线器之间的互连。

在实践中，一般可以这么理解，同类设备之间使用交叉线连接，不同类设备之间使用直通线连接。同类设备一般指可以设定 IP 地址的设备，如路由器、计算机为同类设备；将不可配置 IP 地址的设备，如交换机、集线器划归为另一类同类设备。交叉线和平行线使用场合示意图如图 4-6 所示。但在实际应用中，以网络设备说明书为准。

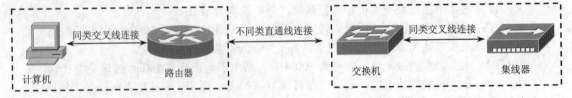

图 4-6　交叉线和平行线使用场合示意图

双绞线技术和标准比较成熟，安装相对容易，价格低廉，是局域网中最通用的传输介质，其最大缺点是容易受到电磁波干扰。

4.2.2　同轴电缆

同轴电缆是计算机网络在 20 世纪 80 年代广泛使用的传输介质，也是有线电视网中使用最多的传输介质。随着双绞线和光纤为基础的标准化布线的推广，同轴电缆已经逐渐退出网络布线市场。

1）同轴电缆的结构

同轴电缆是由绕同一轴线的 2 个导体所组成的，即内导体（铜芯导线）和外导体（屏蔽层），外导体的作用是屏蔽电磁干扰和辐射，2 个导体之间用绝缘材料隔离，其基本结构如图 4-7 所示。中央是铜质单股实芯线或多股绞合线，传输电磁信号，它的粗细直接决定其衰减程度和传输距离。外部由陶制品或塑料制品的绝缘材料层包裹，通常由柔韧的防火塑料制品制成。下一层是网状金属屏蔽层，一方面可以屏蔽电磁噪声，另一方面可以作为信号地线，中央铜线不能与金属屏蔽网接触，否则将会短路。

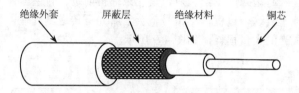

图 4-7　同轴电缆结构示意图

同轴电缆的绝缘体和防护屏蔽层使其具有较强的抗干扰能力。由于其屏蔽性能出色、中心铜线芯较粗，所以频率特性好，有较好的固有带宽，能进行高速率的传输。在信号没有放大之前，通常比双绞线传输距离更远。但同轴电缆制造成本要比双绞线高，而且当频率超过 10kHz 时信号衰减剧增，因此在现代局域网中，同轴电缆逐渐被双绞线取代。

2）同轴电缆分类

同轴电缆的规格种类很多，由于中心导线使用的材料不同，影响到它的阻抗、吞吐量及典型用途。总通常有 3 种分类。

（1）按其阻抗特性进行分类，分为 50Ω、75Ω、90Ω。

（2）按其直径分类，分为粗缆与细缆，粗同轴电缆通常为黄色外护套，直径大约为 1cm，传输距离长，性能高但成本高，适用于大型局域网干线，连接时两端需安装终接器。细同轴电缆通常为黑色外护套，直径大约 0.64cm，传输距离短，相对便宜，用 T 形头，与 BNC 网卡相连，两端安装 50Ω 终端电阻。同轴电缆连接器件如图 4-8 所示。

（a）终接器　　　　　（b）BNC接头　　　　　（c）T形连接器　　　（d）带BNC接头的同轴电缆

图 4-8　同轴电缆连接器件

（3）按其传输信号特性分类，分为基带同轴电缆与宽带同轴电缆。基带同轴电缆通常用于局域网数字信号传输（50Ω 的粗缆和 50Ω 的细缆），宽带同轴电缆通常用于传输模拟信号（75Ω 电缆）。

4.2.3　光纤

光纤是光导纤维的简写，是一种由石英玻璃纤维或塑料制成的，直径很细，能传导光信号的媒体。由于光在光纤中的传导损耗比电在电线中的传导损耗低很多，因此，光纤广泛被用作长距离的传输。光纤通信即是利用光导纤维传送光脉冲来进行通信的。有光脉冲相当于"1"，而无光脉冲相当于"0"。由于可见光频率非常高，因此传输带宽是其他传输介质所无法比拟的。

光纤通信是目前计算机网络领域里，带宽最宽、传输速率最高、抗干扰能力最强的通信技术，光纤技术的出现与发展，为通信与计算机网络的发展提供了坚实的基础。

1）光纤传输原理

光纤由一束纤芯组成，外面包了一层折射率较低的反光材料，称为包层。由于包层的作用，在纤芯中传输的光信号几乎不会从包层中折射出去。这样当光束进入光纤中的纤芯后，可以减少光通过光缆时的损耗，并且在纤芯边缘产生全反射，使光束曲折前进。包层就像一面镜子将纤芯中的光信号反射回中心，不断地重复这个过程，光信号就会沿着光纤传送到远端。另外这种反射允许光纤的拐角处弯曲而不会造成光的大量损耗，如图4-9所示。

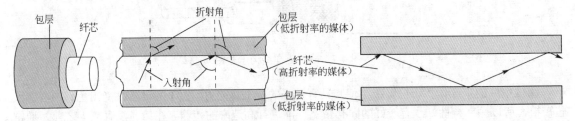

图 4-9　光脉冲在光纤中的传输

2）光纤与光缆

通常说的"光纤"实际是指"光缆"，因为光纤实际是光芯，光芯没有经过包裹，是不能用的。在实际应用的光缆多为多芯光纤。由于光纤质地脆弱，又很细，不适合通信网络施工。必须将光纤制作成很结实的光缆。一根光缆少则有一根光纤，多则有几十根或几百根光纤，再加上加强芯和填充物就可大大提高其机械强度。光纤结构是圆柱形，包含有纤芯和包层。光缆实物图及剖面如图4-10所示。光缆里的光纤与光纤连接，就要通过专门的光纤熔接机进行熔接，需要专业人员来操作。

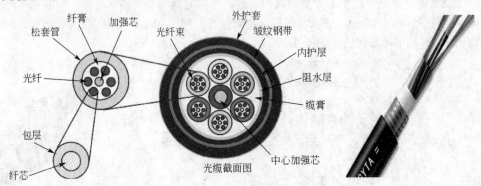

图 4-10　光缆剖面图及实物图

3）光纤分类

根据使用的光源和传输模式，光纤可分为多模光纤和单模光纤。

多模光纤，所谓"多模"是指可以传输多种模式的光。多模光纤电缆容许不同光束在一条电缆上传输，多模光缆的芯径较大，直径一般为50～100μm。多模光纤采用发光二极管产生可见光作为光源，定向性较差。传输距离在2000m以内，多用于局域网，其外护套通常是橙色。

　　当光纤的直径非常小，减小到接近一个光的波长（纤芯的直径接近于光波的波长），则光纤中只能传输一种模式的光，就不会产生多次反射而使光线沿着直线向前传送。这样的光纤称为单模光纤。采用注入式激光二极管作为光源，激光定向性强。单模光纤传输速度更快，传输距离更远。单模光纤的纤芯很细，其直径为 4～10μm，制造起来成本较高。单模光纤的包裹外套通常是黄色。

　　多模光纤和单模光纤的传输特性比较，如图 4-11 所示。

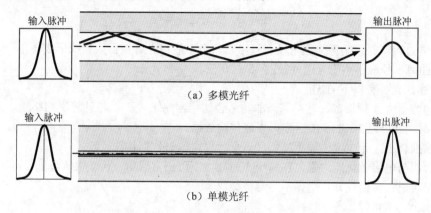

图 4-11　多模光纤和单模光纤传输特性比较

　　实际应用中，是选择多模光纤还是单模光纤，最常见的决定因素是距离。单模光纤的性能优于多模光纤。

　　单模光纤与多模光纤的比较，见表 4-1。

表 4-1　单模光纤和多模光纤的比较

单　模　光　纤	多　模　光　纤
用于高速率和长距离传输	用于相对低速率和短距离
成本高	成本低
端接较难	端接较易
信号衰减小	信号衰减大
细芯线，需要激光源	粗芯线，聚光好，光源可采用激光或发光二极管

　　4）光电信号转换

　　光纤中传输的是光信号，而计算机只能处理电信号，它们之间是如何转换的呢？这需要专用的光纤收发器进行转换。在光纤的发送端有发光二极管或激光发生器，将电信号转换为光信号，在接收端有光电耦合管，负责将光信号转换为电信号。其工作原理如图 4-12 所示。

图 4-12　光电信号转换

　　光纤收发器，是一种电信号和光信号进行互换的传输转换单元，也被称为光电转换器或光纤模块。

　　光纤只能单向传输信号，若作为数据传输介质，必须成对使用，一根用于发送数据，一根用于接收数据。光纤在任何时间都只能单向传输，光缆不易分支，所以一般适用于点到点的连接。

　　5）光纤连接器

　　按结构的不同可分为 FC、SC、ST 和 MT—RJ，如图 4-13 所示。光纤的连接器具有多种不同的类型，而不同类型的连接器之间是无法直接连接的。

（a）SC 连接器　　　　（b）ST 连接器　　　　（c）FC 连接器　　　　（d）MT—RJ 连接器

图 4-13　光纤连接器

整个安装过程，必须确保光通道没有被阻塞，也不能将光纤拉得太紧或形成直角。光缆弯曲时容许的最小曲率半径应不小于光缆外径的 15～20 倍。

综上所述，光纤有以下的优点。

① 传输容量大、频带宽、速率高，非常适合通信网络的主干线与计算机网络主干网络的传输介质。已证明光纤可以 10Gbps 的速率可靠地传输数据。

② 传输损耗小，无中继传输距离长，适合远程通信与数据传输。

③ 抗雷电与电磁干扰能力强，在高噪声的环境下可正常通信。传输误码率低，准确性高。

④ 安全可靠，保密性好，数据不容易被截取。

⑤ 体积小，重量轻。

当然，光纤也存在着一些缺点，如质地脆，机械强度低；切断和连接中技术要求较高，需要由专业人员来完成等。

4.3　非导向传输介质

根据距离的远近和对通信速率的要求，可以选用不同的有线介质，但是，当通信线路要通过一些高山、岛屿或河流时，铺设线路就非常困难，而且成本非常高，这时就可以考虑使用无线电波在自由空间（包括空气和真空）的传播信号就可以实现多种通信。地球上的大气层为大部分无线传输提供了物理通道，就是常说的无线传输介质，也称非导向传输介质。人们利用自然界的空气传输电磁波来完成通信任务，称为无线通信。例如，广播电台和电视台都利用空气以模拟信号的形式传输信息。利用空气传输数字信号的网络称为无线网络。无线传输所使用的频段很广，目前主要用于通信的有无线电波、微波、红外线、射频。紫外线和更高的波段目前还不能用于通信。

4.3.1　无线电波

无线电波是指在自由空间传播的射频频段的电磁波。波长大于 1mm，频率小于 300GHz 的电磁波是无线电波。无线电波可以被进一步细分为长波、中波、短波、微波。其中，调频无线通信使用中波 MF（300kHz～3MHz），调频无线电广播使用甚高频 VHF（30M～300MHz），电视广播使用甚高频到特高频 VHF（30MHz～3GHz）。无线电波多用于多播通信，如收音机、电视以及寻呼系统。

无线电波的传播方式由两种，一种是直线传播，即沿地面向四周传播；另一种是靠大气层中电离层反射传播。高频无线电信号由天线发出后，沿地表面传播和依靠电离层反射两条路径在空间传播。

无线电波的优点是技术成熟，比较便宜且宜于安装，应用广泛，能用较小的发射功率传输较远的距离，可以穿过建筑物。

无线电波的缺点是易受自然环境等因素的影响，信号幅度变化较大，如果有其他使用的频率与无线电通信的频率在相似范围内，信号容易被干扰。

4.3.2　微波

微波是指波长介于红外线和特高频（UHF）之间的射频电磁波。微波的波长范围为 1mm～1m，所对应的频率范围是 300MHz～300GHz，通常也称为"超高频电磁波"。微波的基本性质通常呈现为穿透、反射、吸收 3 个特性。对于玻璃、塑料和瓷器，微波几乎是穿越而不被吸收。对于水和食物等就会吸收微波而使自身发热。而对金属类东西，则会反射微波，但是微波不能穿透金属结构，容易受到周围环境的影响。微波通信在数据通信中占有重要地位。相比低廉的无线电，微波安装和维护的成本很高，传输速度比无线电的传输要快。

微波在空间必须是直线传播。由于微波会穿透电离层而进入宇宙空间，因此它不像短波那样可以经电离层反射传播到地面上很远的地方。微波通信就有 2 种主要的方式，即地面微波接力通信和卫星通信。

1）地面微波接力通信

由于微波在空间是直线传播，通过地球表面的大气传播，易受到建筑物或天气的影响，对于地形地貌、海拔差异较大的地球，传播距离也受到限制，一般情况下只有 50～100km。若增高天线发射塔，则距离可进一步增大。为实现远距离通信必须在一条无线电通信信道的两个终端站之间建立若干个中继站。中继站把前一站送来的信号经过放大后再发送到下一站，故称为"接力"，如图 4-14 所示。

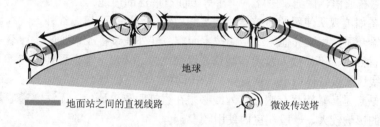

图 4-14　地面微波接力通信

微波接力通信具有以下特点。

① 微波波段的频率很高，其频段范围也很宽，因此其通信信道的容量很大。

② 微波通信受外界干扰比较小，传输质量较高。

③ 微波接力通信与相同容量和长度的电缆载波通信比较，建设投资少，见效快。

当然，微波接力通信也存在如下的一些缺点：如相邻站之间必须直视，不能有障碍物。微波的传播有时也会受到恶劣气候的影响；对大量的中继站的使用和维护要耗费一定的人力和物力等。

2）卫星通信

卫星通信系统是通过卫星微波形成的点对点通信线路，是由两个地面站（发送站、接收站）与一颗通信卫星组成的，如图 4-15（a）所示。地面发送站使用上行链路向通信卫星发射微波信号。卫星起到一个中继器的作用，它接收通过上行链路发送来的微波信号，经过放大后使用下行链路（与上行链路具有不同的频率）发送回地面接收站。

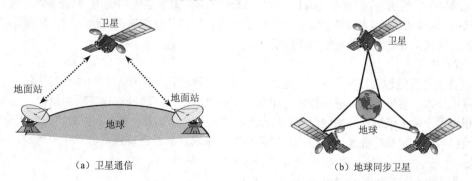

（a）卫星通信　　　　　　　　　　　　（b）地球同步卫星

图 4-15　卫星通信与地球同步卫星

地球同步卫星通信是在地球站之间利用位于约 36000 km 高空的人造同步地球卫星作为中继器

的一种微波接力通信。其覆盖跨度达 18000km，只要在地球赤道上空的同步轨道上，等距离地放置 3 颗相隔 120°的卫星，就能基本上实现全球的通信，如图 4-15（b）所示。

卫星通信的最大优点是通信距离远，在电波覆盖范围内，任何一处都可以通信，且通信费用与通信距离无关；另外，卫星通信受陆地灾害影响小，可靠性高；易于实现广播通信和多址通信等。

卫星通信的最大缺点是通信费用高，延时较大。由于发送站要通过卫星转发信号到接收站，因此就存在传输延时，一般从发送站到卫星的延时值为 250～300ms，典型值为 270ms，所以，卫星通信系统的传输延时为 540ms。

微波在雷达科技、ADS 射线武器、微波炉、等离子发生器、无线网络系统（如手机网络、蓝牙、卫星电视及无线局域网路技术等）、传感器系统上均有广泛的应用。

4.3.3　红外线

红外线是太阳光线中众多不可见光线中的一种，又称为红外热辐射，是波长介于微波与可见光之间的电磁波，其波长为 760nm～1mm，是波长比红光长的非可见光，其穿透云雾能力比可见光强，又俗称红外光，它在通信、探测、医疗、军事等方面有广泛的用途。

常见家电设备如电视所使用的遥控器，就是利用红外线进行通信。红外无线局域网采用小于 1μm 波长作为传输介质。相比其他无线传输技术而言，红外线设备成本要低，且不需要天线。

红外通信的优点：①不易被人发现和截获，保密性强。②几乎不会受到电气、人为干扰，抗干扰性强。③红外线通信设备体积小，重量轻，结构简单，价格低廉。

红外通信的缺点是传输距离有限，红外线必须在直视距离内通信，无法穿透墙体，不能穿透雨和浓雾，受天气的影响较大，一般在室内使用较多。

4.3.4　射频

射频（Radio Frequency，RF）传输是指信号通过特定的频率来传输，传输方式与收音机或电视广播相同，频率范围从 300kHz～300GHz 之间。在使用射频传输的网络并不要求在计算机之间有直接的物理连接，每个计算机都有一个天线，经过天线进行射频的发送与接收。在某些频点，射频能穿过墙壁或绕过物体，对于必须穿过或绕过墙壁、天花板或其他障碍物的网络，射频传输是一种好的选择。但射频传输不是很安全，很容易被窃听，不适宜传输保密性强的数据。另外，射频信号非常容易受到干扰。

4.4　综合布线基础

4.4.1　智能建筑与综合布线

20 世纪 80 年代初，智能建筑（Intelligent Building，IB）的概念在美国提出，综合布线系统（Generic Cabling System，GCS）作为智能建筑的重要组成部分，提供信息传输的高速通道，是保证建筑物内和建筑物之间优质高效的信息服务的基础设施之一。

1）智能建筑

智能建筑是智能建筑技术和新兴信息技术相结合的产物，智能楼宇利用系统集成的方法，将智能型计算机技术、通信技术、信息技术与建筑艺术有机的结合，通过将建筑物的结构、设备、服务和管理根据用户的需求进行最优化组合，从而为用户提供一个高效、舒适、便利的人性化建筑环境。智能建筑已经成为建筑行业和信息技术共同关心的新领域。智能建筑是不是特殊的建筑，具有以下 4 个特征。

① 楼宇自动化（Building Automation，BA）；

② 办公自动化（Office Automation，OA）；

③ 通信自动化（Communication Automation，CA）；

④ 布线综合化（Generic Cabling）。

具有 BA、OA 和 CA 的建筑可称为 3A 智能建筑。目前也有一些建筑将消防自动化（Fire Automation，FA）、管理自动化（Maintenance Automation，MA）和安全自动化（Security Automation，SA）也加入智能建筑中，就是所谓的 6A 智能建筑。但是按照国际惯例来看，一般将 FA 和 SA 放在 BA 中，将 MA 放在 OA 内。总之，对智能建筑的一般概念通常为："为提高楼宇的使用合理性与效率，配置有合适的建筑环境系统与楼宇自动化系统、办公自动化、管理信息系统以及先进的通信系统，并通过结构化综合布线系统集成为智能化系统的大楼"。

2）综合布线

综合布线系统是智能建筑的实现基础，也是衡量现代建筑智能化程度的重要标志。综合布线系统分布于现代建筑中，能支持多种应用系统。综合布线系统在用户尚未确定具体应用系统之前，就充分考虑了用户的未来应用，能够适应未来科技发展的需要，在楼宇建成以后，完全可以根据时间和具体需要决定安装新的应用系统，而不需重新布线，节省了系统扩展带来的新投资。与传统布线相比综合布线最大的特点是，综合布线系统的结构与所连接的设备的位置无关。在传统的布线系统中，设备安装在哪里，传输介质就要铺设到哪里。而综合布线系统则是事先按建筑物的结构，将建筑物中所有可能放置设备的位置都预先布好线缆，然后再根据实际所连接的设备情况，通过调整内部跳线，将所有设备连接起来。

综合布线系统是通信电缆、光缆、各种软电缆及有关连接硬件构成的通用布线系统，是按标准的、统一的、简单的结构化方式设计和布置的各种建筑物（或建筑群）内的各种系统的通信线路，包括网络系统、电话系统、监控系统、电源系统和照明系统等。因此，综合布线系统是一种标准通用的信息传输系统，支持多种应用系统，包括语音、数据、图像（视频监控）等多媒体信号的传输，是一个模块化的、灵活性很高的建筑物内或建筑物之间的信息传输通道，是"建筑物内的信息高速公路"，包括标准的插头、插座、适配器、连接器、配线架以及电缆、光缆等。

综合布线系统将建筑、通信、计算机网络和监控等各方面的技术相互融合、集成为最优化的整体，使其具有工程投资合理、使用灵活方便等特点。

4.4.2　综合布线系统的特点

传统布线各个应用系统互相独立，互不兼容，维护成本较高。与传统的综合布线系统相比，综合布线系统有许多优越性，主要有 6 个特点。

1）兼容性

综合布线的首要特点是它的兼容性。兼容性是指综合布线自身是完全独立的而与应用系统相对无关，可以适用于多种应用系统。例如一些旧建筑物中，提供电话、电力和电视等服务，采用传统的布线方式，每项应用服务都需要使用不同的电缆及开关插座，电话系统采用电话线，有线电视采用同轴电缆，网络系统采用双绞线。各个应用系统的电缆规格差异较大，相互不兼容，各个系统均独立安装，布线混乱无序，直接影响建筑物美观和使用。

综合布线系统具有所有系统相互兼容的特点，将语音、数据与监控设备的信号线经过统一的规划和设计，采用相同的传输介质、信息插座、交连设备、适配器等，把这些不同信号综合到一套标准的布线中。由此可见，这种布线比传统布线大为简化，可节约大量的物资、时间和空间。

2）开放性

综合布线由于采用开放式体系结构，符合多种国际上现行的标准，支持任何厂家的网络产品，如计算机设备、交换机设备等，并支持所有通信协议。对于传统的布线方式，只要用户选定了某种设备，也就选定了与之相适应的布线方式和传输媒体。如果更换另一设备，那么原来的布线就要全部更换，无疑要增加很多投资。

3）灵活性

综合布线系统的灵活性主要表现在 3 个方面，即灵活组网、灵活变位和应用类型的灵活变化。

而传统的布线方式是封闭的，其体系结构是固定的，若要迁移设备或增加设备是相当困难麻烦的，甚至是不可能的。综合布线采用的传输线缆和相关连接硬件都是标准的，且设计是模块化的，所有传递信息线路均为通用的。所用的系统内设备（如计算机、电话等）的开通及变动无需改动布线，只要在设备间或管理间作相应的跳线操作即可。

4）可靠性

传统布线中各个系统互不兼容，系统均独立安装，因此在一个建筑物内存在多种布线方式，各个应用系统的布线不当时，会造成交叉干扰，无法保障高质量地传输各应用系统的信号。

综合布线采用高品质的材料和组合压接的方式构成一套高标准的信息传输通道。所有线槽和相关连接件均通过 ISO 认证，每条通道都要采用专用仪器测试链路阻抗及衰减率，以保证其电气性能。

5）先进性

综合布线系统的先进性是指采用光纤与双绞线混合布线方式，极为合理地构成一套完整的布线系统。所有布线系统均采用世界上最新通信标准，链路均按八芯双绞线配置。整个布线系统有建筑群配线设备、建筑物配线设备、楼层配线设备和通信引出端组成三级配线网络，每级均采用星型拓扑结构，各条链路互不影响，对于这样的综合布线系统的分析、检查、测试和排除故障都非常简单，可以提高工作效率，便于系统的改建和扩建。

6）经济性

综合布线比传统布线具有经济性优点，是一种具有良好的初期投资特性，具有很高的性价比的"高科技产品"，可以利用最低的成本在最小的干扰下对设于工作地点的终端设备进行重新安排和规划。综合布线系统将分散的专业布线系统综合到统一的、标准化信息网络系统中，减少了布线系统的线缆品种和设备的数量，简化了信息网络结构，大大减少了维护的工作量。一次性投资，长期受益、维护成本低，使得整体投资达到最少。

4.4.3 综合布线系统的组成

综合布线系统采用开放式星型网络拓扑结构，能支持语音、数据、图像、多媒体业务等信息的传递。以 EIA/TIA 568 标准和 ISO/IEC 11801 国际综合布线标准为基准，结合我国的实际应用情况，综合布线系统结构划为 6 个独立的子系统，如图 4-16 所示。

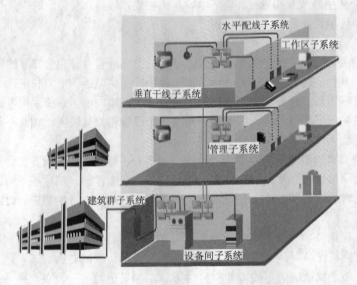

图 4-16　综合布线系统组成结构图

① 工作区子系统（办公室内部布线等）；
② 水平配线子系统（同一楼层布线）；

③ 垂直干线子系统（楼层间垂直布线）；

④ 设备间子系统（设备管理中心布线）；

⑤ 管理子系统（楼层机柜等的布线）；

⑥ 建筑群子系统（建筑物间布线）。

每个子系统均可视为独立的单元组，一旦需要更改其中任何一个子系统时，不会影响到其他子系统。这 6 个子系统相互配合，形成了结构灵活，适合多种传输介质与多种传输信息传输的综合布线系统。

1）工作区子系统

工作区子系统是一个从信息插座延伸至终端设备的区域。工作区子系统布线要求相对简单，这样就容易移动、添加和变更设备。工作区中的终端设备可以是电话机、计算机、电视机、监视器，也可以是仪器仪表等数据终端。

工作区子系统包括信息插座、连接信息插座和终端设备的跳线以及网卡，如 RJ—45 插座与 RJ—11 插座。

2）水平配线子系统

水平布线的任务是将管理间子系统的配线接到每一工作区（如办公室）的信息插座上。水平配线子系统的功能是将垂直干线子系统线路延伸到用户工作区。水平配线子系统宜采用星型拓扑结构。水平布线系统施工是综合布线系统中工作量最大的。在建筑物施工完成后，一般不易变更，因此通常都采取"水平布线一步到位"的原则。因此水平布线系统要施工严格，确保链路性能。一般情况下，水平电缆最大长度为 90m（另有 10m 分配给接插线或跳线），在保证链路性能的情况下，水平光缆的距离可适当延长。

3）垂直干线子系统

垂直干线子系统负责连接管理间子系统和设备间子系统，是整个综合布线系统的骨干部分。布线走向应选择干线段最短、最安全和最经济的路由。宜选择建筑物中封闭型通道（通常有电缆竖井、电缆孔两种）进行布线，不宜选择开放型通道（通风通道、电梯通道等）。

4）设备间子系统

设备间子系统的功能是将各种公共设备与主配线架连接起来。它是布线系统最主要的管理区域，所有楼层的资料都由电缆或光纤电缆传送至此。通常，此系统安装在计算机系统、网络系统和程控机系统的主机房内。设备间是在每幢建筑物的适当地点进行网络管理和信息交换的场地。

5）管理子系统

管理子系统设备通常设置在建筑大楼每层的配线设备房内，它的功能是将垂直干线与各楼层水平子系统连接起来，管理垂直子系统和水平子系统的线缆。

6）建筑群子系统

建筑群子系统是将一座建筑物中的缆线延伸到另一座建筑物的布线部分，由建筑群配线设备、建筑物之间的干线电缆或光缆、设备缆线、跳线等组成。一般情况下建筑群宜采用光缆。布线方式通常有 4 种。

① 架空电缆布线（无机械保护，成本低）；

② 直埋电缆布线（较好保护，成本较高）；

③ 管道系统电缆布线（最佳保护，成本高）；

④ 隧道内电缆布线（利用现有地下水暖通道，成本最低，可能因漏泄损坏电缆）。

4.4.4　综合布线设计标准

布线标准是布线系统产品设计、制造、安装和维护中所遵循的基本原则，生产厂商按照布线系统标准生产合格的产品，布线施工人员需要按照布线系统标准的要求进行布线施工和测试。

1）国际标准

最早的综合布线标准起源于美国，1991 年美国国家标准协会制定了 TIA/EIA568 民用建筑线缆标准，1995 年修订为 TIA/EIA568A 标准。国际标准化组织/国际电工技术委员会（ISO/IEC）在美国国家标准协会制定的有关综合布线标准基础上修改，于 1995 年 7 月正式公布了《信息技术——用户建筑物综合布线》（ISO/IEC 11801）成为国际标准。随后，英国、法国、德国等于 1995 年 7 月联合制定了欧洲标准 EN 50173，成为欧洲一些国家使用的标准。目前常用的综合布线国际标准有以下几种。

① TIA/ EIA—568A 美国国家标准协会《商用建筑物电信布线标准》；

② ISO/IEC 11801 国际布线标准《信息技术——用户建筑物综合布线》；

③ EN 50173 欧洲标准《建筑物布线标准》；

④ EIA/ TIA 569A《商业建筑物电信布线路径及空间距标准》；

⑤ EIA/ TIA TSB—67 美国国家标准协会《非屏蔽双绞线布线系统传输性能现场测试规范》；

⑥ EIA/ TIA TSB—72 美国国家标准协会《集中式光缆布线准则》。

2）国内标准

2007 年 4 月国家建设部发布了综合布线系统设计与验收国家标准，即《综合布线系统工程设计规范》（GB/T 50311—2007）和《综合布线系统工程验收规范》（GB/T 50312—2007）。综合布线国家标准的制定，使我国综合布线走上了标准化轨道，促进综合布线技术在我国的应用与发展。

3）机房建设有关的标准

机房建设是一个系统工程，要切实做到从工作需要出发，以人为本，满足功能需要，兼顾美观实用，为设备提供一个安全运行的空间，为从事计算机操作的工作人员创造良好的工作环境。选择机房位置时，应远离强噪声源、粉尘、油烟、有害气体，避开强电磁场干扰。计算机机房建设的相关标准有如下几种。

① GB 50174—1993 国家标准《电子计算机机房设计规范》；

② GB 2887—1989 国家标准《计算站场地技术要求》；

③ GB 9361—1988 国家标准《计算站场地安全技术》；

④ GB 6650—1986 国家标准《计算机机房活动地板的技术要求》；

⑤ GB 50462—2008 国家标准《电子信息系统机房施工及验收规范》于 2009 年 6 月 1 日起实施，原《电子计算机机房施工及验收规范》SJ/T 30003—1993 同时废止。

4.4.5　综合布线产品选型原则及产品

（1）综合布线产品选型原则

目前综合布线产品的种类繁多，但价格差异较大，为保证布线系统的可靠性，必须选择真正符合标准的产品，目前国内外广泛使用综合布线产品主要有美国的安普（AMP）公司的开放式布线系统（Oper Wiring System）、美国朗讯（Lucent）公司的 SYSTIMAXSCS 布线系统、美国西蒙（SIEMON）公司推出的 SIEMON Cabling 布线系统、加拿大北方电讯（Northern Telecom）公司推出的 IBDN（Integrated Building Distribution Network）布线系统、德国克罗内的 K.I.S.S（KRONE Integrated Structured Solutions）公司的布线系统等，这些产品性能良好，都提供了 15 年的质量保证体系和有关产品系列设计指南和验收方法等。

国内生产厂商有中国普天公司的综合布线产品、TCL 公司的综合布线产品等，虽然产品在技术上与国外的有一些差距，但是在性能指标和价格满足的情况下，优先选用国内综合布线产品。选择布线产品时，要注意以下几点。

① 电气特性、机械特性及 EIA/TIA 568 可靠性指标。

② 选择一致性的、高性能的布线材料，尽量避免选用多家产品。

（2）综合布线产品

综合布线产品主要包括超双绞线、铜缆跳线、通信电缆、室内室外光纤、光纤跳线、配线盒、光纤耦合器、信息模块、信息面板、配线架、跳线架、理线架、水晶头、机柜等，如图 4-17 所示。

（a）信息模块

（b）双口 86 型信息面板与双口桌面型信息面板

（c）各种机柜

（d）模块化配线架前面板及背面板

（e）机架式 1U 理线架

图 4-17　常用综合布线产品

4.5　工程实例

本章主要介绍了传输介质和综合布线知识，假如你刚刚入职，从事企业网络管理工作，请实地考察一下，认识常见的网络互连设备，了解企业网络拓扑结构，还需完成以下任务。

（1）参观综合布线工程现场，了解综合布线规划内容，注意观察综合布线 6 大子系统的组成，认识及熟悉综合布线的产品及施工方法。

（2）了解企业网络，使用哪些传输介质？都有什么特点？使用同轴电缆了吗？为什么？

（3）网络传输介质中，双绞线主要应用在什么地方？什么情况下采用的是交叉线？什么情况下采用的直通线？

（4）网络传输介质中，光纤主要应用在什么地方？是单模光纤还是多模光纤？另外，注意观察光纤跳线。

（5）企业网络是否有无线网络？服务哪些用户？有什么特点？

（6）了解企业网络管理中心服务范围和管理责任。

思考与练习

一、选择题

1. 以下关于网络传输介质的叙述正确的是（　　）。
   A. 5 类 UTP 比 3 类 UTP 具有更高的绞合密度
   B. 光纤中传送的电信号不会受到外界干扰
   C. 双绞线绞合的目的是提高线缆的机械强度
   D. 局域网中双绞线标准接口是 RJ11

2. 如果要将两台计算机通过双绞线直接连接，正确的线序是（　　）。
   A. 两台计算机不能通过双绞线直接连接
   B. 1—1、2—2、3—3、4—4、5—5、6—6、7—7、8—8
   C. 1—3、2—6、3—1、4—4、5—5、6—2、7—7、8—8
   D. 1—2、2—1、3—6、4—4、5—5、6—3、7—7、8—8

3. 双绞线传输介质是把两根导线绞在一起，这样可以减少（　　）。
   A. 信号传输时的衰减　B. 外界信号的干扰　C. 信号向外泄露　D. 信号之间的相互串扰

4. 在常用的传输介质中，传输速率最高的传输介质是（　　）。
   A. 双绞线　　　　　　B. 光纤　　　　　　C. 同轴电缆　　　　D. 无线信道

5. 下列不能作为于局域网的传输介质是（　　）。
   A. 光纤　　　　　　　B. 双绞线　　　　　C. 电话线　　　　　D. 无线电波

6. 双绞线最大传输距离是（　　）。
   A. 200m　　　　　　　B. 100m　　　　　　C. 300m　　　　　　D. 500m

7. 有关同轴电缆应用描述正确的是（　　）。
   A. 应用于总线型网络环境　　　　　　B. 两端必须加上 50Ω的电阻
   C. 一个节点损坏整个网络瘫痪　　　　D. 现在网络都采用同轴作为传输介质

8. 综合布线系统采用 4 对非屏蔽双绞线作为水平干线，若大楼内共有 100 个信息点，则建设该系统需要购买（　　）个 RJ—45 水晶头。
   A. 200　　　　　　　　B. 230　　　　　　C. 400　　　　　　D. 460

二、填空题

1. 按光在光纤中的传输模式可分为单模光纤和（　　　　　），选择二者的决定性因素是（　　　　　）。

2. 双绞线分为（　　　　）和（　　　　）两类。

3. 常见的有线传输介质包括（　　　　）、（　　　　）和（　　　　）。

三、问答题

1. 为什么双绞线是目前应用范围最广泛的传输媒体？

2. 请写出 EIA/TIA568A 和 EIA/TIA568B 的线序。

3. 什么是交叉线？什么是直通线？两台计算机通过网卡直接互连，应使用上述哪种线？

4. 光纤通信的特点是什么？

5．单模光纤和多模光纤的区别是什么？

6．什么是综合布线系统？它主要由哪几部分组成？

四、应用题

某公司办公 A 楼高 10 层，每层高 3m，同一楼层内任意两个房间最远传输距离不超过 90m，办公 A 楼和办公 B 楼之间距离为 500m，需对整个大楼进行综合布线，结构如图 4-18 所示。为满足公司业务发展的需要，要求为楼内客户机提供数据速率为 100Mbps 的数据传输服务。

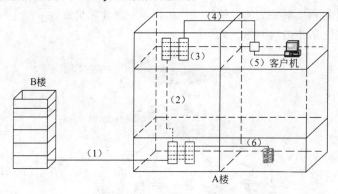

图 4-18　某大楼综合布线系统

【问题 1】综合布线系统由 6 个子系统组成，将图 4-18 中（1）～（6）处空缺子系统的名称填写答题纸对应的解答栏内。

（1）＿＿＿＿＿＿＿＿＿＿＿＿＿　　　　　（2）＿＿＿＿＿＿＿＿＿＿＿＿＿＿

（3）　管理子系统　　　　　　　　　　　（4）＿＿＿＿＿＿＿＿＿＿＿＿＿＿

（5）　工作区子系统　　　　　　　　　　（6）设备间子系统。

【问题 2】考虑性能与价格因素，图 4-18 中（1）、（2）和（4）中各应采用什么传输介质？

＿＿＿

【问题 3】制作交叉双绞线时，其中一端的线序如图 4-19（a）所示，另一端线序如图 4-19（b）所示，将图 4-19（b）中（1）～（8）处空缺的颜色名称填写在答题纸对应的解答栏内。

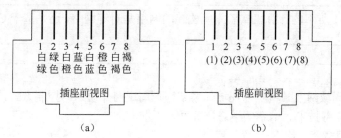

图 4-19　RJ—45 线序图

（1）＿＿＿＿＿＿　（2）＿＿＿＿＿＿　（3）＿＿＿＿＿＿　（4）＿＿＿＿＿＿　（5）＿＿＿＿＿＿　（6）＿＿＿＿＿＿

（7）＿＿＿＿＿＿　（8）＿＿＿＿＿＿

第 5 章　局域网基础

【问题导入】

以典型的普通计算机实验室为例，通过交换机将 80 台计算机连接成一个局域网，构成了一个计算机实验室。其网络拓扑结构如图 5-1 所示。

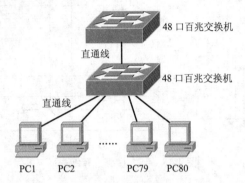

图 5-1　典型普通计算机实验室网络拓扑图

问题 1：计算机实验室是学习知识的场所，属于小型局域网，它是以太网吗？有什么特点？

回答 1：_____

_____

_____。

问题 2：如图 5-1 所示的计算机实验室所构建的网络采用的局域网技术标准是什么？

回答 2：_____

问题 3：如图 5-1 所示的计算机实验室所构建的网络是对等网络，还是基于 C/S 模式的网络呢？

回答 3：_____

_____。

【学习任务】

本章主要介绍局域网及其特点，局域体系结构，局域网介质访问控制方式，局域硬件组成，标准以太网和高速以太网技术。本章的学习任务如下所示。

- 掌握局域网概念及特点；
- 理解局域网体系结构；
- 理解以太网的工作原理；
- 理解高速局域技术；
- 熟悉局域网硬件组成。

5.1　局域网概述

5.1.1　局域网定义与特点

1）局域网定义

局域网（Local Area Network，LAN）是将某一区域内，利用通信线路将许多数据设备连接起来，实现彼此之间的数据传输和资源共享的通信网络。局域网的研究始于 20 世纪 70 年代，典型的代表是以太网（Ethernet）。

局域网只涉及通信子网（物理层和数据链路层）的功能，是同一个网络中节点与节点之间的数据通信问题，它不涉及网络层。

2）局域网特点

局域网的主要特点是高数据速率、短距离传输和低误码率。具体来说，局域网具有以下特点。

（1）覆盖的地理范围较小。局域网一般分布在一幢大楼或集中的建筑群内，涉辖范围通常为 0.1~25km。局域网是由一个单位或部门负责建立、管理和使用，完全受该单位或部门的控制。

（2）传输速率高和低误码率。局域网由于通讯线路短，一般采用基带传输，传输速率高，误码率通常为 $10^{-8} \sim 10^{-12}$。因此局域网是计算机之间高速通信的有效平台。

（3）可采用多种通信介质。例如，价格低廉的双绞线、光纤等有线传输介质，也可采用无线、微波等无线传输介质等，可根据不同的需求进行选用。

（4）协议简单、结构灵活、建网成本低、周期短、便于管理和扩充，适合于中小单位的计算机组网。

3）局域网特性

一般说来，决定局域网特性的主要技术有拓扑结构、传输媒体和媒体访问控制 3 方面，见表 5-1。这 3 种技术在很大程度上决定了传输数据类型、网络的响应时间、吞吐量、利用率及网络应用等各种网络特征。其中最重要的是媒体访问控制方法。

表 5-1　局域技术特性

拓扑结构	总线型、环型、星型
传输媒体	双绞线、同轴电缆、光纤、无线通信
媒体访问控制方法	CSMA/CD、Token Ring、Token Bus 等
局域网标准化组织	ISO、IEEE 802 委员会

4）局域网的组成

局域网由网络硬件和网络软件两部分组成。网络硬件用于实现局域网的物理连接，为连接在局域网上的计算机之间的通信提供一条物理信道以实现资源共享。网络软件则主要用于控制并具体实现信息的传送和网络资源的分配与共享。这两部分互相依赖、共同完成局域网的通信功能。

网络硬件包括服务器、工作站、网卡、网络互连设备、传输介质以及各种适配器。其中网络互连设备是指计算机接入网络和网络与网络之间互连时所必须的设备，如集线器（Hub）、中继器、交换机等。

网络软件是在网络环境下运行和使用、控制和管理网络运行与通信的一种计算机软件，包括网络系统软件和网络应用软件。网络系统软件主要包括网络操作系统、网络协议和网络通信软件等。网络系统软件是控制和管理网络运行、提供网络通信和网络资源分配与共享功能的网络软件，为用户提供访问网络和操作网络的友好界面。网络应用软件是为某一应用目的而开发的网络软件，它为用户提供一些实际应用。

5）局域网拓扑结构

计算机网络的组成元素可以分为两大类，即网络节点（又可分为端节点和转发节点）和通信链路，网络中节点的互连结构叫网络的拓扑结构。局域网中常用的拓扑结构有：星型结构、环型结构、总线型结构。如图 5-2 所示。实际的网络拓扑结构中，可能是总线型、环型、星型中的一种；也可能是这 3 种结构的组合。

（1）总线型拓扑结构

总线型拓扑结构是局域网最主要的拓扑结构之一，主要有以下特点。

① 所有的节点都通过网络适配器直接连接到一条公共传输介质的总线上，总线结构采用同轴

电缆作为传输介质。

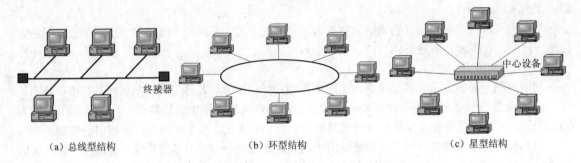

图 5-2　局域网常见拓扑结构

② 总线上任何一个节点发出的信息都沿着总线传输，其他节点都能接收到该信息，但在同一时间内，只允许一个节点发送数据。

③ 由于总线作为公共传输介质为多个节点共享，就有可能出现同一时刻有两个或两个以上节点利用总线发送数据的情况，即发生碰撞，出现冲突，冲突后的结果是丢弃数据帧，并停止数据的发送。

④ 在"共享介质"的总线拓扑结构的局域网中，必须解决多个节点访问总线的介质访问控制问题。

⑤ 总线拓扑结构结构简单、实现容易、易于扩展、可靠性好，但总线长度有限。

⑥ 计算机接入总线的接口硬件发生故障，例如拔掉粗缆上的收发器或细缆上的 T 形接头，会造成整个网络瘫痪。当网络发生故障时，故障诊断困难，故障隔离更困难。

（2）环型拓扑结构

环型拓扑结构也是共享介质局域网最基本的拓扑结构，主要有以下特点。

① 在环型拓扑结构的网络中，所有节点均使用相应的网络适配器连接到共享的传输介质上，并通过点到点的连接构成封闭的环路；环路中的数据沿着一个方向绕环逐节点传输；各个节点共享环路。

② 在环型拓扑中，虽然多个节点共享一条环路，但由于使用了某种介质访问控制方法（令牌环），并确定了环中每个节点在何时发送数据，因而不会出现冲突，重负载时吞吐量较大。

③ 对于环型拓扑的局域网，网络的管理较为复杂，可扩展性较差，当环网需要调整结构时，如增、删、改某一个节点，一般需要将全网停下来进行重新配置，灵活性差，造成维护困难。

④ 对于单环网络，网络上任何一台计算机的入网接口发生故障都会使整个网络瘫痪。

著名的 FDDI 网就采用双环拓扑结构。

（3）星型拓扑结构

① 在星型拓扑结构中存在一个中心节点，每个节点通过点到点线路与中心节点连接，任何两个节点之间的通信都要通过中心节点转接，中心设备一般为集线器、交换机。

② 结构简单、控制简单，组网灵活。

③ 节点出现故障易于隔离；但中央节点的可靠性至关重要。

计算机局域网所具有的优点决定了它在社会各个领域有着广泛的应用，局域网可以用于办公自动化、工业生产自动化、企业管理信息系统、生产过程实时控制、辅助教学系统、医疗管理系统等方面。

5.1.2　局域网参考模型与协议标准

20 世纪 70 年代后期是计算机局域网迅速发展的时期，在巨大的商业利益面前，许多大的计算机公司相继开发出以本公司为主要依托的网络体系结构，这推动了网络体系结构的进一步发展，同时也带来了计算机网络如何兼容和互连的问题。为了使这些不同的网络系统能相互进行通信，必须制定一套共同遵守的标准。IEEE 于 1980 年初成立了一个局域网标准化委员会，专门从事局域网标准的制订，由此而形成的一系列标准统称为 IEEE 802 标准。IEEE 802 标准已被 ANSI 接收为美国国家标准，并成为国际上通用的局域网标准。

1）局域网参考模型

由于局域网大多采用共享信道，当通信局限于一个局域网内部时，任意两个节点之间都有唯一的链路，即网络层的功能可由数据链路层来完成，所以局域网中不单独设立网络层。为了使局域网中的数据链路层不致过于复杂，将局域网的数据链路层划分为两个子层，即媒体接入控制（Media Access Control，MAC）子层和逻辑链路控制（Logical Link Control，LLC）子层，而网络的服务访问点 SAP 则在 LLC 层与高层的交界面上（局域网的高层功能由具体的局域网操作系统来实现）。IEEE 802 提出的局域网参考模型（LAN/RM），如图 5-3 所示，主要涉及 OSI 参考模型物理层和数据链路层的功能。

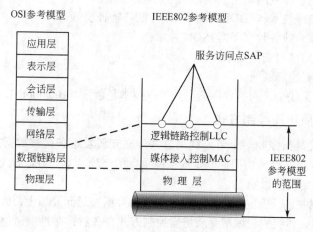

图 5-3　IEEE 802 参考模型与 ISO/OSI 参考模型比较

IEEE 802 模型中之所以要将数据链路层分解为两个子层，主要原因是，让 MAC 子层与介质密切相关；让 LLC 子层与所有介质访问方法无关。

LAN/RM 中各层功能如下所示。

（1）物理层。完成数据比特流的发送与接收工作；完成与传输介质进行物理连接的功能。

（2）媒体访问控制子层。MAC 子层支持数据链路功能，并为 LLC 子层提供服务。它将上层交来的数据封装成帧进行发送（接收时进行相反过程，将帧拆封）、实现和维护 MAC 协议、比特差错检验和寻址等。

（3）逻辑链路控制子层。LLC 子层向高层提供一个或多个逻辑接口（具有帧发送和帧接收功能）。建立和释放数据链路层的逻辑连接，发送时把要发送的数据加上地址和 CRC 检验字段封装成帧，介质访问时把帧拆开，执行地址识别和 CRC 校验功能，并具有帧序控制和流量控制等功能。

2）IEEE 802 标准

IEEE 802 委员会为局域网制定了一系列标准，统称为 IEEE 802 标准。IEEE 802 各标准之间的关系如图 5-4 所示。

IEEE 802 是一个标准系列，新的标准不断地增加，现有如下一些标准。

● IEEE 802.1：局域网体系结构、网络管理和网络互连；

● IEEE 802.2：逻辑链路控制子层的功能；

● IEEE 802.3：CSMA/CD 总线介质访问控制方法及物理层技术规范；

● IEEE 802.4：令牌总线访问控制方法及物理层技术规范；

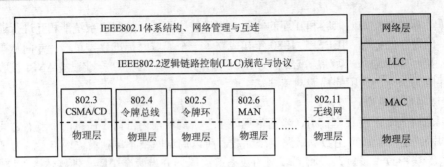

图 5-4　IEEE 802 标准及其关系

- IEEE 802.5：令牌环网访问控制方法及物理层技术规范；
- IEEE 802.6：城域网访问控制方法及物理层技术规范；
- IEEE 802.7：宽带局域网访问控制方法与物理层规范；
- IEEE 802.8：光纤技术（FDDI）访问控制方法与物理层规范；
- IEEE 802.9：综合业务数字子网 ISDN 技术；
- IEEE 802.10：局域网安全技术；
- IEEE 802.11：无线局域网；
- IEEE 802.15：无线个人网技术标准，其代表技术是蓝牙（Bluetooth）。

5.1.3　局域网介质访问控制方式

介质访问控制方式是指控制多个节点利用公共传输介质发送和接收数据方式，主要为了解决"争用"介质的问题。局域网介质访问控制是局域网重要的一项基本任务，对局域网体系结构、工作过程和网络性能产生决定性的影响。

局域网介质访问控制包括确定网络节点何时能够将数据发送到介质上，如何对公用传输介质访问和利用，并加以控制。传统的局域网介质访问控制方式有 3 种：带冲突碰撞检测的载波监听多路访问（Carrier Sense Multiple Access with Collision Detection，CSMA/CD）、令牌环（Token Ring）和令牌总线（Token Bus）。

1）CSMA/CD

CSMA/CD 是一种适用于总线结构的分布式介质访问控制方法，是 IEEE 802.3 的核心协议，是一种典型的随机访问的"争用"技术。

载波侦听是在发送信息前，侦听空闲状态；多路访问是多节点可以访问同一媒体，发送/接收数据；冲突是在局域网中，当两个节点同时传输数据时，从两个设备发出的帧将，在物理介质上相遇，彼此数据都会被破坏；冲突检测是发送信息时，侦听是否有冲突。

采用边发送边侦听（冲突检测）的技术，包含两方面的内容，一方面是载波侦听多路访问（CSMA），另一方面是冲突检测（CD）。任一时刻只允许一个节点发送数据，可简单概括为"先听后发、边听边发、冲突停止和随机延迟后重发"。

节点发送信号前，首先侦听传输介质是否空闲。如果空闲，节点可发送信息，如果忙，则继续侦听，一旦发现线路空闲，便立即发送。如果在发送过程中发生冲突，则立即停止发送信号，转而发送阻塞信号，通知网段上所有节点出现了冲突。然后，随机延迟任意时间，重新尝试发送。其工作过程如图 5-5 所示。

CSMA/CD 具有以下特点。

- 共享媒体，任何时刻只有一个节点在发信息；
- "争用"介质，各节点抢占对共享媒体的使用权；
- 轻负载时，效率较高；

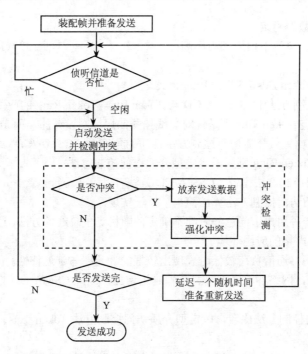

图 5-5 CSMA/CD 的工作过程

- 重负载时，冲突概率加大，效率低；
- 各节点地位平等，结构简单，易于实现，价格低廉；
- 难以测定等待和延迟时间，不适合实时传输。

2）令牌环

IEEE 802.5 令牌协议使用了一个沿着环路循环令牌的公平共享介质访问机制。令牌是一种特殊的帧，网络中的节点只有获的令牌时才能发送数据，没有获取令牌的节点不能发送数据，而且令牌是始终沿着一个方向循环，因此，在使用令牌环的局域网中不会产生冲突。当各个节点都没有数据发送时，网络中的令牌在环上循环传递。类似平时玩的游戏，大家围成一个圈，进行击鼓传花的游戏，人好比计算机，花好比令牌，谁拿到花，谁就表演节目。

令牌环的每个节点不是随机争用信道，不会出现冲突，因此是一种确定型的介质访问控制方法，而且每个节点发送数据的延迟时间可以确定。

令牌环的优缺点：在轻负载时，由于存在等待令牌的时间，效率较低。在重负载时，对各节点公平，且效率高。环路结构复杂、检错和可靠性较复杂。典型代表就是 100Mbps 的光纤分布式数据接口（FDDI）。

3）令牌总线

IEEE 802.4 定义了令牌总线媒体访问控制方法，既克服了 CSMA/CD 的缺点，为总线提供了公平访问的机会，又克服了令牌环网存在的问题。

令牌总线是在物理总线上建立一个逻辑环（物理上是总线结构，逻辑上是环型拓扑结构，因此令牌传递顺序与节点的物理位置无关），每个节点被赋予一个顺序的逻辑位置，和令牌环一样，节点在获得令牌时发送数据，发送完数据后就将令牌发送给下一个节点。

从逻辑上看，令牌从一个节点传送到下一个节点，使节点能获取令牌发送数据；从物理上看，节点是将数据广播到总线上，总线上所有的节点都可以监测到数据，并对数据进行识别，但只有目的节点才可以接收并处理数据。

令牌总线具有以下优点。

- 介质访问延迟数据确定；
- 不存在冲突，重负载下信道利用率高；
- 支持优先级。

4）CSMA/CD 与 Token Bus、Token Ring 的比较

在共享介质访问控制方法中，CSMA/CD 与 Token Bus、Token Ring 的应用范围广泛。从网络拓扑结构看，CSMA/CD 与 Token Bus 都是针对总线拓扑的局域网设计的，而 Token Ring 是针对环型拓扑的局域网设计的。如果从介质访问控制方法性质的角度看，CSMA/CD 属于随机介质访问控制方法，而 Token Bus、Token Ring 则属于确定型介质访问控制方法。

与确定型介质访问控制方法比较，CSMA/CD 方法有以下 3 个特点。

① CSMA/CD 介质访问控制方法算法简单，易于实现。

② CSMA/CD 是一种用户访问总线时间不确定的随机竞争总线的方法，适用于办公自动化等对数据传输实时性要求不严格的应用环境。

③ CSMA/CD 在网络通信负荷较低时表现出较好的吞吐率与延迟特性。但是，当网络通信负荷增大时，由于冲突增多，网络吞吐率下降、传输延迟增加，因此 CSMA/CD 方法一般用于通信负荷较轻的应用环境中。

与随机型介质访问控制方法比较，确定型介质访问控制方法 Token Bus、Token Ring 有以下 3 个特点。

① Token Bus、Token Ring 网中节点两次获得令牌之间的最大时间间隔是确定的，因而适用于对数据传输实时性要求较高的环境，如生产过程控制领域。

② Token Bus、Token Ring 在网络通信负荷较重时表现出很好的吞吐率与较低的传输延迟，因而适用于通信负荷较重的环境。

③ Token Bus、Token Ring 的不足之处在于它们有需要复杂的环维护功能，实现较困难。

5.2　标准以太网

以太网（Ethernet）的核心思想是使用共享的公共传输信道，核心技术 CSMA/CD。

IEEE 802.3 标准协议规定了 CSMA/CD 访问方法和物理层技术规范。采用 IEEE 802.3 标准协议的最典型的网络是以太网。

5.2.1　以太网的产生和发展

20 世纪 60 年代末，夏威夷大学为了在岛屿之间进行网络通信，研制了 Aloha 系统的无线电网络。后来 Xerox 公司对其作了进一步修订，于 1973 年将其命名为以太网。

1980 年 9 月，DIX（DEC、Intel、Xerox 三家公司）推出以太网规范，后来 IEEE 在 DIX 规范的基础上制定了 IEEE 802.3 标准。IEEE 802.3 标准公布后，标准带宽为 10Mbps。今天，所有的以太网设备都遵循这个标准。以太网具有易组建、易维护和低成本等优点，迅速地推动了局域网的发展。

1995 年，IEEE 正式通过 802.3u 快速以太网标准，以太网技术实现了第一次飞跃，传输速率可达 100Mbps。

1998 年 802.3z 千兆以太网标准、2002 年 802.3ae 万兆以太网标准的正式发布，是以太网的第二次和第三次飞跃。由于以太网技术具有共享性、开放性、结构简单、算法简洁、良好的兼容性和平滑升级功能，并且传输速率也在大幅提升，它不但在局域网领域取得霸主地位，其疆域还扩展到城域网和广域网范围。

5.2.2　IEEE 802.3 的技术规范

基于 IEEE 802.3 的局域网通常采用的 4 种组网技术规范见表 5-2。

表 5-2　IEEE 802.3 的组网技术规范

名　　称	传输介质	无中继最长介质段距离/m	网卡上的连接器	特　　点
10Base5	直径 10mm、50Ω 粗同轴电缆	500	15 芯 D 型 AUI	标准以太网, 现已不用
10Base2	直径 10mm 、50Ω 细同轴电缆	185	BNC, T 型接口	无需集线器
10Base-T	3、5 类 UTP	100	RJ-45	价廉, 易组建维护
10Base-F	62.5/125μm 多模光缆	2000	ST	室外最佳

1) 粗缆以太网 10Base5

10Base5 网络采用总线拓扑和基带传输, 10 表示信号在电缆上的传输速率为 10Mbps, Base 表示电缆上的信号是基带信号, 5 表示网络中每一段电缆最大长度为 500m, 这种网络称为标准以太网。

（1）10Base5 的组成

① 粗缆: 阻抗 50Ω、RG 为 8 的同轴电缆;

② 外部收发器, 通过收发器从传输介质上接收数据并传送到网卡上;

③ 收发器电缆即 AUI, 是一个 DB—15 针的连接单元接口电缆;

④ 网络适配器, 带有 AUI 接口的网卡;

⑤ 终接器, 50Ω, 其作用是电缆尾端的信号吸收以避免信号的反射造成干扰。

10Base5 网络示意图及规则, 如图 5-6 所示。

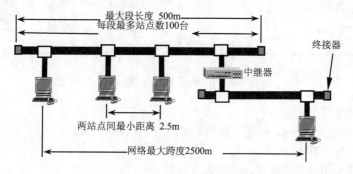

图 5-6　10Base5 网络示意图

（2）10 Base5 的规则

① 相邻计算机（收发器）间最小距离为 2.5m;

② 粗缆两端需提供终结器;

③ 单网段的最大距离不能超过 500m, 使用中继器扩展后的最大网络距离为 2500m;

④ 每个网段最多 100 台计算机;

⑤ 符合 5—4—3 规则: 最多 5 个网段, 使用 4 个中继器连接, 其中只允许 3 个网段连接计算机, 另外 2 个网段不能连接客户机, 只能用于将网络延伸, 构成 1 个冲突域, 如图 5-7 所示。

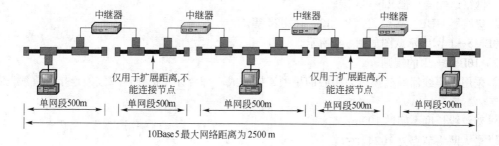

图 5-7　5—4—3 规则网络示意图

2）细缆以太网 10Base2

10Base2 网络中，各个站通过总线连成网络。总线使用 RG—58A/U 同轴电缆，这是一种较细的电缆，所以又称为细缆网络和廉价网络。

（1）10Base2 的组成

① 细缆：阻抗 50Ω、RG 为 58 的同轴电缆；

② 网络适配器（带 BNC 接口）；

③ 电缆连接器，同轴电缆被截断后要在两端用 BNC 电缆连接器固定；

④ T 型连接器，具有 3 个端口：两个连接电缆，一个连接网卡上的 BNC 接口；

⑤ BNC 型连接器，直接连接两个同轴电缆段；

⑥ BNC 终接器，50Ω，其作用也是电缆尾端的信号吸收以避免信号的反射造成干扰。

10Base2 网络示意图及规则，如图 5-8 所示。

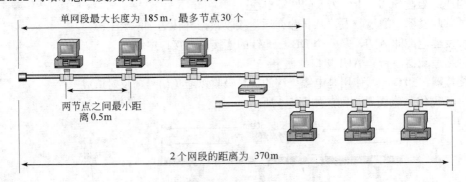

图 5-8　10Base2 网络示意图

（2）10 Base2 的规则

① 单网段最大长度为 185m，使用中继器扩展后为 5×185=925m；

② 每段最多有 30 个节点；

③ 相邻 BNC 或 T 型连接器间最小距离为 0.5m；

④ 两端需提供终结器；

⑤ 符合 5—4—3 中继规则。

3）双绞线以太网 10Base—T

10Base—T 网络不采用总线拓扑，而是采用星型拓扑，T 表示使用双绞线作为传输介质。集线器的作用相当于一个多端口的中继器（转发器），数据从集线器的一个端口进入后，集线器会将这些数据从其他所有端口广播出去。

（1）10Base—T 的组成

① RJ—45 连接器，俗称水晶头；

② 双绞线电缆；

③ 网络适配器，带 RJ—45 接口；

④ 集线器 HUB，端口数有 8、12、16、24 等。

10Base—T 网络示意图如图 5-9 所示。

（2）10Base—T 的规则

① 采用以集线器或交换机为中心的星型连接方式，每台计算机通过双绞线连接到集线器或交换机；

② 双绞线长度不超过 100m；

③ 最大网络节点为 1024 个；

④ 网络中单点故障，不会引起整个网络故障，排查故障较容易，易组建，易维护，可以随意

增加或移除网络节点。

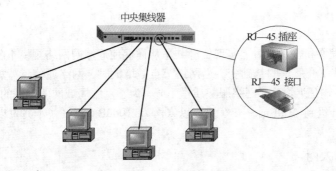

图 5-9　10Base—T 网络示意图

4）光纤以太网 10Base—F

10Base—F 使用光纤作为传输介质，具有很好的抗干扰性，但由于光纤连接器价格昂贵，组网费用较高。

5.2.3　以太网帧格式

IEEE 802.3 介质访问控制协议规定的帧格式如图 5-10 所示。

7	1	6	6	2	46～1500	0～46	4
前导码	帧开始边界符	目的地址	源地址	类型/长度	数　据	帧填充	帧校验

图 5-10　以太网(IEEE 802.3)帧格式

（1）前导码：7 个字节，比特为 10101010，用于收发双方的时钟同步。

（2）帧起始定界符：1 个字节，比特为 10101011，表示帧的开始。

（3）目标地址和源地址：2 或 6 个字节，但 10 Mbps 的基带系统只使用 6 字节地址。目的地址有单地址、组地址和广播地址之分，其特征是：单地址最高比特为 0，组地址最高比特为 1，且其余比特不全为 1，广播地址的所有比特均为 1。

这里源地址和目的地址称为 MAC 地址，是在数据链路层使用的地址。又称物理地址、硬件地址、链路地址，它是由厂商写在网卡或网络互连设备中的一个地址编号。全球所有的网络互连设备都有一个唯一的 MAC 地址，如网卡。

MAC 地址由 48 位比特组成，前 24 为是由生产厂商向 IEEE 申请的厂商地址，后 24 比特由厂商自行分配。MAC 地址通常表示为 12 个十六进制数，每两个十六进制数之间用冒号隔开。如 08:00:20:0A:8C:6D 就是一个 MAC 地址，其中前 6 位十六进制数 08:00:20 代表网络硬件制造商的编号，而后三位 16 进制数 0A:8C:6D 代表该制造商所制造的某个网络产品（如网卡）的编号。

（4）类型/长度：2 个字节，0～1500 保留为数据长度值，1536～65535 保留为类型值。

（5）数据：0～1500 个字节，用于携带 LLC PDU（协议数据单元）。

（6）帧填充：0～46 个字节，必要时用于填充帧，使帧长达到最短有效长度。

（7）帧校验：4 个字节，使用 32 位的 CRC 校验。

所以，以太网帧数据部分最大 1500B，也就是说以太网最大帧长应该是以太网首部加上 1500，具体就是，7B 前导码＋1B 帧开始定界符＋6B 的目的 MAC＋6B 的源 MAC＋2B 的帧类型＋1500＋4B 的 FCS＝ 1526B；以太网帧数据域部分最小为 46B，也就是以太网帧最小是 6＋6＋2＋46＋4＝64B。

5.3　高速以太网

随着计算机的发展和普及，为了实现资源共享从而促使局域网网络规模不断扩大。传统的局域网技术是建立在"共享介质"的基础上，当网络节点数增大时，网络通信负荷加重，冲突和重发现象大量发生，网络传输延迟增大，网络服务质量下降。为了克服局域网的出现的问题，提高 Ethernet 数据传输速率，如升级到 100Base—T（快速以太网）、1000Base—T（千兆位以太网）是解决方案之一。

5.3.1　快速以太网

1995 年 9 月，IEEE 802 委员会正式批准了快速以太网（Fast Ethernet）标准 IEEE 802.3u。快速以太网的传输速率比普通以太网快 10 倍，数据传输速率达到了 100Mbps。快速以太网保留了传统以太网的所有特征，即相同的帧格式、相同的介质访问方法 CSMA/CD 以及相同的组网方法。

1）快速以太网的组网方式

（1）100Base—TX

100Base—TX 是目前使用最广泛的快速以太网介质标准。100Base—TX 是支持 2 对 5 类非屏蔽双绞线或 2 对一类屏蔽双绞线。5 类非屏蔽双绞线方案，100Base—TX 是真正由 10Base—T 派生出来的。100Base—TX 使用的 2 对双绞线中，一对用于发送数据，另一对用于接收数据。由于发送和接收都有独立的通道，所以，支持全双工。

100Base—TX 组网规则如下所示。

① 各网络节点须通过 HUB 或交换机连入网络中；

② 传输介质用 5 类非屏蔽双绞线或屏蔽双绞线；

③ 双绞线与网卡，双绞线和交换机或者 HUB 之间的连接，使用 RJ—45 标准连接器；

④ 网络节点与 HUB 或交换机之间的最大距离为 100m。

用户只要更换一块百兆的网卡，再配上一个 100Mbps 的集线器或交换机，就可很方便地由 10Base—T 以太网直接升级到 100Base—TX，速率提高 10 倍，而不必改变网络的拓扑结构，这就是以太网平滑的升级能力。

（2）100Base—T4

100Base—T4 是为了采用大量的 3 类音频级布线而设计的。它使用 4 对双绞线，3 对线用于同时传送数据，1 对线用于冲突检测，信号频率为 25MHz，因而可以使用 3、4 或 5 类非屏蔽双绞线，最大网段长度为 100m，采用 EIA568 布线标准。目前，这种技术没有得到广泛的应用。100Base—T4 的硬件系统与组网规则与 100Base—TX 相同。

（3）100Base—T2

100Base—T2 是 100Base—T 的半双工版本，使用两对 3、4、或 5 类 UTP 双绞线电缆。IEEE 标准称之为 802.3y。

（4）100Base—FX

100Base—FX 是光纤介质快速以太网标准，通常使用光纤芯径为 62.5μm，外径为 125μm，用两束光纤传输数据，一束用于发送，另一束用于接收，是一个全双工系统。连接器可以是 MIC/FDDI 连接器、ST 连接器或廉价的 SC 连接器；最大网段长度根据连接方式不同而变化。

2）快速以太网用途

100Base—FX 主要用于高速主干网，要求较高安全保密链接的环境。100Base—T 主要用于局域网的建设。

5.3.2　千兆以太网

1998 年 2 月，IEEE 802 委员会正式批准了千兆以太网（Gigabit Ethernet）标准 IEEE 802.3z。千

兆以太网是 IEEE 802.3 标准的扩展，在保持与以太网和快速以太网设备兼容的同时，提供 1000Mbps 的数据速率，数据格式、介质访问控制方法（CSMA/CD）和组网方法与传统局域网相同，只是把每个比特的发送时间由 100ns 降低到 1ns。

1）千兆以太网的组网方式

（1）1000Base—SX。

1000Base—SX 是一种在收发器上使用短波激光作为信号源的媒体技术。这种收发器上配置了激光波长为 770~860nm 的光纤激光传输器，不支持单模光纤，仅支持 62.5μm 和 50μm 两种多模光纤。

对于 62.5μm 多模光纤，全双工模式下最大传输距离为 275m；

对于 50μm 多模光纤，全双工模式下最大传输距离为 550m。

1000Base—SX 标准规定连接光缆所使用的连接器是 SC 标准光纤连接器。

（2）1000Base—LX

1000Base—LX 是一种在收发器上使用长波激光作为信号源的媒体技术。这种收发器上配置了激光波长为 1270~1355nm（一般为 1300nm）的光纤激光传输器，它可以使用多模光纤和单模光纤。使用的光纤规格为 62.5μm 和 50μm 的多模光纤，9μm 的单模光纤。对于多模光纤，在全双工模式下，最长的传输距离为 550m；对于单模光纤，在全双工模式下，最长的传输距离可达 3000m。

（3）1000Base—CX

1000Base—CX 是使用铜缆的两种千兆以太网技术之一。1000Base—CX 使用了一种特殊规格的高质量平衡屏蔽双绞线，最长有效距离为 25m。1000Base—CX 的短距离铜缆适用于交换机间的短距离连接，特别适用于千兆主干交换机与主服务器的短距离连接。

（4）1000Base—T

1000Base—T 是 IEEE 802.3 委员会公布的第二个铜线标准 IEEE 802.3ab，使用 5 类 UTP 的千兆以太网标准，使用 4 对 5 类非屏蔽双绞线，其最长传输距离为 100m。因此，采用这种技术可以在原有的标准以太网、快速以太网系统中实现从 10Mbps、100Mbps 到 1000Mbps 的平滑升级。

2）千兆以太网用途

千兆以太网主要用于主干网和高速局域网建设。

5.3.3　万兆以太网

2002 年 802.3ae 万兆以太网标准的正式发布，万兆以太网是一种数据传输速率高达 10Gbps、通信距离可延伸 40km 的以太网。它是在以太网的基础上发展起来的，因此，万兆以太网和千兆以太网一样，在本质上仍是以太网，只是在速度和距离方面有了显著的提高。万兆以太网继续使用 IEEE 802.3 以太网协议，以及 IEEE 802.3 的帧格式及帧大小。但由于万兆以太网是一种只适用于全双工通信方式，并且只能使用光纤介质的技术，不存在冲突，也不使用 CSMA/CD 协议，因此传输距离不受碰撞检测的限制而大大提高。

1）万兆以太网的特点

万兆以太网与传统的以太网比较具有以下 6 方面的特点。

（1）MAC 子层和物理层实现 10Gbps 传输速率。

（2）MAC 子层的帧格式不变，并保留 IEEE 802.3 标准最小和最大帧长度。

（3）不支持共享型，只支持全双工，因此 10Gbps 以太网媒体的传输距离不会受到传统以太网 CSMA/CD 机理制约，而仅仅取决于媒体上信号传输的有效性。

（4）支持星型网络拓扑结构，采用点到点连接和结构化布线技术。

（5）在物理层上分别定义了局域网和广域网两种系列，并定义了适应局域网和广域网的数据传输机制。

（6）不能使用双绞线，只支持多模和单模光纤，并提供连接距离的物理层技术规范。

2）万兆以太网的用途

万兆以太网在设计之初就考虑城域网骨干网需求，还可用于局域网主干网的建设。例如，可以应用在校园网、城域网、企业网等，利用 10Gbps 以太网实现交换机到交换机、交换机到服务器以及城域网和广域网的连接。

5.4　工程实例——局域网的硬件设备

局域网的硬件设备主要包括服务器、工作站、网卡、中继器、集线器、交换机等。

5.4.1　服务器

服务器是指在网络中提供各种服务的计算机，承担网络中的数据存储、转发、发布任务，是网络应用的基础和核心。而使用这个服务器资源的用户称为该服务器的客户或用户。

服务器从硬件方面来说，稳定性、安全性、性能等方面都要求更高，CPU、芯片组、内存、磁盘系统、网络等硬件和普通 PC 都有所不同；从软件方面，服务器一定是要运行一个能够管理资源并能够为多个用户提供服务的操作系统，即服务器操作系统，如 Windows 2003/2008、UNIX、Linux 等。

从网络部署方面，服务器一定要连接在网络的骨干线路上，而且要进行重点安全保护。

服务器按照结构外观分类，分为塔式服务器，机架式服务器和刀片式服务器，如图 5-11 所示。

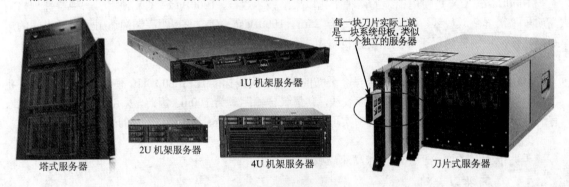

每一块刀片实际上就是一块系统母板，类似于一个独立的服务器

1U 机架服务器

2U 机架服务器

4U 机架服务器

塔式服务器

刀片式服务器

图 5-11　服务器外观图

5.4.2　工作站

工作站又称客户机。现在的工作站都用具有一定处理能力的 PC（个人计算机）来承担。工作站是指当一台计算机连接到局域网上时，这台计算机就成为局域网的一个工作站。工作站与服务器不同，服务器是为网络上许多网络用户提供服务，而工作站仅对操作该工作站的用户提供服务。工作站是用户和网络的接口设备，用户通过它可以与网络交换信息，共享网络资源。工作站通过网卡、通信介质以及通信设备连接到网络服务器。

工作站只是一个接入网络的设备，它的接入和离开对网络不会产生太大的影响，它不像服务器那样一旦失效，可能会造成网络的部分功能无法使用。

5.4.3　网卡

网络适配器（Network Interface Card，NIC）也就是俗称的网卡。网卡是构成计算机局域网络系统中最基本的、最重要的和必不可少的连接设备，是局域网中提供主机与通信介质相连的接口，其性能和质量直接影响网络的性能。

1）网卡的功能

网卡的基本功能是把网络工作站或者其他网络设备发来的数据传送给网络，或者反过来将网络发来的数据送给工作站。包括数据链路控制和数据缓冲存储的管理，网卡要实现数据链路层的功能，包括组帧、接收与发送数据帧以及帧的差错控制；同时网卡中的缓存区可分别用于存放要发送或接收的数据；实现物理层上的编码和译码、并行和串行转换的功能。

网卡的功能包括了物理层与数据链路层，通常将其归入数据链路层设备。

2）网卡分类

（1）按所支持的计算机分类，网卡可分为标准 Ethernet 网卡（PC 机）、便携式网卡、PCMCIA 网卡（笔记本电脑）。

（2）按传输速率分类，网卡可分为 10Mbps 网卡、100Mbps 网卡、1000Mbps 网卡、10/100Mbps 自适应网卡、10/100/1000Mbps 自适应网卡。

（3）按传输介质分类，网卡可分为双绞线网卡、粗缆网卡、细缆网卡、光纤网卡。

（4）按总线类型分类，网卡可分为 ISA 网卡（16 位）、EISA 网卡（32 位）、MCA 网卡（32 位）、PCI 网卡（32 位）。

3）查看本机 IP 地址与物理地址

用 ipconfig /all 命令可查看本机的 IP 地址、物理地址（MAC 地址）等信息。

Windows7 操作系统下，单击"开始"按钮，执行"运行"命令，输入 cmd 命令后，按 Enter 键，在弹出的命令窗口中，输入 ipconfig /all 命令，结果如图 5-12 所示。

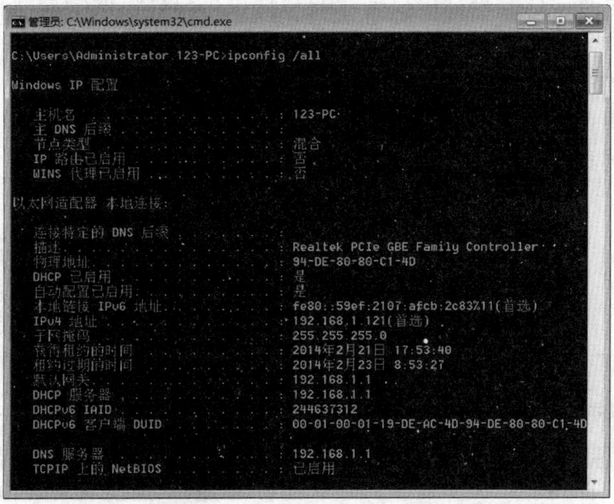

图 5-12　网卡的 IP 地址及物理地址等信息

5.4.4　中继器

中继器（Repeater）又称转发器，其作用是将因传输而衰减的信号进行放大、整形和转发，从而扩展局域网的距离。它工作在 OSI 模型的物理层。

使用中继器连接局域网时，要注意以太网的 5—4—3 中继规则。

5.4.5　集线器

集线器（HUB）实质上就是多端口的中继器。集线器在局域网中作为网络连接的中央连接点，是一个工作在 OSI 参考模型中的物理层设备。集线器的多个端口通常连接工作站（计算机）和服务器。在集线器中，数据帧从一个节点被发送集线器的某个端口上，然后被广播到集线器的其他所有端口上。按集线器端连接介质的不同，集线器可连接同轴电缆、双绞线和光纤。

传统集线器是最简单的一种集线器，带有多个 RJ—45 端口，常用的端口数有 8 口、16 口、24 口和 48 口。16 口集线器如图 5-13 所示。

图 5-13　16 口集线器

5.4.6　交换机

交换机（Switch）也称交换式集线器，是局域网中的一种重要设备，工作于数据链路层，基于 MAC 地址识别、具有封装转发数据帧功能的网络设备。

1）交换机的主要分类

交换机分类有很多种，但主要是对局域网交换机进行分类。

（1）按网络覆盖范围划分：交换机可分为广域网交换机和局域网交换机。

（2）根据交换机使用的网络传输速度及传输介质的不同，又可将局域网交换机分为以太网交换机、快速以太网交换机、千兆以太网交换机、万兆以太网交换机等。

（3）按所属 OSI 参考模型的层次划分，可分为第二层交换机、第三层交换机。

（4）根据是否支持网管功能来划分，局域网交换机可分为可网管型交换机和非网管型交换机两类。

（5）按交换机的应用规模层次划分，可分为企业级交换机、部门级交换机、工作组交换机和桌机型交换机等。

（6）根据交换机的端口结构可分为，固定端口交换机和模块化交换机，如图 5-14 所示。

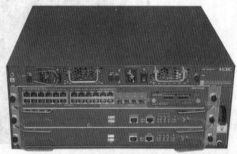

（a）48 口非模块化交换机　　　　　　　　　　（b）模块化交换机

图 5-14　交换机

（7）根据交换机的工作层次结构可分为，接入层交换机、汇聚层交换机和核心层交换机。

2）交换机与集线器的区别

交换机的作用是对封装的数据包进行转发，并减少冲突域，隔离广播风暴。从组网的形式看，交换机与集线器非常类似，但实际工作原理有很大的不同。

（1）相同之处

① 均具有集中器功能；

② 基于硬件地址实现。

（2）不同之处

① 从 OSI 参考模型的结构看，集线器工作在 OSI 参考模型的第一层，是一种物理层的连接设备，因而它只对数据的传输进行同步、放大和整形处理，不能对数据传输的短帧、碎片等进行有效的处理，不进行差错处理，不能保证数据的完整性和正确性。传统交换机工作在 OSI 参考模型的第二层，属于数据链路层的连接设备，不但可以对数据的传输进行同步、放大和整形处理，还提供数

据的完整性和正确性的保证。

② 从工作方式和带宽来看，集线器是一种广播模式，一个端口发送信息，所有的端口都可以接收到，容易发生广播风暴。同时集线器共享带宽（24 端口 100Mbps 集线器，每个端口平均带宽 100/24Mbps），当两个端口间通信时，其他端口只能等待。交换机是一种交换方式，能够有效的隔离冲突域，抑制广播风暴；同时每个端口都有自己的独立带宽（24 端口 100Mbps 交换机，每个端口带宽 100Mbps），两个端口间的通信不影响其他端口间的通信。

5.4.7 级联与堆叠

交换机或集线器互连的方式有两种。

1）级联

级联是将两台或两台以上的交换机通过一定的拓扑结构进行连接。多台交换机可以形成总线型、树型或星型的级联结构。采用双绞线将交换机的普通端口简单连接起来，拓展网络覆盖范围。缺点是交换机与交换机之间通信可能成为瓶颈。交换机级联如图 5-15 所示。

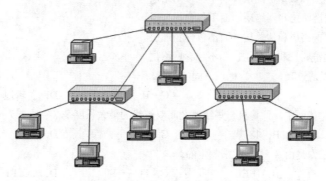

图 5-15　交换机级联示意图

2）堆叠

交换机堆叠满足大型网络对端口的数量要求，一般在较大型网络中都采用交换机的堆叠方式来解决。通过厂家提供专用的堆叠线缆和堆叠模块将交换机的背板连接起来，扩大级联带宽，距离短，堆叠后的所有交换机可视为一个整体的交换机来进行管理，增加了用户端口，能够在交换机之间建立一条较宽的宽带链路。堆叠有星型堆叠和菊花链式堆叠，如图 5-16 所示。

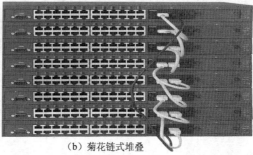

（a）星型堆叠　　　　　　　　　　　　　　（b）菊花链式堆叠

图 5-16　交换机堆叠

星型堆叠模式适用于要求高效率高密度端口的单节点局域网，克服了菊花链式堆叠模式多层次转发时的高时延影响，但需要提供高带宽矩阵，成本较高，而且矩阵接口一般不具有通用性，无论是堆叠中心还是成员交换机的堆叠端口都不能用来连接其他网络设备。

菊花链式堆叠是一种基于级联结构的堆叠技术，对交换机硬件上没有特殊的要求，通过相对高速的端口串接，最终构建一个多交换机的层叠结构，通过环路，在一定程度上冗余。

3）级联和堆叠对比

级联的特点是扩展网络范围、单链路带宽成为瓶颈（100/1000Mbps）、延时大、存在性能差异；堆叠的特点是堆叠线缆短（一般 1m）、解决带宽瓶颈、延时小，无性能差异，便于管理。

思考与练习

一、选择题

1．分布在一座大楼或集中在建筑群中的网络可称为（　　　）。

 A．LAN　　　　　　　B．MAN　　　　　　　C．WAN　　　　　　　D．Internet

2．某一速率为 100Mbps 的交换机有 20 个端口，则每个端口的平均传输速率为（　　　）。

 A．100Mbps　　　　　B．10Mbps　　　　　　C．5Mbps　　　　　　D．2000Mbps

3．局域网通常（　　　）。

 A．只包含物理层和数据链路层，而不包含网络层

 B．只包含数据链路层和网络层，而不包含物理层

 C．只包含数据链路层和传输层，而不包含物理层

 D．只包含数据链路层和会话层，而不包含网络层

4．数据链路层可以通过（　　　）标识不同的主机。

 A．物理地址　　　　　B．端口号　　　　　　C．IP 地址　　　　　　D．逻辑地址

5．在 10Base—T 总线网中，计算机与集线器之间双绞线的最大长度是（　　　）m。

 A．200　　　　　　　B．185　　　　　　　C．2.5　　　　　　　D．100

6．局域网标准化工作是由（　　　）来制定的。

 A．ISO　　　　　　　B．IEEE　　　　　　C．ITU—T　　　　　　D．CCITT

7．下列哪项是局域网的特征（　　　）。

 A．传输速率低　　　　　　　　　　　B．信息误码率高

 C．分布在一个宽广的地理范围之内　　D．传输速率高，误码率低

8．以太网帧的数据字段最小长度是（　　　）B。

 A．18　　　　　　　B．1500　　　　　　C．64　　　　　　　D．46

9．如图 5-17 所示属于（　　　）网络拓扑结构。

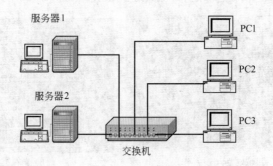

图 5-17　网络拓扑结构图

 A．总线型　　　　　　B．环型　　　　　　C．星型　　　　　　D．网状

二、填空题

1．工作于 OSI 参考模型物理层的典型设备是（　　　），工作于 OSI 参考模型数据链路层典型设备是（　　　）。

2．IEEE 802.3 局域网体系结构将数据链路层被分为（　　　）和（　　　）两个子层。

3．IEEE 802.x 标准是（　　　）制定的一组局域网系列标准。IEEE 802.3 是（　　　）标准，IEEE 802.5

是（　　）标准，IEEE 802.11 是（　　　　）标准。

4．CSMA/CD 全称是（　　），主要解决（　　　　）问题。

5．MAC 地址由（　　　　）位比特组成。

6．用（　　　　　　）命令可查看本机的 IP 地址、MAC 地址等信息。

三、问答题

1．什么是局域网？它有哪些特点？

2．IEEE 802 模型中之所以要将数据链路层分解为两个子层的主要原因是什么？

3．什么是 CSMA/CD？画图说明 CSMA/CD 的工作过程。

4．简述令牌环网的优缺点。

5．什么是级联？什么是堆叠。

6．简述交换机与集线器的区别。

7．如何平滑地把 10Base—T 以太网直接升级到 100Base—TX？

第6章 局域网的组建

【问题导入】

假设某小型公司有3个部门，分别为工程部，财务部和销售部，随着公司业务的不断发展，网络节点数的不断增加，网内传输数据日益增多，网速变得越来越慢。为了财务部网络的安全，在充分利用原有共享式网络的基础上，合理运用网络技术，对公司的网络进行升级改造，改造后的网络拓扑结构，如图6-1所示。

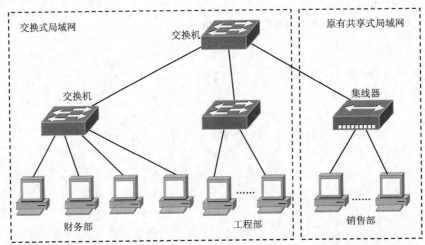

图6-1　某公司网络拓扑图

问题1：共享式以太网和交换式以太网的主要区别是什么？

回答1： _____

_____。

问题2：怎样才能保证财务部网络的安全？

回答2： _____

_____。

问题3：在公司网络的基础上，如何在工程部或者销售部扩展无线网络？

回答3： _____

_____。

【学习任务】

本章主要掌握共享式局域网，交换式局域网、虚拟局域网和无线网络局域网等技术，本章的学习任务主要有以下几点。

- 了解共享式局域网及其特点；
- 理解交换式局域网的特点及应用；
- 理解交换机的工作原理；
- 掌握交换机的基本配置；
- 理解虚拟局域网的功能及划分方法；
- 了解无线局域网的相关技术。

6.1　局域网概述

在计算机网络中，常见的网络互联设备有集线器（Hub）、交换机（Switch）、路由器（Router）、网桥（Bridge）、防火器（Firewall）等，在局域网组网中，最常见的设备是集线器和交换机，但是，集线器现在也较少使用。

6.1.1　共享式局域网

用集线器组成的网络称为共享式局域网。集线器所有端口都要共享同一带宽，每个用户的实际可用带宽随网络用户数的增加而递减。这是因为当信息繁忙时，多个用户可能同时"争用"一个信道，而一个信道在某一时刻只允许一个用户占用，所以，大量的用户经常处于监测等待状态，致使信号传输时产生抖动、停滞或失真，严重影响了网络的性能。

以集线器扩展的网络，仍为一个冲突域，当节点数目增大时，冲突域也随之增大，重负荷下可能导致网络瘫痪。

1）冲突域

在共享介质的以太网上，在共享介质区域内，当一台主机发送数据时，则其他设备都只能等待，而这个共享介质区域构成了一个"冲突域"。即在同一个网段上，同一个时刻只能有一个信号在发送，否则两个信号相互干扰，产生冲突，冲突会阻止正常帧的发送。冲突域越大，导致信号传送失败的几率越大。

冲突域的大小可以衡量设备的性能，集线器或者中继器连接的所有节点可以被认为是在同一个冲突域内，它不会隔离冲突域。而交换机就明显地缩小了冲突域的大小，使到每一个端口就是一个冲突域，即一个或多个端口的高速传输不会影响其他端口的传输。

冲突域是指所有设备所共享的介质范围。一个集线器的所有端口同处于一个冲突域，一个交换机的每一个端口是一个冲突域。

2）广播域

广播域指的是能接收到广播数据包的主机范围（广播数据包通常采用广播地址发送，即主机 ID 全为 1 的地址）。处于同一个网络的所有设备位于同一个广播域。也就是说，所有的广播信息会广播到网络的每一个端口（即使交换机也不能阻止广播信息的传播）。

从广播域的定义和交换机的特性可以看出，交换机的所有端口虽然在不同的冲突域，但仍然同处一个广播域。但由于网络拓扑结构的设计、连接问题、病毒或其他原因导致广播在网段内大量复制，传播数据帧，当广播数据充斥网络，占用大量网络带宽无法处理时，网络性能下降，甚至网络瘫痪，这就发生了"广播风暴"。

集线器的所有端口都在一个冲突域和一个广播域，多个集线器相连，不但扩大局域网的覆盖范围，也扩大了冲突域和广播域。

交换机的所有端口都在一个广播域，每个端口是一个冲突域，多交换机相连，扩大了局域网的覆盖范围，也扩大局域网的广播域，但是冲突域保持不变。

6.1.2　交换式局域网

以交换机为网络互连设备组成的局域网，称为交换式局域网。交换机是典型的 OSI 参考模型中数据链路层的设备，传输的数据是帧。基本的功能扩展网络端口，扩展网络，具备自动寻址能力和交换作用。对信息进行重新生成，并经过内部处理后通过 MAC 地址转发至指定端口，可以实现点对点的信息传输，避免和其他端口发生冲突。

1）交换式局域网主要功能

（1）隔离冲突域。由于交换式局域网中，交换机是根据 MAC 地址转发或过滤数据帧的，每个端口都彼此独立，不同端口的节点之间不会产生冲突。即，交换机隔离了每个端口的冲突域，每个交换机端口就是冲突域的终点。

（2）扩展距离。每个交换机端口可以连接不同的局域网。因此，每个端口都可以达到不同局域网的技术所要求的最大距离，而与连接到其他交换机端口的局域网距离无关。

（3）支持不同传输速率。对于共享式局域网，不同局域网可以有不同的传输速率，而一旦连接到同一共享式局域网中，该网络中的所有设备都必须使用同样的传输速率。而对于交换式局域网，交换机的每个端口可以使用不同的传输速率。

2）交换式局域网主要特点

（1）各个用户节点独占通道，独享带宽。由于消除了公共的通信媒介，不存在争用媒介问题，每个节点都能独自使用一条链路，不会产生冲突，从根本上解决了网络带宽的问题。

（2）允许接入的多个节点之间同时建立多条通信链路，同时进行数据通信，大大提高了网络的利用率。

（3）采用星型拓扑结构，易扩展，而且每个用户的带宽并不因为互连的设备增多而降低。

3）交换机的工作原理

通过实例说明交换机的工作原理，如图 6-2 所示，有 A、B、C、D 四台计算机分别连接在交换机的 E0，E1，E2，E3 等 4 个端口上。

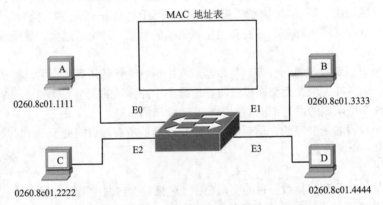

图 6-2　空的 MAC 地址表

（1）初始情况下，交换机的 MAC 地址表示空的。如图 6-2 所示。

（2）当计算机 A 向计算机 B 发送数据帧时，交换机在 E0 端口接收到计算机 A 的数据帧，于是交换机将计算机 A 所连接的端口号和 MAC 地址信息（E0：0260.8c01.1111）保存在 MAC 地址表中。由于在 MAC 地址表中没有找到计算机 B 的 MAC 地址与端口映射，交换机将向除 E0 端口之外的其他所有端口广播这个数据帧，如图 6-3 所示。

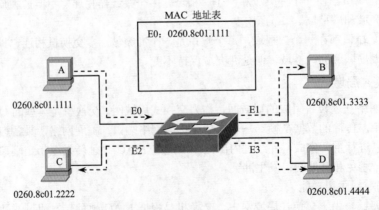

图 6-3　计算机 A 向计算机 B 发送数据帧 MAC 地址表学习过程

（3）如果此时计算机 D 也向计算机 B 发送数据帧，则交换机将计算机 D 所连接端口号和 MAC 地址信息（E3：0260.8c01.4444）保存在 MAC 地址表中，由于在 MAC 地址表中没有找到计算机 B 的 MAC 地址，交换机向除 E3 之外的其他所有端口广播这个数据帧，如图 6-4 所示。

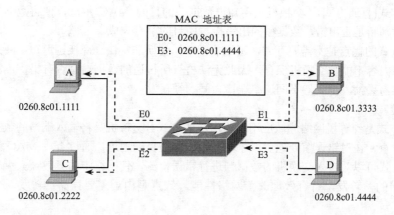

图 6-4　计算机 D 向计算机 B 发送数据帧 MAC 地址表学习过程

（4）如果计算机 B 有响应，则交换机将工作站 B 所连接的端口号和地址信息（E1：0260.8c01.3333）保存在 MAC 地址表中。这样经过一段时间，交换机就"学习"到各个计算机所连接的端口号和 MAC 地址信息。

（5）如果计算机 A 再次向计算机 B 发送数据帧，计算机 B 的 MAC 地址与端口映射已经在 MAC 地址表中，则通过查找 MAC 地址表可知，计算机 B 连接在 E1 端口上，于是交换机就把数据帧从 E1 端口上转发出去，不在向其他端口（E2，E3）广播，如图 6-5 所示。

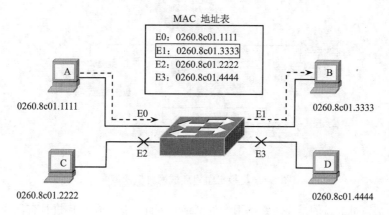

图 6-5　计算机 A 向计算机 B 发送数据帧

（6）MAC 地址表维护。由于交换机中的内存是有限的，因此，若某 MAC 地址在一定时间内（默认为 300s）不再出现，那么，交换机将自动把该 MAC 地址从地址表中清除。当下一次该 MAC 地址重新出现时，将会被当作新地址加入 MAC 地址表中。

由于交换机能够自动根据收到的数据帧中的源 MAC 地址更新地址表的内容，所以交换机使用的时间越长，学到的 MAC 地址就越多，未知的 MAC 地址就越少，因而广播的数据帧就越少，传输数据的速度就越快。

说明：交换机档次越低，交换机的缓存就越小，也就是说为保存 MAC 地址所准备的空间也就越小，对应的就是它能记住的 MAC 地址数也就越少。通常一台交换机有 1024 个 MAC 地址记忆空间，就能满足实际需求。

4）交换机的帧转发方式

交换机通过以下 3 种方式进行数据帧的转发。

（1）直通式

直接交换方式(直通方式)。交换机只需知道数据帧的目的 MAC 地址，便将数据帧传送到相应的端口上，不用判断是否出错，数据帧的出错检测由目的节点完成。

直接交换方式的优点是不需要存储，延迟非常小，交换非常快。交换延迟短；缺点是由于没有缓存，数据帧的内容不能被交换机保存，因此无法检查所传送的数据帧是否有错，不能提供错误检测能力，而且容易丢帧。不支持不同速率端口之间的帧转发。

（2）存储转发

存储转发方式是计算机网络领域应用最为广泛的方式。交换机是将输入端口的数据帧先存储起来，然后进行检查，在对错误帧处理后，才取出数据帧的目的地址，通过查找 MAC 地址表，转发数据帧。这种方式可以对进入交换机的数据帧进行错误检测，使网络中的无效帧大大减少，并支持不同速率端口间的帧转发，可有效地改善网络性能。缺点是由于需要存储再转发，交换延迟将会延长。

（3）无碎片转发

无碎片转发也称改进直接交换方式，是上述两种技术的综合。它检查数据帧的长度是否够 64B，如果小于 64B，说明是假帧，则丢弃该帧；如果大于 64B，则发送该包。这种方式也不提供数据校验，它的数据处理速度比存储转发方式快，但比直通式慢。

5）交换式局域网典型模型

交换机构建的局域网无论是从物理上还是逻辑上，都是星型拓扑结构。多台交换机可以级联或堆叠，最终构成还是星型网络拓扑结构。交换机组建局域网典型模型如图 6-6 所示。

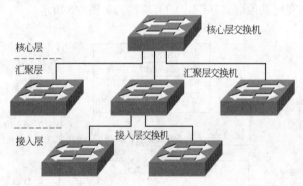

图 6-6　交换机组建局域网典型模型

（1）接入层交换机的目的是连接终端用户到网络。因此，接入层交换机具有低成本和高端口密度特性。接入交换机是最常见的交换机，主要用于办公室、小型机房、业务受理较为集中的业务部门。在传输速度上，现代接入交换机大都提供多个具有 10M/100M/1000Mbps 自适应能力的端口。

（2）汇聚层交换机的目的是汇聚多台接入层交换机。因此，汇聚层交换机必须能够处理来自接入层设备的所有通信量，并提供到核心层交换机的上行链路。汇聚层交换机与接入层交换机相比，需要更高性能、更少的端口、更高的交换速率。

（3）核心层交换机的目的是通过高速转发通信，提供优化和可靠的骨干传输结构。因此，核心层交换机应拥有更高的可靠性、更高的性能和更大的吞吐量。

6.2　交换机的基本配置

交换机可分为可网管交换机和不可网管交换机，可网管交换机主要用于中小型局域网中。交换机的管理方式基本分为两种：带内管理和带外管理。

6.2.1　交换机管理方式

1）带外管理

可网管交换机一般是通过交换机的 Console 口连接和管理，属于带外管理，不占用交换机的带宽，不占用交换机的网络接口，通过 Console 线连接计算机与可网交换机。交换机 Console 口以及配置线如图 6-7 所示。

图 6-7　交换机 Console 口以及配置线

通过交换机的 Console 口管理交换机属于带外管理，其特点是需要使用配置线缆，近距离配置。第一次配置交换机时必须利用 Console 端口进行配置。

2）带内管理

带内管理占用交换机的端口，通常有 3 种管理方式。

（1）通过 Telnet 方式进行配置，采用这种方式可以在网络中对交换机进行配置，Telnet 协议是一种远程访问协议，可以通过它远程登录到交换机进行配置。

例如，交换机管理 IP 为 192.168.1.110，则在命令提示符下输入 Telnet 192.168.1.110，按 Enter键，建立与远程交换机的连接，输入正确的用户名和密码。就可以根据实际需要对该交换机进行相应的配置和管理。

（2）通过网管工作站进行配置，此时需要支持 SNMP（简单网络管理协议）的网络管理软件。

（3）Web 方式管理。可以通过 Web 形式进行管理，但是必须给交换机指定一个 IP 地址。

6.2.2　Console 口连接与管理交换机

运行"超级终端"程序和管理计算机建立连接，连接成功后即登录到交换机的管理界面。再根据不同交换机产品（如 H3C、思科、锐捷等）的命令系列，对交换机进行设置及管理。具体如下所示。

（1）将 Console 线的 RJ—45 接头端连接交换机上的 Console 口；将 Console 线另一端的串行口连接管理计算机的串行口。

（2）运行"超级终端"程序。执行"开始→程序→附件→通讯"→超级终端"命令，运行"超级终端"程序。

（3）打开"超级终端"，界面如图 6-8 所示。在"超级终端"的"连接描述"窗口中，为新建的管理计算机与交换机连接输入名称（可任意设置），在本例中输入 S2328。

（4）如图 6-9 所示，在"连接到"窗口中，"连接时使用"选项中选择 COM2（本例交换机和管理计算机连接的串行口是 COM2 口，如果是连接在 COM1 口上，则要选择 COM1，如果使用 Telnet，则选择 TCP/IP（Winsock），其他"国家、区号、电话号码"等参数按默认选择即可。

图 6-8　新连接命名

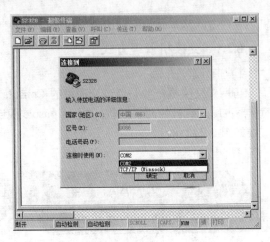
图 6-9　设置"连接到"各项参数

（5）如图 6-10 所示，在"COM2 属性"设置窗口中，单击"还原为默认值"按钮，将初始参数更改为默认值。

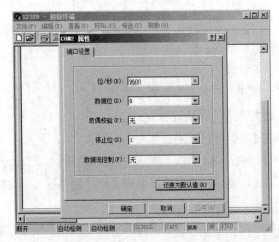
图 6-10　COM 属性参数默认设置

完成以上步骤后，在"超级终端"窗口按 Enter 键即可进入交换机管理窗口。进入交换机管理界面后，即可按不同设备的命令进行交换机的设置及管理。

说明：不同设备的交换机管理界面与使用的配置命令是不同的，但步骤相同。

6.2.3　交换机基本配置命令

1）交换机命令行模式

交换机的命令行操作模式，主要包括用户模式、特权模式、全局配置模式、端口模式等几种。

（1）用户模式。用户模式提示符为 Switch>，这是进入交换机后得到的第一个操作模式，该模式下可以简单查看交换机的软、硬件版本信息，并进行简单的测试。

（2）特权模式。特权模式提示符为 Switch#，由用户模式进入的下一级模式，该模式下可以对交换机的配置文件进行管理，查看交换机的配置信息，进行网络的测试和调试等。进入特权模式命令如下所示。

```
Switch>enable (简写 en)
Switch#
```

返回用户模式命令如下：

```
Switch#disable
或 Switch#exit
```

（3）全局配置模式。全局模式提示符为 Switch(config)#，属于特权模式的下一级模式，该模式下可以配置交换机的全局性参数（如主机名、登录信息等）。在该模式下可以进入下一级的配置模式，对交换机具体的功能进行配置。进入全局配置模式命令及返回特权命令如下所示。

```
Switch#configure terminal
Switch(config)#exit
Switch#
```

（4）端口模式。端口模式提示符为 Switch(config-if)#，属于全局模式的下一级模式，该模式下可以对交换机的接口进行参数配置。进入接口 fastEthernet 0/1（表示快速以太网端口，模块号为 0 / 端口号为 1）配置模式命令如下所示。

```
Switch(config)#interface fastEthernet 0/1
Switch(config-if)#exit
Switch(config)#
```

说明：Exit 命令是退回到上一级操作模式。End 命令是指用户从特权模式以上级别直接返回到特权模式。交换机命令行支持获取帮助信息、命令的简写、命令的自动补齐、快捷键功能。

2）交换机基本配置

基本 Cisco IOS 命令结构如图 6-11 所示。

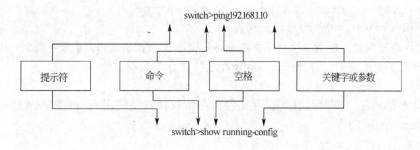

图 6-11　基本 Cisco IOS 命令结构

（1）帮助、命令简写和命令自动补齐。在每种操作模式下直接输入?显示该模式下所有的命令，命令空格"?"显示命令参数并对其解释说明。例如：

```
switch#co?                  !显示当前模式下所有以 co 开头的命令
configure    copy
switch#copy ?               !显示 copy 命令后可执行的参数
flash:              Copy from flash: file system
  running-config    Copy from current system configuration
  startup-config    Copy from startup configuration
  tftp:             Copy from tftp: file system
  xmodem            Copy from xmodem file syste
```

支持命令简写(按 Tab 键将命令补充完整)。

```
switch#conf ter  !命令的简写，该命令代表 configure terminal
switch(config)#
```

按 Tab 键，可以实现命令的自动补齐。

```
switch#con                 !交换机支持命令的自动补齐
switch#configure
```

（2）交换机名称配置。CLI 提示符中会使用主机名。出厂时默认的主机名 Switch。配置交换机名称命令如下所示。

```
Switch(config)#hostname S2328
S2328(config)#
```

（3）交换机口令配置。Cisco IOS 设备的控制台端口具有特别权限。作为最低限度的安全措施，必须为所有网络设备的控制台端口配置强口令。可在全局配置模式下配置命令如下所示。

```
Switch(config)#line console 0
Switch(config-line)#password password
Switch(config-line)#login
```

为提供更高的安全性，可使用 enable password 命令或 enable secret（口令会被加密）命令配置特权口令和特权加密口令。

```
Switch(config)#enable password password
Switch(config)#enable secret password
```

注：如果两个命令都设置了，交换机 IOS 期待用户输入的是在 enable secret 命令中设置的口令，也就是说交换机将忽略 enable password 中设置的命令。

（4）管理配置文件

① 将更改后的配置保存后，成为新的启动配置。执行 copy running-config startup-config 命令或执行 write memory 命令。

```
Switch#copy running-config startup-config
```
或 `Switch#write memory`（可简写为 wr）

② 使设备恢复为原始配置。执行下面的命令，交换机重新启动后，重新加载时，IOS 会检测到用户对运行配置的更改尚未保存 startup-config 配置文件作为启动文件。

```
Switch#reload
```

③ 删除所有配置。要删除启动配置文件，在特权模式下使用 erase NVRAM:startup-config 或 erase startup-config 命令。

```
Switch#erase startup-config
```

提交命令后，网络设备将提示您确认：

```
Erasing  the  nvram  filesystem  will  remove  all  configuration
files!Continue?[confirm]
```

Confirm 是默认回答。要确认并删除启动配置文件，请按 Enter 键。按其他任意键将中止该过程。

（5）标识端口。要给指定端口注释或描述，可在接口模式下输入如下命令。

```
Switch(config-if)#description description-string
```

（6）端口速度。配置以太网端口的端口速率，在接口模式下使用如下命令。

```
Switch(config-if)#speed {10|100|1000|auto}
```

配置端口速率为 10Mbps、100Mbps、1000Mbps，默认为 auto。

（7）端口的工作模式。端口工作模式 full 表示全双工，half 表示半双工，默认 auto。

```
Switch(config-if)#duplex {auto | full | half}
```

（8）启用并使用交换机端口。对于没有进行网络连接的端口，其状态始终是 shutdown。对于正在工作的端口，可以根据管理的需要，通过 no shutdown 进行端口启用或禁用。例如，启用交换机的 f0/2，则配置命令如下所示。

```
Switch(config)#interface fastEthernet 0/2
Switch(config-if)#no shutdown
```

（9）排除端口连接故障

① 显示交换机配置信息。

```
Switch#show running-config
```

② 查看端口状态。例如，查看 fastEthernet 0/2 端口状态信息命令如下。

```
Switch#show interfaces fastEthernet 0/2
FastEthernet0/2 is up, line protocol is up (connected)
Hardware is Lance, address is 0090.0cdd.0802 (bia 0090.0cdd.0802)
BW 100000 Kbit, DLY 1000 usec,
reliability 255/255, txload 1/255, rxload 1/255
Encapsulation ARPA, loopback not set
Keepalive set (10 sec)
Half-duplex, 100Mb/s
input flow-control is off, output flow-control is off
ARP type: ARPA, ARP Timeout 04:00:00
......
```

③ 查看交换机的 MAC 地址表

```
switch#show mac-address-table
        Mac Address Table
-------------------------------------------

Vlan    Mac Address       Type        Ports
----    -----------       --------    -----
   1    0001.42db.7335    DYNAMIC     Fa0/2
   1    0001.643a.411e    DYNAMIC     Fa0/3
   1    0002.165d.7ad1    DYNAMIC     Fa0/4
   1    0030.a3c7.8ecd    DYNAMIC     Fa0/6
   1    0090.2133.25aa    DYNAMIC     Fa0/5
   1    00d0.bcd3.9c4e    DYNAMIC     Fa0/1
```

6.3　虚拟局域网

6.3.1　虚拟局域网概念

虚拟局域网（Virtual Local Area Network，VLAN），是指在一个物理网络上划分出的逻辑网络，这个划分出来的逻辑网络是可以跨越不同网段、不同网络的端到端的逻辑网络。

虚拟局域网是一种专门为隔离二层广播报文设计的 VLAN 技术，是将局域网从逻辑上划分为不同的网络。VLAN 是从逻辑上把网络资源和网络用户，按照一定的原则进行划分，把一个物理上的网络划分成多个小的逻辑网络，这些小的逻辑网络就形成了各自小的广播域，从而隔离了大的广播域。如图 6-12 所示，财务处设在 1 楼，办公室设在 3 楼，开发部的一部分设在 3 楼，另一部分设在 6 楼。财务处、开发部和办公室三个采用交换机将它们连接在一起，以便相互访问，但又产生了其他问题，增大了广播域和广播流量，即出现了广播风暴问题。为了隔离网络广播风暴，提高网络性能，对于这种分布在不同物理位置的部门，采用 VLAN 技术，可不改变任何布线、插拔交换机端口，即可轻松地对各部门进行广播域隔离。将与财务处连接的交换机端口划到财务处的 VLAN 1 中；将与办公室连接的交换机端口划到办公室的 VLAN 2 中；将与开发部连接的交换机端口划到开发部的 VLAN 3 中，即可分隔广播域，提高网络的性能。

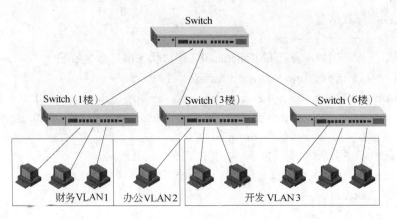

图 6-12　VLAN 划分示意图

每个 VLAN 都有一个 VLAN 标识号（VLAN ID），在整个局域网中唯一的标识该 VLAN。每个 VLAN 在逻辑上就像一个独立的局域网，每个 VLAN 是一个广播域，同一个 VLAN 中的所有帧流量都被限制在该 VLAN 中，VLAN 中的成员可以直接通信，而不会传输到其他的 VLAN 中去，不同的 VLAN 的成员之间不可直接通信。这样可以很好地减少了网络数据流量和广播风暴的产生，有效地节省带宽，提高网络的性能。

要实现不同 VLAN 之间的通信，跨 VLAN 的访问只能通过三层设备转发，也就是通过三层交换机或路由器才能够访问。

6.3.2　虚拟局域网的主要优点

（1）减少网络上的广播风暴，优化网络性能；广播域被限制在一个 VLAN 内，节省了带宽，提高了网络的处理能力。

（2）增强网络的安全性；不同 VLAN 内的报文在传输时是相互隔离的，即一个 VLAN 内的用户不能和其他 VLAN 内的用户直接通信。

（3）灵活构建虚拟工作组；用 VLAN 可以划分不同的用户到不同的工作组，同一个工作组中的用户也不必局限于某一个固定的物理范围，网络构建和维护更方便灵活。

（4）集中化的管理控制，不受物理位置限制，网络管理简单、直观。

6.3.3　VLAN 划分方法

从技术角度讲，VLAN 划分可依据不同原则，一般主要有 4 种划分方法。

1）基于端口划分 VLAN（静态 VLAN）

每个交换机端口属于一个 VLAN，网络管理员以手动方式把交换机某一端口指定为某一个 VLAN 的成员。这是目前最简单的划分方法，也是最有效的方法。属于同一个 VLAN 的端口可以不连续；一个 VALN 可以跨越多个以太网交换机。

2）基于 MAC 地址划分 VLAN（动态 VLAN）

这是根据每个主机的 MAC 地址来定义 VLAN 成员。即对每个 MAC 地址的主机都配置它属于的组。这种 VLAN 划分方法最大的优点就是，网络用户从一个物理位置移动到另一个物理位置时，自动保留其所属 VLAN 的成员身份，不用重新配置 VLAN。这种划分方式是基于用户，而不是基于交换机的端口。

3）基于网络层协议划分 VLAN

这种划分 VLAN 的方法是根据每个主机的网络层地址或协议类型(如果支持多协议)划分的，虽然这种划分方法是根据网络地址，比如 IP 地址。这种方法的优点是用户的物理位置改变了，不需要重新配置所属的 VLAN，而且可以根据协议类型来划分 VLAN，这对网络管理员来说很重要。这种方法的缺点是效率低，因为检查每一个数据包的网络层地址是需要消耗处理时间的(相对于前面两种方法)。

4）基于策略划分 VLAN

也称基于规则的 VLAN。这是一种比较灵活有效的 VLAN 划分方法，具有自动配置的能力，能够把相关的用户连成一体，在逻辑划分上称为"关系网络"。网络管理员只需在网管软件中确定划分 VLAN 的规则(或属性)，那么当一个节点加入网络中时，将会被"感知"，自己自动加入正确的 VLAN 中。同时，对节点的移动和改变也可自动识别和跟踪。目前常用的策略有按 MAC 地址、按 IP 地址、按以太网协议类型和按网络应用等。

6.3.4　VLAN 的基本配置

1）配置 VLAN 的 ID 和名字

```
Switch(config)#vlan vlan-id
```

其中，vlan-id 是配置要被添加的 VLAN 的 ID，ID 范围为 1~4094。

```
Switch(config-vlan)#name vlan-name
```

定义一个 VLAN 的名字，必须保证这个名称在管理域中是唯一的。

例如，创建 VLAN100，将它命名为 test 的例子。

```
Switch#configure terminal
Switch(config)#vlan 100
Switch(config-vlan)#name test100
Switch(config-vlan)#end
```

2）分配端口加入 VLAN

在新创建一个 VLAN 之后，可以为之手工分配一个端口号或多个端口号。

在接口配置模式下，分配 VLAN 端口命令为

```
Switch(config)#interface type mod/num
Switch(config-if)#switchport mode access
Switch(config-if)#switchport access vlan vlan-id
```

默认情况下，所有的端口都属于 VLAN 1。

例如，把 fastethernet 0/10 作为 access 口加入了 VLAN100。

```
Switch#configure terminal
Switch(config)#interface fastethernet 0/10
Switch(config-if)#switchport mode access
Switch(config-if)#switchport access vlan 100
Switch(config-if)#no shutdown
```

3）检验 VLAN 配置

配置 VLAN 后，可以使用 Cisco IOS show 命令检验 VLAN 配置。

```
Switch#show vlan
VLAN Name        Status    Ports
------------------------------------------------------------
1    default     active    //默认情况下，所有端口都属于 VLAN1
                           Fa0/1
100  test100     active    Fa0/2, Fa0/3, Fa0/4
                           Fa0/5, Fa0/6, Fa0/7
                           Fa0/8
200  test200     active    Fa0/9, Fa0/10
```

```
                         Fa0/11,Fa0/12, Fa0/13
                         Fa0/14, Fa0/15, Fa0/16
                         Fa0/17, Fa0/18
300    test300  active   Fa0/19
                         Fa0/20, Fa0/21, Fa0/22
                         Fa0/23, Fa0/24
```

4）更改和删除 VLAN

在接口配置模式下，使用 no switchport access vlan 命令，可以将该端口重新分配到默认 VLAN 1 中，即把该接口从 VLAN 中删除。但是 VLAN 1 属于系统的默认 VLAN，不可以被删除。

删除某个 VLAN，使用 no 命令。例如：switch(config)#no vlan 10。

但是，删除当前某个 VLAN 时，注意先将属于该 VLAN 的端口加入别的 VLAN，然后才能删除该 VLAN。

6.4 无线局域网

现代企业随着业务规模的不断扩大和对工作效率提高的要求，越来越渴望灵活的无线网络技术能帮他们解决问题。甚至更多人考虑到建设传统网络的繁琐和成本问题，也希望可以通过无线网络技术实现他们的目的。

6.4.1 无线局域网概述

无线局域网(Wireless Local Area Networks，WLAN) 是指应用无线通信技术将计算机设备互联起来，构成可以互相通信和实现资源共享的网络体系，是局域网技术与无线通信技术结合的产物。利用电磁波在空气中发送和接收数据，而无需线缆介质。作为传统有线网络的一种补充和延伸，无线局域网把个人从办公桌边解放了出来，使他们可以随时随地获取信息。

WLAN 相对于有线局域网，WLAN 体现出以下 4 点优势。

1）安装便捷

一般在网络建设中，施工周期最长、对周边环境影响最大的就是网络布线工程。而 WLAN 最大的优势就是免去或减少了网络布线的工作量，一般只需要合理的布放接入点位置与数量，就可建立覆盖整个建筑或地区的局域网络。

2）使用灵活，方便移动

在无线局域网中，由于没有线缆的限制，只要是在无线网络的信号覆盖范围内，用户可以在不同的地方移动工作，而在有线网络中则做不到这点。

3）组网灵活，易于扩展

无线局域网可以组成多种拓扑结构，可以十分容易地从少数用户的点对点模式扩展到上千用户的基础架构网络，并且能够提供节点间"漫游"等有线网络无法实现的特性。

4）成本优势

由于有线网络缺少灵活性，这就要求网络规划者要尽可能地考虑未来发展的需要，因此往往导致预设大量利用率较低的信息点。一旦网络的发展超出了设计规划，又要花费较多的费用进行网络改造。而无线局域网则可以尽量避免这种情况的发生。

由于无线局域网有以上诸多优点，因此其发展十分迅速。最近几年，无线局域网已经在企业、医院、商场、工厂和学校等场合得到了广泛的应用。但是，与有线局域网相比较，WLAN 也有很多不足之处，比如，无线通信受外界环境影响较大，传输速率不高，并且在通信安全上也劣于有线网络。所以在大部分的局域网建设中还是以有线通信方式为主干，无线通信作为有线通信一种补充，而不是一种替代。

6.4.2 无线局域网分类

1）按照 WLAN 结构分类

在无线局域网中，按照网络结构分类主要有 2 种：一种就是类似于对等网的 Ad-Hoc 结构，另一种则是类似于有线局域网中星型结构的基础结构(Infrastructure)。

（1）Ad-Hoc 结构

点对点 Ad-Hoc 对等结构就相当于有线网络中的多机直接通过网卡互联，中间没有集中接入设备，信号是直接在两个通信端点对点传输的。Ad-Hoc 结构是点对点的对等结构，各个用户之间通过无线直接互联，不需要中间设备，网络通信效率较低，通信距离较近，且用户数量较多时，性能较差。如图 6-13 所示为计算机通过 Ad-Hoc 结构互联。

这种无线网络模式通常只适用于临时的无线应用环境，如小型会议室，SOHO 家庭无线网络等。

（2）基础结构

基础结构模式属于集中式结构，通常作为有线网络的扩展和延伸。基于无线接入点（Access Point，AP）的基础结构模式其实与有线网络中的星型交换模式相似，无线 AP 相当于有线网络中的交换机，起着集中连接和数据交换的作用。在这种无线网络结构中，除了需要像 Ad-Hoc 对等结构中在每台主机上安装无线网卡外，还需要一个 AP 接入设备。这个 AP 设备就是用于集中连接所有无线节点，并进行集中管理的。当然一般的无线 AP 还提供了一个有线以太网接口，用于与有线网络、工作站和路由设备的连接，如图 6-14 所示基于无线 AP 的基础结构模式。

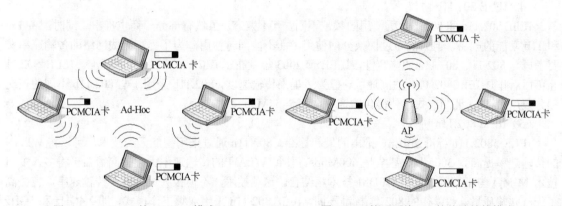

图 6-13　WLAN 的 Ad-Hoc 模式　　　　　图 6-14　基于无线 AP 的基础结构模式

基础结构的无线局域网不仅可以应用于独立的无线局域网中，如小型办公室无线网络、SOHO家庭无线网络，也可以以它为基本网络结构单元组建成庞大的无线局域网系统，如在会议室、宾馆、酒店、机场为用户提供的无线网络接入等。

2）按照 WLAN 的传输介质分类

无线局域网按网络的传输媒质来分类，可以分为基于无线电的 WLAN 和基于红外线的 WLAN 2 种。

（1）射频无线电波主要使用无线电波和微波，光波主要使用红外线。采用无线电波作为无线局域网的传输媒质是目前应用最多的,使用的频段主要是 S 频段(2.4～2.4835GHz)，这个频段也称为工业科学医疗(ISM)频段，属于工业自由辐射频段，对发射功率控制有严格的要求，不会对人体健康造成伤害。

（2）基于红外线的无线局域网采用红外线作为传输媒质，有较强的方向性，由于它采用低于可见光的部分频谱作为传输媒质，使用不受无线电管理部门的限制。红外信号要求视距传输，并且窃听困难，对邻近区域的类似系统也不会产生干扰。在实际应用中，由于红外线具有很高的背景噪声，受日光、环境照明等影响较大，一般要求的发射功率较高，红外无线局域网是目前"100 Mbps 以上、性价比高的网络"唯一可行的选择。

6.4.3　无线局域网标准

目前支持无线网络技术标准主要有 IEEE 802.11x 系列标准、家庭网络技术、蓝牙技术等。

1）IEEE 802.11x 系列标准

（1）IEEE 802.11 标准

IEEE 802.11 标准是 IEEE 在 1997 年为无线局域网定义的一个无线网络通信的工业标准，速率最高只能达到 2Mbps。此后这个标准不断补充和完善，形成 IEEE 802.11x 系列标准。IEEE 802.11 标准规定了在物理层上允许采用红外线、跳频扩频和直接序列扩展 3 种传输技术。

（2）IEEE 802.11b 协议

IEEE 802.11b，即无线相容认证，（Wireless Fidelity，WiFi）它使用的是开放的 2.4GHz 频段，不需要申请就可使用。最高传输速率可达 11Mbps，扩大了无线局域网的应用领域。另外，如果无线信号变差，可根据实际情况降低速率为 5.5Mbps、2Mbps 和 1Mbps，与普通的 10Base—T 规格有线局域网几乎是处于同一水平。支持范围在室外可以达到 300m，在办公环境中可以达到 100m。

（3）IEEE 802.11a 协议

IEEE 802.11a（WiFi 5）标准是继在办公室、家庭、宾馆、机场等众多场合得到广泛应用的 802.11b 的后续标准。它工作在 5GHz 频带，传输速率可达 54Mbps。由于 IEEE 802.11a 工作在 5GHz 频带，所以与 802.11b 或最初的 802.11 标准互不兼容。

（4）IEEE 802.11g 协议

IEEE 802.11a 和 802.11b 所使用的频带不同，互不兼容。虽然有部分厂商也推出了同时配备 11a 和 11b 功能的产品，但只能通过切换分网使用，而不能同时使用。为了提高无线网络的传输速率又要考虑与 802.11、802.11a 的兼容性，IEEE 于 2003 年发布了 IEEE 802.11g 技术标准。IEEE 802.11g 可以看作是 IEEE802.11b 的高速版，但为了提高传输速度，802.11g 采用了与 802.11b 不同的正交频分复用 OFDM 调制方式，使得传输速率提高至 54Mbps。

（5）IEEE 802.11n 协议

IEEE 5802.11n 标准是 IEEE 推出的最新标准。802.11n 通过采用智能天线技术，可以将 WLAN 的传输速率提高到 300Mbps 甚至是 600Mbps。使得 WLAN 的传输速率大幅提高得益于将多入多出技术 MIMO 与正交频分复用 OFDM 技术相结合。这项技术，不但极大地提升了传输速率，也提高了无线传输质量。和以往的 802.11 标准不同，IEEE 802.11n 采用双频工作模式，即 2.4GHz 和 5GHz 两个频段，与 IEEE 802.11a，IEEE 802.11b 和 IEEE 802.11g 兼容。

IEEE 802.11x 系列主要标准对比见表 6-1。

表 6-1　IEEE 802.11 系列主要标准对比表

	802.11	802.11b	802.11a	802.11g	802.11n
频率/GHZ	2.4	2.4	5	2.4	2.4/5
最高速率/（Mbps）	2	11	54	54	300～600
距离/m	100	100～400	20～50	100～400	100～400
业务	数据	数据、图像	语音、数据、图像	语音、数据、图像	语音、数据、图像

2）家庭网络（Home RF）技术

Home RF(Home Radio Frequency)一种专门为家庭用户设计的小型无线局域网技术。它是 IEEE 802.11 与数字无绳电话标准的结合,旨在降低语音数据成本。Home RF 在进行数据通信时,采用 IEEE 802.11 标准中的 TCP/IP 传输协议;进行语音通信时,则采用数字增强型无绳通信标准。

Home RF 的工作频率为 2.4GHz。原来最大数据传输速率为 2Mbps,2000 年 8 月,美国联邦通信委员会(FCC)批准了 Home RF 的传输速率可以提高到 8～11Mbps。Home RF 可以实现最多 5 个设备之间的互连。

3）蓝牙技术

蓝牙(Bluetooth)技术实际上是一种短距离无线数字通信的技术标准，工作在 2.4GHz 频段，最高数据传输速度为 1Mbps(有效传输速度为 721Kbps)，传输距离为 10cm～10m，通过增加发射功率可达到 100m。蓝牙技术主要应用于手机、笔记本计算机等数字终端设备之间的通信以及这些设备与 Internet 的连接。

6.4.4 无线局域网的组网设备

组建无线局域网设备主要包括无线网卡、无线访问接入点、无线路由器和天线等，几乎所有的无线网络设备产品都自带无线发射/接收功能。

1）无线网卡

无线网卡的作用和以太网中的网卡的作用基本相同，它作为无线局域网的接口，能够实现无线局域网各客户机间的连接与通信。常见的无线网卡如图 6-15 所示。

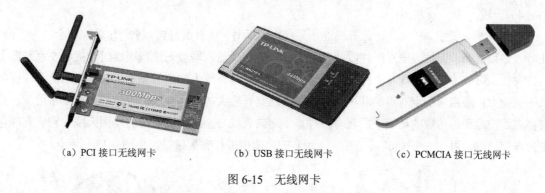

（a）PCI 接口无线网卡　　　（b）USB 接口无线网卡　　　（c）PCMCIA 接口无线网卡

图 6-15　无线网卡

台式机使用 PCI 接口的无线网卡；笔记本计算机使用专用的 PCMCIA 接口的无线网卡；USB 接口的无线网卡可以使用在台式机上，也可以使用在笔记本计算机上。

2）无线访问接入点

无线 AP（Access Point）就是无线接入点，如图 6-16 所示，其作用类似于以太网中的集线器或交换机。使用无线 AP 可以将无线网络接入局域网或互联网。当网络中增加一个无线 AP，就可成倍地扩展网络覆盖直径，也可使网络中容纳更多的网络设备。

（a）室内无线 AP　　　　　　　　　（b）室外无线 AP

图 6-16　无线 AP

3）无线路由器

无线路由器是无线 AP 与宽带路由器的结合。借助于无线路由器，可实现无线网络中的 Internet

连接共享，实现 ADSL、Cable Modem 和小区宽带的无线共享接入。适用于家庭用户或小规模的无线局域网使用。常见无线路由器如图 6-17 所示。

图 6-17 无线路由器

4）天线

当计算机与无线 AP 或其他计算机连接且相距较远时，随着信号的减弱，传输速率会明显下降，此时就必须借助于无线天线对所接收或发送的信号进行增益。增益天线按照辐射和接收在水平面上的方向性，可分为定向天线与全向天线两种。定向天线具有较大的信号强度、较高的增益、较强的抗干扰能力，通常用于点对点的环境中。全向天线具有较大的覆盖区域、较低的增益，常用于一点对多点、较远距离传输的环境中。还有一种界于定向天线与全向天线之间的扇面天线，它具有能量定向聚焦功能，可在水平 180°、120°、90° 的范围内进行有效覆盖，如图 6-18 所示。

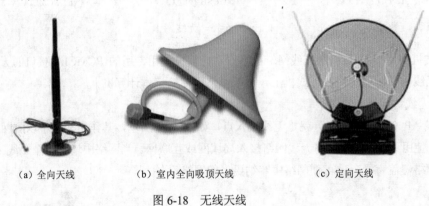

（a）全向天线　　　（b）室内全向吸顶天线　　　（c）定向天线

图 6-18 无线天线

6.4.5 典型的无线局域网连接方案

1）对等无线局域网方案

对等无线局域网方案利用了在前面描述的 Ad-Hoc 结构。由于这种方式无需使用集线设备，因此，仅仅在每台计算机上插上无线网卡，即可以实现计算机之间的连接，构建成最简单的无线局域网。其中一台计算机可以兼作文件服务器、打印服务器和代理服务器，并通过 Modem 接入 Internet。这样，不用使用任何电缆，就可以实现计算机之间资源共享和 Internet 的接入。但由于该方案中所有的计算机之间都共享连接带宽，并且在室内的有效传输距离仅为 30m。所以，只适用于用户数量较少，对传输速率没有较高要求的小型网络或临时的无线网络工作组。

2）独立无线局域网方案

独立无线局域网是指无线局域网内的计算机之间构成一个独立的网络，并且可以实现与其他无线局域网及以太网的连接。独立无线局域网与对等无线局域网的区别在于，独立无线局域网方案中加入无线访问点（AP），可以对网络信号进行放大处理，一个工作站到另外一个工作站的信号都可以经由该 AP 放大并进行中继。因此，拥有 AP 的独立无线局域网的网络直径将是无线局域网有效传输距离的 1 倍，在室内通常为 60m 左右。但该方案仍然属于共享式接入，也就是说，虽然传输距离比对等无线局域网增加了 1 倍，但所有计算机之间的通信仍然共享无线局域网带宽。由于带宽有限，因此，该无线局域网方案仍然只能适用小型的无线网络。

3）无线局域网接入以太网方案

当无线局域网中的用户足够多时，应当在有线网络中接入 AP，从而将无线局域网连接至有线网络主干。AP 在无线工作站和有线主干之间起网桥的作用，实现了无线与有线的无缝连接，既允许无线工作站访问网络资源，同时又为有线网络增加了可用资源。

该方案适用于将大量的移动用户连接至有线网络，从而以低廉的价格实现网络直径的迅速扩展，或为移动用户提供更灵活的接入方式，也适合在原有局域网上增加相应的无线局域网设备。

4）无线漫游方案

要扩大总的无线覆盖区域，可以建立包含多个基站设备的无线局域网。要建立多单元网络，基站设备必须通过有线连接。基站设备可以为在网络范围内各个位置之间漫游的移动式无线工作站设备服务。多基站配置中的漫游无线工作站具有以下功能。

（1）在需要时自动在基站设备之间切换，从而保持与网络的无线连接。

（2）只要在网络中的基站设备的无线范围内，就可以与基础架构进行通信。

（3）要增大无线局域网的带宽，可以将基站设备配置为其他子频道。多基站网络中的任何无线客户机工作站漫游都将根据需要自动更改使用的无线电频率。

（4）在网络跨度很大的网络环境中，可以在网络中设置多个 AP，移动终端实现如手机的漫游功能。

当用户在不同 AP 覆盖范围内移动时，虽然在移动设备和网络资源之间传输的数据的路径是变化的，但他们却感觉不到这一点，这就是所谓的无缝漫游，在移动的同时保持连接。原因很简单，AP 除具有网桥功能外，还具有传递功能。这种传递功能可以将移动的工作站从一个 AP 传递给下一个 AP，已保证在移动工作站和有线主干之间总能保持稳定的连接，从而实现漫游功能。需要注意的是，实现漫游功能的 AP，是通过有线网络连接起来的。

6.5　工程实例——局域网组网

通过网卡、网线和交换机等设备将各个网络设备互连在一起，组成局域网的过程就是局域网组网。交换机在网络中最重要的应用就是提供网络接口，所有的网络互连都必须借助交换机才能实现。主要进行以下连接：

① 连接交换机、路由器、防火墙和无线 AP 等网络设备；

② 连接计算机、服务器等计算机设备；

③ 连接网络打印机、网络摄像机、IP 电话等其他网络终端。

通过交换机的级联，可以扩大局域网的规模和范围。

1）家庭/小型局域网组建

对于一个家庭网络，是一个小型网络，连网设备有限，通常为无线路由器，就可以把各种网络设备连在一起，构成一个简单的家庭局域网，如图 6-19 所示。终端设备包括 iPad，手机，电视机等。

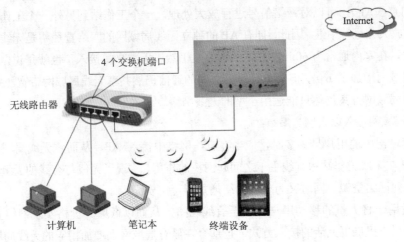

图 6-19　家庭网络组建拓扑结构图

2）基于 VLAN 的小型局域网组建

随着网络规模的增大，可能需要多个交换机相互级联，构成一个较大的局域网，为了提高网络的性能，防止网络风暴，可以使用 VLAN 技术，对局域网进行合理的逻辑划分。通常以部门为单位进行虚拟局域网的划分，如图 6-20 所示，构成一个小型局域网，通常在一个建筑物内。

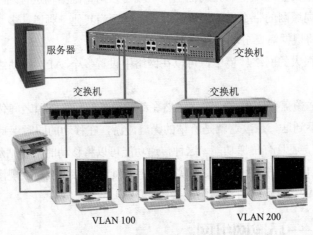

图 6-20　典型小型局域网网络拓扑结构图

3）中型局域网组建

当网络规模较大时，一台交换机所能提供的网络接口往往不够，此时，就必须将两台或更多的交换机连接在一起，成倍的拓展网络覆盖范围。特别是由于物理距离的原因，如某些设备在某个建筑物中，而其他设备在另外一个建筑物中，这是经常采用核心交换机、汇聚交换机和接入交换机将各个小型局域网连成一个较大型的局域网，如图 6-21 为某学校校园网络拓扑结构示意图，按照"万兆骨干百兆接入"的原则规划、设计和组建校园网络。在覆盖范围增大的同时，为了提高网络性能，防止网络风暴，可以使用 VLAN 技术。同时支持校园网络无线漫游功能。

需要注意的是，如何合理地安排交换机的数量和位置，是局域网组网的一个重要指标，主要是从管理和性能上综合考虑，同时也考虑布线的方便。

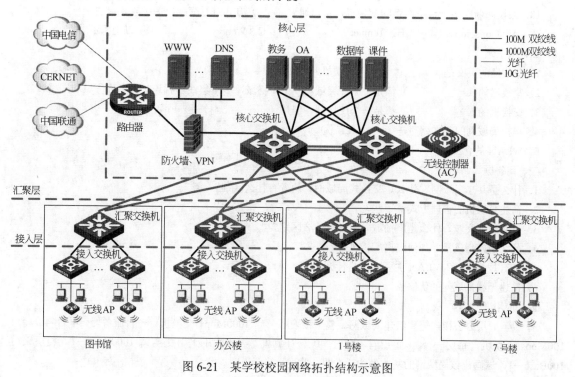

图 6-21 某学校校园网络拓扑结构示意图

思考与练习

一、选择题

1. 交换式局域网的核心设备是（　　）。

　　A. 网桥　　　　　　　B. 交换机　　　　　　C. 路由器　　　　　D. 网关

2. 以下不属于交换机技术特点的是（　　）。

　　A. 高交换延迟　　B. 支持不同的传输速率　　C. 支持全双工和半双工两种工作方式　　D. 支持 VLAN

3. 如果 Ethernet 交换机一个端口的数据传输速率是 100Mbps，该端口支持全双工通信，这个端口的实际数据传输速率可以达到（　　）。

　　A. 50Mbps　　　　　　B. 100Mbps　　　　　　C. 200Mbps　　　　　D. 4000Mbps

4. 以下选项中，属于直接交换的是（　　）。

　　A. 接到帧就直接转发　　　　　　　　　　B. 先校验整个帧，然后再转发

　　C. 接收到帧，先校验帧的目的地址，然后再转发　　D. 接收到帧，先校验帧的前 64B，然后再转发

5. 局域网交换机首先完整的接收一个数据帧，然后根据校验确定是否转发，这种交换方式叫做（　　）。

　　A. 直接交换　　　　B. 存储转发交换　　　　C. 改进的直接交换　　D. 查询交换

6. 虚拟局域网的技术基础是（　　）。

　　A. 路由技术　　　　B. 宽带分配　　　　　　C. 交换技术　　　　　D. 冲突检测

7. 默认情况下，交换机上所有端口属于 VLAN（　　）。

　　A. 0　　　　　　　　B. 1　　　　　　　　　C. 1024　　　　　　　D. 8081

8. 无线局域网的标准协议（　　）。

　　A. IEEE 802. 11　　B. IEEE 802. 5　　　　C. IEEE 802. 3　　　D. IEEE 802. 1

9. 要把学校里行政楼和实验楼的局域网互连，可以通过（　　）实现。

　　A．网卡　　　　　　　B．中继器　　　　　　C．Modem　　　　　D．交换机

10．假设您新购买一台可网管的交换机，可以通过（　　）方式进行交换机的配置。

　　A．Console 口　　　　B．Tenlnet　　　　　　C．Web　　　　　　　D．以上都不对

二、填空题

1．集线器的英文是（　　　　　　），交换机的英文是（　　　　　　）。

2．集线器的（　　　　　）都是一个冲突域和一个广播域，多个集线器相连扩大了冲突域和广播域。

3．交换机的（　　　　　）都是一个广播域，但是（　　　　　　）是一个冲突域。

4．虚拟局域网的英文缩写是（　　　　　　）。

5．WLAN 的含义是（　　　　　）。

三、问答题

1．什么是共享局域网？什么是交换式局域网？两者有什么区别？

2．简述交换机的管理方式有哪些？

3．什么是冲突域？什么是广播域？两者有什么区别？

4．什么是广播风暴？如何隔离广播风暴？

5．什么是 VLAN？VLAN 主要功能是什么？

6．简述无线局域网的优缺点。

四、应用题

　　有一幢 4 层办公楼，需要组建局域网。整个楼采用一台 1000Mbps 交换机，一台服务器，4 台 48 端口 100Mbps 交换机（每层一台），每层有不超过 40 台计算机。要求主干采用交换式 1000Base—T，楼层采用 100Base—T，试画出该局域网的基本结构示意图，并进行简要说明。

第三篇 用 网 篇

第 7 章 Internet 基础

【问题导入】

　　某公司有技术部、销售部等。但只申请到一个 C 类网络为 210.31.208.0，IP 地址范围是 210.31.208.1~210.31.208.255，目前公司网络组建已经基本完毕，所有计算机相互之间可以相互访问，并接入 Internet。随着公司的不断壮大，用户节点越来越多，为提高网络性能，缩小广播范围，增强内部网络安全，要求不增加硬件及额外费用的条件下，实现以下目标。网络拓扑结构示意图如图 7-1 所示。

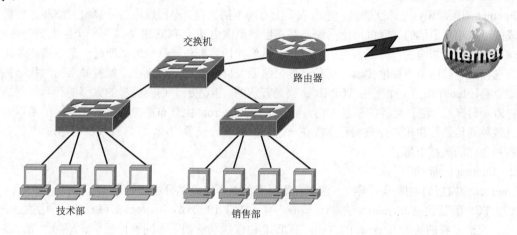

图 7-1　某公司网络拓扑结构示意图

（1）同一个部门内的计算机之间可以相互访问，如销售部的计算机能相互访问。

（2）不同部门之间的计算机不能相互访问，如技术部的计算机不能访问销售部的。

问题 1：什么是 Internet？

回答 1：＿＿＿＿＿＿＿＿＿＿＿＿＿＿＿＿＿＿＿＿＿＿＿＿＿＿＿＿＿＿＿＿＿＿＿＿＿＿

＿＿＿

＿＿。

问题 2：Internet 范围内成千上万的计算机是如何识别的？

回答 2：＿＿＿＿＿＿＿＿＿＿＿＿＿＿＿＿＿＿＿＿＿＿＿＿＿＿＿＿＿＿＿＿＿＿＿＿＿＿

＿＿＿

＿＿。

问题 3：由于只申请了一个 C 类网络 210.31.208.0，如何在不增加硬件及额外费用的情况下，实现（1）和（2）的目标？

回答 3：＿＿＿＿＿＿＿＿＿＿＿＿＿＿＿＿＿＿＿＿＿＿＿＿＿＿＿＿＿＿＿＿＿＿＿＿＿＿

＿＿＿

＿＿＿

＿＿＿＿＿＿＿＿＿＿＿＿＿＿＿＿＿＿＿＿＿＿＿＿＿＿＿＿＿＿＿＿＿＿＿＿。

【学习任务】

本章主要介绍 Internet 基础，IP 地址及其作用，IP 数据报和子网划分技术。本章学习任务如下所示。

- 了解 Internet 基础；
- 掌握 IP 地址及其分类；
- 掌握子网和子网掩码的基本概念；
- 理解 IP 数据报的格式；
- 理解子网划分的方法；
- 了解下一代互联网协议 IPv6。

7.1 Internet 概述

7.1.1 Internet 基本概念与特点

1）Internet 基本概念

Internet 即因特网，又称互联网，是由成千上万的不同类型、不同规模的计算机网络和计算机主机组成的可以相互通信的计算机网络系统，是在世界范围内基于 TCP/IP 协议的一个巨大的网际网，是全球最大、最有影响的计算机信息资源网。它就像在计算机与计算机之间架起一条条高速公路，各种信息在高速公路上飞快地传输，这种高速公路遍及世界各地，形成一个像蜘蛛网的网状结构。从本质上看，Internet 是一个采用 TCP/IP 协议是开放的、互连的、遍及世界的大型的计算机网络系统。它为人们打开了通往世界的信息大门。概括地说，Internet 由分布在世界上各个地区的数以万计的通过各种通信线路和传输介质相互连接在一起的网络互连设备构成，任何时候都在通过 IP 数据报传输各种各样的数据信息。

2）Internet 的特点

Internet 的发展的速度越来越快，这与它所具有的显著特点是分不开的。

（1）TCP/IP 协议是 Internet 的基础与核心。有了 TCP/IP 协议，Internet 实现了各种网络的互联。

（2）灵活多样的接入 Internet 的方式，TCP/IP 协议成功解决了不同硬件平台、不同网络产品和不同网络操作之间的兼容性问题。例如与公用电话交换网的互联，使世界各地的用户方便地入网。

（3）采用分布式网络中最为流行的 C/S 模式，提高了网络信息服务的灵活性。

（4）把网络技术、多媒体技术和超文本技术融为一体，体现信息技术相互融合的发展技术。

（5）Internet 是用户自己的网络。有丰富的信息资源，许多都是免费的。由于 Internet 上的通信没有统一的管理机构，因此，Internet 上的许多服务和功能都是由用户自己进行开发、经营和管理的。就像国外相关人士所说的 Internet 是一个没有国家界限、没有领袖的自由空间。

7.1.2 Internet 发展

1）Internet 的形成

Internet 的前身是美国国防部高级研究计划署在 1969 年作为军事实验网络建立的 ARPANet。该网是全世界第一个较完善的分布式跨国分组交换网。1986 年美国国家科学基金会(NSF)的 NSFNET 加入了 Internet 主干网，由此推动了 Internet 的发展。但是，Internet 的真正飞跃发展应该归功于 20 世纪 90 年代的商业化应用。此后，世界各地无数的企业和个人纷纷加入，终于发展成今天成熟的 Internet。

2）Internet 在中国的发展

中国是第 71 个国家级网络加入 Internet 的。1987 年 9 月 20 日 22 点 55 分，北京计算机应用技术研究所钱天白教授，通过 Internet，向全世界发出了第一封发自北京的电子邮件，这也是中国第一封电子邮件："Across the Great Wall, we can reach every corner in the world.（越过长城，走向世界）"，从此揭开了中国人使用互联网的序幕。1994 年以"中科院、北大和清华"为核心的中国国家计算机网络设施（NCNFC）正式接入 Internet，当时的速率只有 64Kbps。

今天，开放的 Internet，使得国内网民可以通过中国公用计算机互联网（ChinaNet）或中国教育和科研计算机网（CERNET）接入 Internet，领略互联网的精彩，真正做到"足不出门，知天下事"。

我国建立的骨干网络主要有中国公用计算机互联网(ChinaNet)、中国教育和科研计算机网(CERNET)、中国科技网（CSTnet）等。

7.1.3　Internet 的通信协议

1）TCP/IP 协议

网络通信协议是计算机之间用来交换信息所使用的一种公共规范和约定，Internet 的通信协议包含 100 多个相互关联的协议，由于 TCP（Transmission Control Protocol）协议和 IP（Internet Protocol）协议是其中两个最关键的协议，故把 Internet 协议组称为 TCP/IP 协议。

TCP 是传输控制协议，它的主要功能是保证数据的有序地、无重复地可靠传输。

IP 是网际协议，它详细定义了计算机通信应该遵循的规则及数据分组的格式。它的主要功能是路由选择和拥塞控制。

2）TCP/IP 协议组中的主要协议

TCP/IP 协议是一个协议组，它包含有很多协议，主要协议有以下几种。

① 应用层：DNS、SMTP、FTP、HTTP、Telnet 等。

② 传输层：TCP、UDP。

③ 网络层：IP、ICMP、ARP、RARP 等。

④ 接口层：Ethernet 等。

如图 7-2 所示，可以看出 TCP/IP 的重要性，IP 协议类似于沙漏，可应用到各式各样的网络上，在网络层起到关键作用，另外 ICMP、ARP/RARP 起辅助作用。

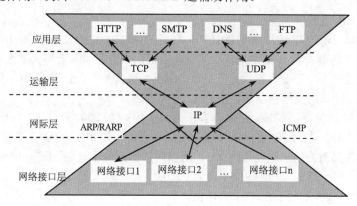

图 7-2　TCP/IP 协议组

7.2　IP 地址

Internet 采用一种全局通用的地址格式，为全网的每一台主机分配一个 Internet 地址，以此屏蔽物理网络的差异。即通过 IP 协议把主机和物理地址隐蔽起来，在网络层中使用统一的 IP 地址。

7.2.1　分类 IP 地址

为了使接入 Internet 的众多计算机主机在通信时能够相互识别，接入 Internet 中的每一台主机都被分配有一个唯一的标识——32 位二进制地址，该地址称为 IP 地址。IP 地址是通过 IP 协议来实现的。IPv4 协议保证了一个 IP 地址在 Internet 中唯一对应一台主机，即每个 IP 地址在 Internet 范围内具有唯一性。

　　所有 IP 地址都由国际组织 NIC（Network Information Center）负责统一分配。目前全世界共有 3 个这样的网络信息中心：InterNIC（负责美国及其他地区）；ENIC（负责欧洲地区）；APNIC（负责亚太地区）。在我国申请 IP 地址要通过 APNIC。APNIC 的总部设在日本东京大学。

　　1）IP 地址的结构及表示

　　（1）IP 地址的结构

　　IP 地址的结构采用了层次地址结构，包含了网络 ID 和主机 ID 两部分，即 IP 地址=网络 ID＋主机地址，如图 7-3 所示。类似于电话号码 0314-2375688,0314 表示是河北承德区号（类似网络 ID），2375688 表示承德石油高等专科学校计算机系具体的办公电话（类似主机 ID）。

图 7-3　IP 地址两级层次结构与电话号码类比

　　网络 ID（又称网络号），用于标识某个网段（网络）。在相同的一个网段中，所有 IP 地址的网络 ID 都相同。

　　只有在同一个网段（网络）内的主机才能进行相互直接通信，不同网段（网络）之间的主机可以通过间接方式通信，如使用路由器等设备。即通信时必须首先判断通信双方的网络 ID 是否相同，就像电话系统中根据区号是否一致而判断是市内电话还是长途电话一样。

　　主机 ID（又称主机号），用于标识网段（网络）内的某个节点。在相同的一个网段中，所有 IP 地址的网络 ID 都相同，但所有 IP 地址的主机 ID 必须不相同。即主机 ID 在一个网段内必须唯一。

　　（2）IP 地址表示

　　IP 协议规定，IP 地址用 32 位二进制表示。

　　例 1：用二进制表示的 IP 地址是 11001010011011001111100111001110。

　　但是，使用二进制形式表示 IP 地址，不便于人们记忆。为方便阅读和从键盘上输入，可把每 8 位二进制数字转换成一个十进制数字，并用小数点隔开，这就是"点分十进制"。从键盘上输入点分十进制的 IP 地址，计算机就把它自动转换为 32 位二进制。

　　例 2：例 1 中 IP 地址用"点分十进制"表示为 202.108.249.206。

　　在 8 位二进制 bit 中最小的值是 00000000，与其对应的十进制数为 0；在 8 位二进制 bit 中最大的值是 11111111，与其对应的十进制数为 255。所以采用"点分十进制"表示 IP 地址时，IP 地址每段数值的取值范围是 0～255。即 IP 地址范围为 0.0.0.0～255.255.255.255。

　　例 3：256.1.111.290 就是不合法的 IP 地址。

　　2）IP 地址的分类

　　IP 地址的总数为 2^{32}=4294967296 个，接近 43 亿个。为了便于管理，Internet 管理委员会将 IP 地址分为了 A、B、C、D、E 五类地址。在五类地址中，最常用的是 A、B、C 类，D、E 类应用很少。D 类地址是多播地址或组播地址，用于实验室科研；E 类地址是保留地址。

　　在每一类 IP 地址中，又定义了网络 ID 和主机 ID 各占用总 32 位地址中的多少位。也就是说，在每一类的 IP 地址中规定了可以容纳多少个网络，以及在这些网络中可以容纳多少台主机。

　　规定 IP 地址中的每 8 位一组都不能用全 0 和全 1，通常全 0 表示本地网络的 IP 地址，全 1 表示网络广播的 IP 地址。为了区分类别 A、B、C，3 类的最高位分别为 0、10、110，如图 7-4 所示。

　　（1）A 类地址（用于大型网络）

　　第 1 个字节表示网络地址，后 3 个字节表示主机地址。第 1 个字节的首位被定义成 0。网络号最小数为 00000001，即 1；最大数为 01111110，即 2^7-2=126（减 2 的原因是：第一，IP 地址中网络号字段为全 0 的 IP 地址是个保留地址，意思是"本网络"。第二，网络号为 127（即 01111111）保留用作本地软件环回测试（loopback test），即测试本主机进程之间的通信）。在每个网络 ID（网段）内，可容纳的最大主机数是 $2^{24}-2=16777214$ 台。

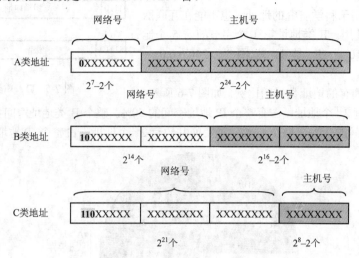

图 7-4　A、B、C 类 IP 地址

由于 127.0.0.0 网络保留他用，所以，A 类可用网络范围二进制表示为

00000001.00000000.00000000.00000000～01111111.11111111.11111111.11111111

A 类可用网络范围点分十进制表示为 1.0.0.0～126.255.255.255

其中，$2^{24}-2$ 中的减 2 原因有以下几点。

减去主机 ID 全为 0 则表示该地址是网络地址。所谓的网络地址就是网络 ID 不变，主机 ID 为 0 的情况下，表示该网络的网络地址；

减去主机 ID 全为 1 即表示是广播地址。所谓的广播地址就是网络 ID 不变，主机 ID 为 1 的情况下，表示该网络的广播地址。

这两个地址属于特殊 IP 地址，一般不分配给主机，所以某个网段内的最大主机数应从所有主机数中减去网络地址和广播地址这两个地址。

（2）B 类地址（用于中型网络）

前 2 个字节表示网络地址，后 2 个字节表示主机地址。第 1 个字节的前两位被定义成 10，如果用十进制表示，B 类地址的第一个字节在 128～191 之间，即表示 B 类网络拥有 $2^{14}=16384$ 个网络，且每个网络拥有 $2^{16}-2=65534$ 个主机。

所以，B 类可用网络范围二进制表示为

10000000.00000000.00000000.00000000～10111111.11111111.11111111.11111111

B 类可用网络范围点分十进制表示为 128.0.0.0～191.255.255.255

（3）C 类地址（用于小型网络）

前 3 个字节表示网络地址，后 1 个字节表示主机地址。第 1 个字节的前三位被定义成 110，C 类地址的首字节为 192～233 之间，即表示 C 类网络拥有 $2^{21}=2097152$ 个网络，且每个网络拥有 $2^{8}-2=254$ 个主机。C 类地址是最常用的地址。

所以，C 类可用网络范围二进制表示为

11000000.00000000.00000000.00000000～11011111.11111111.11111111.11111111

C 类可用网络范围点分十进制表示为 192.0.0.0～223.255.255.255

（4）D 类地址

D 类地址是用于组播通信的地址。D 类地址第 1 个字节的前 4 个比特必须是 1110，用于标识组播通信地址，后面的 28 个比特用于区分不同的组播组，如图 7-5 所示。组播地址不能在互联网上作为节点地址使用，其 IP 地址范围为 224.0.0.0~239.255.255.255。

（5）E 类地址

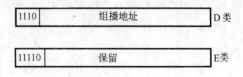

E 类地址是用于科学研究的地址，也不能在互联网上作为节点地址使用。E 类地址第 1 个字节的前 5 个比特必须是 11110，IP 地址范围为 240.0.0.0~254.255.255.255。

图 7-5　D、E 类 IP 地址

各类地址所拥有的地址数目的比例，如图 7-6 所示。

A 类地址空间共有 2^{31} 个地址，占有整个 IP 地址空间的 50%。整个 B 类地址空间共约有 2^{30} 个地址，占整个 IP 地址空间的 25%。整个 C 类地址空间共约有 2^{29} 个地址，占整个 IP 地址的 12.5%。

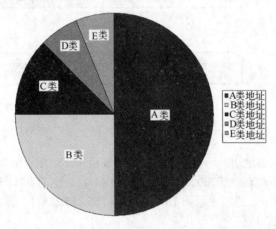

图 7-6　各类地址所拥有的地址数目的比例

需要注意的是，尽管 A 类 IP 地址的总数等于 C 类 IP 地址的 4 倍，但分配 IP 地址是分配网络号，因此 C 类地址可供分配的网络号要比 A 类地址多一万多倍。占用网络 ID 位数多的网络，每个网络拥有的主机数就少；相反，占用网络 ID 位数较少的网络，每个网络拥有的主机数就多。好比世界上拥有像中国这样的大国比较少，像新加坡这样小的国家很多，但是大国拥有人口总数较多，小国拥有的人口总数较少。

例 4：113.0.0.5 是 A 类 IP 地址；176.10.8.254 是 B 类 IP 地址；202.32.66.9 是 C 类 IP 地址。

3）特殊 IP 地址

（1）私有地址与公有地址

IP 地址按使用范围的不同，可分为公有地址和私有地址。其中"公有地址"是可以直接连接 Internet 的 IP 地址，但是需要向 NIC 申请。由于 IP 地址资源紧张，就出现了"私有地址"，也称保留地址，只能在某个企业或机构的内部网络（内部局域网）中使用，可以被任何组织任意使用，无需向 NIC 申请，但是，不允许用于 Internet 通信，见表 7-1。

表 7-1　私有 IP 地址

类别	起 始 地 址	结 束 地 址	网 络 数
A 类	10.0.0.0	10.255.255.255	1
B 类	172.16.0.0	172.31.255.255	16
C 类	192.168.0.0	192.168.255.255	256

私有地址一般用于与因特网隔离的网络中。这些网络中的主机若要连入外部的因特网必须采用代理或网络地址翻译(NAT)的功能。

私有 IP 地址典型应用案例，如图 7-7 所示，既经济有实用，解决公网 IP 地址紧缺的问题。

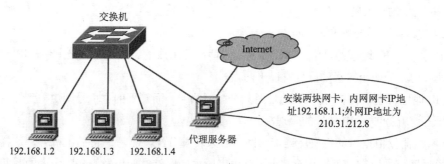

图 7-7 私有 IP 地址典型应用案例拓扑结构图

（2）广播地址

广播地址是一种特殊形式的 IP 地址。所谓"广播"，是指同时向某个网段上所有的主机发送数据信息。网络 ID 部分保持不变，主机 ID 部分全"1"表示的 IP 地址被称为该网络的直接广播地址。

例 5：202.45.25.255 就是 C 类地址中的 202.45.25.0 网络的直接广播地址。

（3）"1"地址

IP 地址中 32 位二进制数全为"1"的 IP 地址（255.255.255.255）是一个特殊的广播地址，又称有限广播地址。将广播限制在本地网络范围内，它用于向本地网络中的所有主机发送广播数据包。

（4）"0"地址

IP 地址中 32 位二进制数全为"0"时（0.0.0.0），代表所有的主机，即表示整个网络。当主机想在本网内通信，但又不知道本网的网络 ID 时，就可以利用 0.0.0.0 地址。

（5）回环测试地址

用于网络软件测试以及本地进程间通信的地址，是以 127 开头的 IP 地址，如 127.0.0.1。

例 6：使用 ping 127.1.1.1 命令，可以检查本机 TCP/IP 协议是否安装正确，如图 7-8 所示。

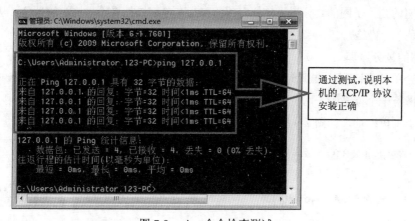

图 7-8 ping 命令检查测试

表 7-2 给出了一般不使用的 IP 地址，这些地址只能在特定的情况下使用。

表 7-2 一般不使用的特殊 IP 地址

网络号	主机号	源地址	目的地址	地址类型	举 例	用 途
全 0		可以	不可以	整个网络（所有主机）	0.0.0.0	在本网络内通信
全 1		不可以	可以	有限广播地址	255.255.255.255	只在本网络上进行广播
net-id	全 1	不可以	可以	直接广播地址	210.31.208.255	在特定网络上对所有主机进行广播
net-id	全 0	不可以	可以	网络地址	121.26.0.0	标识一个网络
127	任意	可以	可以	回环测试地址	127.0.0.1	用作本地回环测试地址

4）IP 地址的重要特性

IP 地址具有以下一些重要特点。

（1）每一个 IP 地址都是由网络号和主机号两部分组成的。从这个意义上说，IP 地址是一种分级的地址结构。分两个等级的好处有以下两点。

① IP 地址管理机构在分配 IP 地址时只分配网络号，而剩下的主机号则由得到该网络号的单位自行分配，这就方便了 IP 地址的管理。

② 路由器仅根据目的主机所连接的网络号来转发分组，不考虑目的主机号，这样就可以使路由器中的项目数大幅度减少，从而减小了路由表所占的存储空间以及查找路由表的时间。

（2）实际上 IP 地址是标志一个主机（或路由器）和一条链路的接口。当一个主机同时连接到两个网络上时，该主机就必须同时具有两个相应的 IP 地址，其网络号必须是不同的。由于一个路由器至少应当连接到两个网络，因此一个路由器至少应当具有两个不同的 IP 地址。

（3）按照 Internet 的观点，一个网络是指具有相同网络号 net-id 的主机的集合，因此，用中继器或网桥连接起来的若干个局域网仍为一个网络，因为这些局域网中主机的 IP 地址都具有相同的网络号。具有不同网络号的局域网必须通过三层设备进行互连。

（4）在 IP 地址中，所有分配到网络号的网络，不论主机数多少都是平等的。

7.2.2 子网划分

1）子网的概念

由网络管理员将一个 A 类、B 类或 C 类网络划分成若干个规模更小的逻辑网络，称为子网（subnets），是一个逻辑概念。划分子网的好处是使 IP 地址使用的更加灵活；缩小网络广播域范围；便于网络的管理以及解决 IP 地址数不够的问题。

需要说明的是，子网的划分属于单位内部的事，在单位以外看不见这样的划分，从外部看，这个单位仍只是一个网络。

2）子网的划分原理

由于一个单位申请到的 IP 地址是网络号，主机号由单位用户自主分配。所以子网的划分方法是从主机位中借若干个位充当子网位，即将 IP 地址中的主机位分为两个部分，一部分用于子网编址，另一部分用于主机编址，如图 7-9 所示。

图 7-9　子网划分原理图

划分子网以后，原 IP 地址结构变成了 3 个结构：网络 ID、子网 ID 和主机 ID。

在原来的 IP 地址结构中，网络 ID 部分就能够标识一个独立的物理网络，而引入子网模式后，需要网络 ID＋子网 ID 才能全局唯一地标识一个独立的物理网络。也就是说，子网的概念延伸了原来的网络 ID 部分，允许将一个网络分解为多个子网。

注意：子网位必须从左向右从主机位中借若干位，中间不能跳位。

划分子网号需向主机位中借用的位数取决于具体的实际需求。子网号所占的比特位越多，拥有的子网数就越多，可分配给主机的位数就越少，也就是说，在一个子网中所包含的主机就越少。反之，子网号所占的比特位越少，拥有的子网数就越少，可分配的主机位数就越多，也就是说，在一个子网中所包含的主机就越多。

例 7：一个 B 类网络 121.26.0.0，将主机号分为两部分，其中前 8 位用于子网号，后 8 位用于主机号，那么，这个 B 类网络就可划分为了 2^8=256 个子网，每个子网可以容纳 2^8–2=254 台主机。

3）子网掩码

子网掩码（Subnet Mask）是由 32 位二进制组成，形式与 IP 地址类似，也可用"点分十进制"表示。它是将 IP 地址中网络部分（网络号和子网号）的对应的所有位都设置为"1"，对应于主机部分（主机号）的所有位都设置为"0"，所构成的 32 位二进制数就是子网掩码。它主要有两大功能：一是通过子网掩码，可以区分一个 IP 地址中的哪些位是网络号、哪些位是主机号；二是将网络可以划分为多个子网。

（1）若不进行子网划分，则子网掩码为默认值，此时子网掩码中"1"的长度就是网络号的长度，所以，A 类、B 类和 C 类 IP 地址的默认子网掩码，如图 7-10 所示。

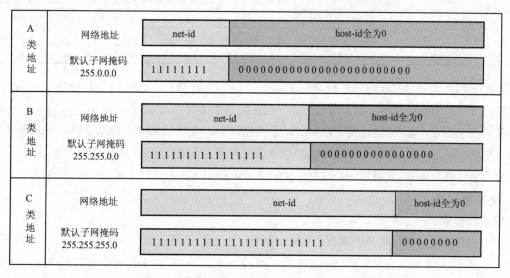

图 7-10　A 类、B 类和 C 类 IP 地址默认子网掩码

（2）若进行了子网划分，子网掩码的取值，通常是将对应于 IP 地址中网络部分中的网络位和子网位都设置为"1"，主机部分的所有位都设置为"0"，如图 7-11 所示。

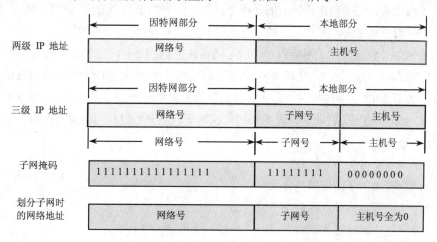

图 7-11　IP 地址的各字段和子网掩码

子网掩码和 IP 地址结合使用，对子网掩码和 IP 地址进行"按位与"运算，可以计算出一个 IP 地址的网络号。用子网掩码求出网络 ID 的公式为

$$网络 ID=（IP 地址）and（子网掩码）$$

例 8：有一个 C 类地址为 210.58.97.100，子网掩码为 255.255.255.224。它的网络号可按如下步骤计算得到。

第一步，将 IP 地址 210.58.97.100 转换为二进制，11010010.00111010.01100001 01100100；

第二步，将子网掩码 255.255.255.224 转换为二进制，11111111 11111111 11111111 11100000；

第三步，将子网掩码和 IP 地址转换后的二进制数按位进行逻辑与（AND）运算后得出的结果即为网络号，计算见表 7-3 所示。

表 7-3　IP 地址、子网掩码和网络号、主机号之间的关系举例

名　　称	十进制形式	二进制形式	
		网络 ID（含 3 位子网位）	主机 ID
IP 地址	210.58.97.100	11010010.00111010.01100001.011	00100
子网掩码	255.255.225.224	11111111.11111111.11111111.111	00000
按位与后，对应的网络号	210.58.97.96	11010010.00111010.01100001.011	00000

利用子网掩码可以判断两台主机是否在同一个子网中。若两台主机的 IP 地址分别与它们的子网掩码相"与"后的结果相同，则说明这两台主机在同一个子网中。

需要注意的是，如 IP 地址是 100.1.1.1，子网掩码是 255.255.255.0，那么这个 IP 地址属于哪一类呢？正确答案是 A 类。原因是 IP 地址的类别是根据分类原则进行划分的，而子网掩码 255.255.255.0 只是表示了在这个 A 类 IP 地址中，进行了子网划分，借用了主机 ID 的 16 位作为子网位。

4）子网划分

（1）RFC 950 中的规则

RFC 950 规定了子网划分的规范，其中对网络地址中的子网号作了如下的规定：由于网络号全为"0"代表的是本网络，所以网络地址中的子网号不能全为"0"，子网号全为"0"时，表示本子网网络；网络号全为"1"表示的是广播地址，所以网络地址中的子网号也不能全为"1"，子网号为"1"时，表示本子网的广播地址。所以，在划分子网时需要考虑子网号不能全取"1"和"0"。

（2）子网划分方法

在划分子网之前，需要确定所需要的子网数和每个子网的最大主机数，有了这些信息后，就可以确定每个子网的子网掩码、网络号（网络号+子网号）的范围和主机号的范围。

实际上子网划分就是确定子网掩码，也就是确定从主机 ID 中，借多少位充当子网位。而且必须从主机 ID 中的高 n 位去借。从主机 ID 中所借的子网位的位数 n 取决于子网络的规模，n 的最小值为 2（为什么不是 1？）n 的最大值是只要能保证该子网中至少拥有 2 位的主机标识位。

依据 RFC 950 中的规定说明，通过 6 个问题说明子网划分的过程与步骤。

① 需要划分多少个子网？

② 每个子网中有多少个主机数？

③ 符合网络要求的子网掩码是什么？

④ 每个子网的网络地址（即每个子网的第一个地址）是什么？

⑤ 每个子网的广播地址（即每个子网的最后一个地址）是什么？

⑥ 每个子网中有效主机范围是什么？

（3）子网划分的步骤

以例 9 为例说明子网划分的过程与步骤。

例 9：假设某公司有 4 个部门，分别拥有计算机数为 10，20，30 和 28，申请到的 C 类 IP 地址为 210.168.10.0，默认子网掩码为 255.255.255.0，为了管理方便，请运用子网划分的技术，对 IP 地址进行合理规划。

① 确定划分可用子网的数量。

$$划分可用子网数量=2^m-2$$

其中，m 是向原表示主机 ID 所借的位数，即掩码中连续"1"的个数；2^m 为划分子网的数量，减去 2 是减去子网号全"1"和全"0"的子网。

因为该公司有 4 个部门，应该至少划分 4 个子网，需要从主机位中借 3 位，即划分 $2^3-2=6$ 个可用的子网，符合该公司需要 4 个子网的需求，以后还可以扩充 2 个网，如图 7-12 所示。

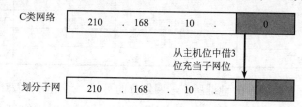

图 7-12　借用主机 3 位划分子网

② 确定每个子网中包含的主机数。

$$每个子网中的主机数量=2^n-2$$

其中，n 是主机位数，是去除子网位数后剩下的主机位数，即子网掩码中"0"的个数；减 2 是因为要减去子网的网络地址和广播地址。

由于申请到的 C 类 IP 地址中，主机位数一共有 8 位，现借去 3 位充当子网位，还剩 8−3=5 位充当主机位。所以，每个子网中可以拥有 $2^5-2=30$ 台计算机。符合该公司部门最多有 28 台计算机的需求。

③ 确定子网掩码。根据子网掩码的定义，网络位和子网位都置"1"，主机位置"0"。从主机位中借 3 位充当子网位，所以子网掩码为：255.255.255.224。如图 7-13 所示。

	网络 ID	子网位	主机位
C 类 IP 地址：210.168.10.1	11010010. 10101000. 00001010.	000	00001
子网掩码对应二进制	11111111. 11111111. 11111111.	111	00000
子网掩码对应十进制	255.　　255.　　255.	224	

图 7-13　借用主机 3 位划分子网后的子网掩码

C 类 IP 地址所有子网划分的可能，见表 7-4。

表 7-4　C 类 IP 地址子网划分表

子网位数	可用子网数量	主机位数	可用主机数量	子网掩码
2	2	6	62	255.255.255.192
3	6	5	30	255.255.255.224
4	14	4	14	255.255.255.240
5	30	3	6	255.255.255.248
6	62	2	2	255.255.255.252

同理，B类IP地址所有子网划分的可能，见表7-5。

表7-5　B类IP地址子网划分表

子网位数	可用子网数量	主机位数	可用主机数量	子网掩码
2	2^2-2	14	$2^{14}-2$	255.255.192.0
3	2^3-2	13	$2^{13}-2$	255.255.224.0
4	2^4-2	12	$2^{12}-2$	255.255.240.0
5	2^5-2	11	$2^{11}-2$	255.255.248.0
6	2^6-2	10	$2^{10}-2$	255.255.252.0
7	2^7-2	9	2^9-2	255.255.254.0
8	2^8-2	8	2^8-2	255.255.255.0
9	2^9-2	7	2^7-2	255.255.255.128
10	$2^{10}-2$	6	2^6-2	255.255.255.192
11	$2^{11}-2$	5	2^5-2	255.255.255.224
12	$2^{12}-2$	4	2^4-2	255.255.255.240
13	$2^{13}-2$	3	2^3-2	255.255.255.248
14	$2^{14}-2$	2	2^2-2	255.255.255.252

以此类推，就可以得到A类IP地址所有子网划分的可能，这里不再叙述，请读者自己写出。

④ 确定每个子网的网络地址。每一个子网的网络地址，就是网络位和子网位保持不变，主机位全部为"0"。如图7-14所示，第1个可用子网网络地址为210.168.10.32；第2个可用子网网络地址为210.168.10.64；第3个可用子网网络地址为210.168.10.96；第4个可用子网网络地址为210.168.10.128；第5个可用子网网络地址为210.168.10.160；第6个可用子网网络地址为210.168.10.192。

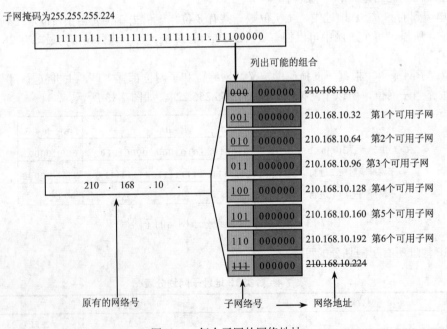

图7-14　每个子网的网络地址

⑤ 确定每个子网的广播地址。每一个子网的广播地址，就是网络位和子网位保持不变，主机位全部为"1"，实际上就是下一个子网网络地址减去1，如图7-15所示。

子网掩码为255.255.255.224
11111111. 11111111. 11111111. 11100000
列出可能的组合
000 11111 210.168.10.31
001 11111 210.168.10.63 第1个子网广播地址
010 11111 210.168.10.95 第2个子网广播地址
011 11111 210.168.10.127 第3个子网广播地址
210 . 168 .10 .
100 11111 210.168.10.159 第4个子网广播地址
101 11111 210.168.10.191 第5个子网广播地址
110 11111 210.168.10.223 第6个子网广播地址
111 11111 210.168.10.255
原有的网络号
子网络号
广播地址

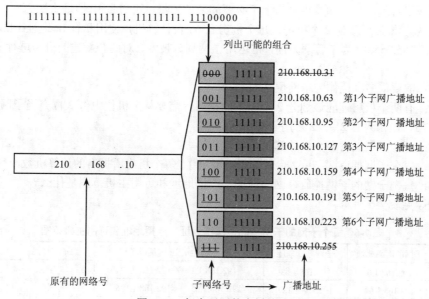

图 7-15 每个子网的广播地址

⑥ 确定每个子网可用主机的范围。可用主机范围是该子网 IP 地址的有效范围，并减去每个子网的网络地址（主机部分全为“0”）和每个子网的广播地址（主机部分全为“1”）。每个子网可用主机范围如图 7-16 所示。

每个子网可用主机范围=每个子网的网络地址＋1～每个子网的广播地址－1

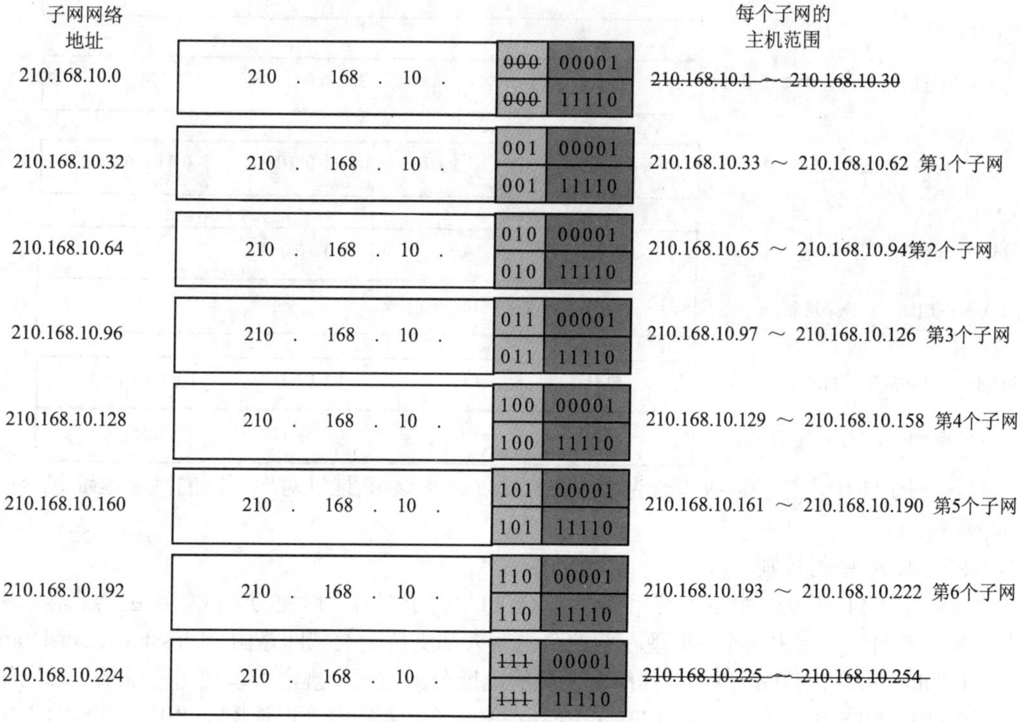

子网网络地址
每个子网的主机范围
210.168.10.0 210 . 168 . 10 . 000 00001 000 11110 210.168.10.1 ～ 210.168.10.30
210.168.10.32 210 . 168 . 10 . 001 00001 001 11110 210.168.10.33 ～ 210.168.10.62 第1个子网
210.168.10.64 210 . 168 . 10 . 010 00001 010 11110 210.168.10.65 ～ 210.168.10.94第2个子网
210.168.10.96 210 . 168 . 10 . 011 00001 011 11110 210.168.10.97 ～ 210.168.10.126 第3个子网
210.168.10.128 210 . 168 . 10 . 100 00001 100 11110 210.168.10.129 ～ 210.168.10.158 第4个子网
210.168.10.160 210 . 168 . 10 . 101 00001 101 11110 210.168.10.161 ～ 210.168.10.190 第5个子网
210.168.10.192 210 . 168 . 10 . 110 00001 110 11110 210.168.10.193 ～ 210.168.10.222 第6个子网
210.168.10.224 210 . 168 . 10 . 111 00001 111 11110 210.168.10.225 ～ 210.168.10.254

图 7-16 每个子网可用的主机范围

从例 9 可以看出，如果进行了子网划分，则网络地址，子网掩码和广播地址均发生变化。

通过子网划分，可以将拥有较多数目主机的单个网络划分为主机数目相对较少的若干个子网络，以简化网络管理，分隔和减少网络上不必要的通信流量，可节省 IP 地址资源。

例 10：某学校需要新建 2 个机房，每个机房有 60 台计算机，使用私有 IP 地址 192.168.1.0，子网掩码为 255.255.255.0，为了管理方便，请运用子网划分技术，对两个新建的机房进行 IP 地址的合理规划。

问题 1：需要借多少位作为子网位？

回答 1：有两个机房，应该划分 2 个以上的子网，需要从主机位中借 2 位充当子网位。即可以划分 4 个子网，但是只有 $2^2-2=2$ 可用子网。

问题 2：每个子网拥有多少台计算机？

回答 2：每个子网拥有 $2^6-2=62$ 台计算机，62>60（每个机房所拥有的计算机数），符合要求。

问题 3：每个子网的子网掩码、网络地址、广播地址和可用主机范围是什么？

回答 3：见表 7-6 所示。

表 7-6　每个子网的子网掩码、网络地址、广播地址和可用主机范围

子网编号	子网的网络地址	子网广播地址	子网的主机 IP 地址范围	子网掩码	备　注
子网 1	192.168.1.0	192.168.1.63	192.168.1.1 ～ 192.168.1.62	255.255.255.192	一般不可用
子网 2	192.168.1.64	192.168.1.127	192.168.1.65 ～ 192.168.1.126		可用
子网 3	192.168.1.128	192.168.1.191	192.168.1.129 ～ 192.168.1.190		可用
子网 4	192.168.1.192	192.168.1.255	192.168.1.193 ～ 192.168.1.254		一般不可用

不同的子网掩码得出相同的网络地址，但不同的掩码的效果是不同的。请结合实例理解。

例 11：已知 IP 地址是 141.14.72.24，子网掩码是 255.255.192.0。求该 IP 对应子网的网络地址和广播地址。

(a) 点分十进制表示的 IP 地址		141.	14.	72	. 24

(b) IP 地址的第 3 字节是二进制　　141.　14.　01001000　. 24

(c) 子网掩码是 255.255.192.0　　11111111 ¦ 11111111 ¦ 11000000 ¦ 00000000

(d) IP 地址与子网掩码逐位相与　　141.　14.　01000000　. 0

(e) 网络地址（点分十进制）　　141.　14.　64　. 0

(f) IP 地址对应的广播地址　　141.　14.　01111111　.11111111

(g) 广播地址（点分十进制）　　141.　14.　127　. 255

例 12：在例 11 中，若子网掩码改为 255.255.224.0。求该 IP 地址对应子网的网络地址和广播地址，讨论所得结果。

（4）RFC 1878 中的规则

1985 年制定的 RFC 950 中阻止使用全 "0" 全 "1" 的子网号，以便与老式的路由器兼容，所以例 9 中的 8 个子网还要减去 2 个。但现在新的路由器大都支持无类域间路由（Classless Inter-Domain Routing，CIDR）协议，CIDR 摒弃了传统基于类的地址分配方式，规定可以使用任意长度的网络地址部分，因此在 1995 年制定的 RFC 1878（IPv4 可变长子网表）中允许使用全 "0" 和全 "1" 的子网号，所以例 9 中对 C 类网络使用子网掩码 255.255.255.224 划分出的 8 个子网都可以使用。需要注意的是，在考试中，一般遵循 RFC 950 规则。

	141.	14.	72	. 24
(a) 点分十进制表示的 IP 地址	141.	14.	72	. 24
(b) IP 地址的第 3 字节是二进制	141.	14.	01001000	. 24
(c) 子网掩码是 255.255.224.0	11111111	11111111	11100000	00000000
(d) IP 地址与子网掩码逐位相与	141.	14.	01000000	. 0
(e) 网络地址（点分十进制）	141.	14.	64	. 0
(f) IP 地址对应的广播地址	141.	14.	01011111	.11111111
(g) 广播地址（点分十进制）	141.	14.	95	. 255

7.2.3　无分类的 IP 地址

分类 IP 地址以及基于分类 IP 地址的子网划分主要使用 A、B、C 三类地址，占 IP 地址总数的 7/8，另 1/8 很少使用。为解决 IP 地址日益紧张的状况，提高利用率，出现了无分类的 IP 地址，即无分类域间路由选择 CIDR。

CIDR 的基本思想是，只采用两级层次的地址结构。

网络前缀 + 主机号

网络前缀类似于网络号，但没有分类的限制，其长度可以是 1～31 比特。网络前缀需要使用掩码来划分。CIDR 常采用斜线记法：

IP 地址/网络前缀长度

其中 IP 地址采用点分十进制记法，网络前缀长度就是掩码中"1"的长度。默认情况下，A 类 IP 地址网络地址的位数为 8 位（前 8 位连续为"1"），B 类 IP 地址网络地址的位数为 16 位（前 16 位连续为"1"），C 类 IP 地址网络地址的位数为 24 位（前 24 位连续为"1"）。

例 13：C 类 IP 地址 202.112.164.28，用点分十进制表示子网掩码为 255.255.255.0，也可以用网络前缀表示为 202.112.164.28/24。

例 14：128.14.32.0/20 表示的地址块共有 2^{12} 个地址（因为斜线后面的 20 是网络前缀的位数，所以这个地址的主机位数是 12 位）。具有相同网络前缀的连续的 IP 地址称为 CIDR 地址块。128.14.32.0/20 地址块的最小地址：128.14.32.0，128.14.32.0/20；最大地址：128.14.47.255。全"0"和全"1"的主机号地址一般不使用。

用 CIDR 地址块来作为路由表中的目的网络地址，可以大大减少路由表项目，称为路由聚合，也称构成超网。CIDR 的优点如下所示。

（1）更加有效地分配 IP 地址空间，提高了利用率，缓解了 IP 地址紧张的状况。

（2）简化了路由表，提高了网络性能，降低了成本。

（3）可以按地理位置分配地址块，更进一步地简化路由表。

然而，由于 CIDR 出现得较晚，并需要主机软件的支持，全面推行十分困难，目前处于 CIDR 和基于分类 IP 地址的划分子网并存的状况，将被 IPv6 所取代。

7.3　IP 数据报

网际层的基本传输单元叫做 Internet 数据报，有时称为 IP 数据报或简称数据报。数据报被分成首部和数据区，数据报的一般格式如图 7-17 所示。

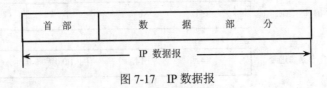

图 7-17　IP 数据报

IP 数据报的格式能够说明 IP 协议的功能。IP 规定数据报首部格式，但没有规定数据区的格式，说明他它可以用来传输任意数据。在 TCP/IP 标准中，报文格式常常以 32 bit（4B）为单位来描述。如图 7-18 是 IP 数据报格式。IP 数据报首部包括固定首部和可变首部两部分，固定首部长度是固定的，是所有 IP 数据报必须具有的，为 5×4=20B。可变首部长度是可变的，但不超过 40B。下面具体介绍每一个字段的具体意义。

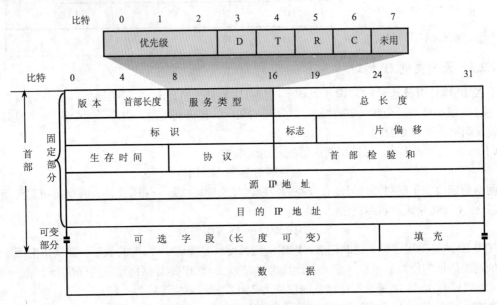

图 7-18　IP 数据报的格式

（1）版本　占 4 位，指 IP 协议的版本。通信双方使用的 IP 协议版本必须一致。目前广泛使用的 IP 协议版本号为 IPv4。还有一个版本 IPv6 和现在的 IPv4 共同存在，以后会得到更广泛的应用。

（2）首部长度　占 4 位，表示 IP 数据报的首部长度，最大数值是 15 个单位（一个单位为 4B），因此 IP 首部长度的最大值是 15×4=60B；最小首部长度为 5，即首部最小为 5×4=20B。当 IP 分组的首部长度不是 4B 的整数倍时，必须利用最后的填充字段加以填充。

（3）服务类型　占 8 位，用来获得更好的服务，包括数据优先级（3bit）、可靠性（Reliability）、吞吐量（Throughput）、延迟量（Delay）、选择费用更低廉的路由（Cost）等。在一般的情况下都不使用这个字段。

（4）总长度　占 16 位，总长度是指首部和数据之和的长度，单位为字节，因此数据报的最大长度为 $2^{16}-1=65535B$。

在 IP 层下面的每一种数据链路层都有其自己的帧格式，其中包括帧格式中数据字段的最大长度，称为最大传送单元（Maximum Transfer Unit，MTU）。当一个 IP 数据报封装成链路层的帧时，此数据报的总长度（即首部加上数据部分）一定不能超过数据链路层的 MTU 值。虽然使用尽可能长的数据报会使传输效率提高，但由于以太网的普遍使用的数据报长度很少超过 1500B。当数据报的长度超过网络所容许的最大传送单元 MTU 时，就必须把过长的数据报进行分片后才能在网络上传送（见片偏移字段）。这时数据报总长度字段不是指未分片前的数据报长度，而是指分片后的每一个分片的首部长度与数据长度总和。分片可以发生在主机或任何路由器上，但分片只是为了能够将数据报在网络上传输，数据报到达接收主机后，要将分片后的数据报按分片时的位置进行重组，重组只在接收主机上进行。

（5）标识　占 16 位，用来产生数据报的标识。若数据报被分片，每片具有的唯一标识，使得接收节点将具有此标识的所有分片组装在一起。

（6）标志　标志占 3 位，分别为 MF、DF 和 X，目前只有 MF 和 DF 有意义，X 未定义。标志字段的最低位是 MF（More Fragment）。MF=1 表示后面"还有分片"，MF=0 表示最后一个分片。标志字段中间的一位是 DF（Don't Fragment)。只有当 DF=0 时才允许分片；DF=1 是不分片。

（7）片偏移　片偏移占 13 位。片偏移的含义是，较长的分组在分片后，某片在原分组中的相对位置。也就是说，相对于用户数据字段的起点，该片所处的位置。片偏移以 8 个字节为偏移单位。每个分片的长度一定是 8 个字节的整数倍。如图 7-19 所示给出了一个 IP 数据报分片的例子。

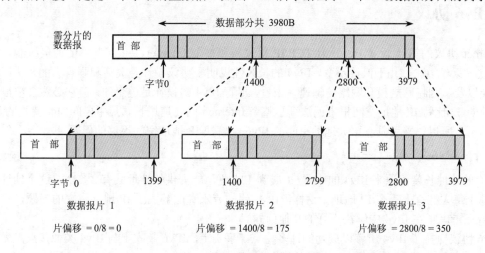

图 7-19　IP 数据报分片的例子

分片可以在源主机或传输路径上的任何一台路由器上进行，而分片的重组只能在接收的目的主机上进行。目的主机在进行分片的重组时，采用了一组重组定时器。开始重组时，启动定时器，如果重组定时器超时时，仍然未能完成重组（由于某些分片未及时到达信宿机)，信宿机的 IP 层将丢弃该数据报，并产生一个超时错误，报告给源主机。片重组的控制主要根据数据报首部中的标识、标志和片偏移字段。

数据报的分片和重组操作对用户和应用程序的编程人员都是透明的，分片和重组操作由网络操作系统自动完成。

（8）TTL（Time To Live 生存时间）　占 8 位。标明数据报在网络中的寿命，单位为秒。每个计算机或路由器处理过一次数据报，将该值减 1，直到 TTL 为零时丢弃数据报。可保证数据报不会因为选择了错误的循环路由而在网络内无休止地转发与传送。即防止数据报在网络中游走时间太长，成为网络垃圾。TTL 最大值是 255，也就是说，如果一个数据报经过 255 个路由仍然没有到达目标主机，说明目标主机不可达。

（9）协议　占 8 位。协议字段指出此数据报携带的运输层数据是使用何种协议，以便目的主机的 IP 层知道应将此数据报上交给哪个进程。常用的一些协议和相应的协议字段值为：ICMP 为 1、IGMP 为 2、TCP 为 6、UDP 为 17 等。

（10）首部检验和　占 16 位。这个字段只检验数据报的首部，不包括数据部分。数据报每经过一个路由器，都要重新计算首部检验和，因为一些字段的值会发生变化。TTL 的值是每过一个路由都要减 1 的，如果在某路由器中需要分片操作，则分片信息也会变化。不检验数据部分可减少计算的工作量，检验和的计算不采用 CRC 检验码，采用的是简单的反码算术运算。

IP 检验和的计算方法是：将 IP 数据报首部看成为 16 bit 字的序列。先将检验和字段置零。将所有的 16 bit 字相加后，将和的二进制反码写入检验和字段。收到数据报后，将首部的 16 bit 字的序列再相加一次，若首部未发生任何变化，则和必为全 1，否则即认为出差错，将此数据报丢弃。

（11）源 IP 地址　占 32 位。发送站的 IP 地址。

（12）目的 IP 地址　占 32 位。接收站的 IP 地址。

（13）可变部分　可变部分包括可选字段和填充字段。选项字段内容很丰富，它是 IP 协议的组成部分，一些协议内容靠此字段实现，例如，排错、安全措施、记录路由、源站选路由、时间戳等。此字段的长度可变，从 1 个字节到 40 个字节不等，取决于所选择的项目。某些选项项目只需要 1 个字节，还有些选项需要多个字节。最后用全 0 的填充字段补齐成为 4 字节的整数倍。

7.4　IPv6 协议

Internet 协议的第 4 版（IPv4）为 TCP/IP 协议族和整个 Internet 提供了基本的通信机制。它从 1970 年底被采纳以来，几乎保持不变。IPv4 的长久性说明了协议设计是灵活和强有力的。从计算机本身发展以及从因特网规模和网络传输速率来看，尽管 IPv4 的设计是健全的，但它必然会被很快取代，目前的 32 比特 IP 地址空间根本无法满足整个 Internet 的飞速增长。最主要的问题就是的 IP v4 地址不够用。所以，采用具有更大地址空间的 IPv6 来解决 IP 地址空间不够的问题。

7.4.1　IPv6 概述

IPv6 的地址长度由原来 IPv4 的 32 位扩展到 128 位，能提供的地址共有 2^{128} 个，这个地址数是足够地球上每人拥有上千个 IP 地址。这样，IPv6 就一劳永逸地解决了 IP 地址短缺的问题，除此以外，IPv6 还考虑了在 IPv4 中解决不好的其他问题。

IPv6 协议保持了 IPv4 所赖以成功的许多特点。事实上，IPv6 基本上与 IPv4 类似，只是做了一点修改。与 IPv4 相比，IPv6 具有以下 8 大优势。

（1）IPv6 具有更大的地址空间。IPv4 中规定 IP 地址长度为 32，而 IPv6 中 IP 地址的长度为 128，IPv6 与 IPv4 相比，地址空间增加了 $2^{128}-2^{32}$ 个。一旦采用了 IPv6 后，每个人都可以分配到一个属于自己的永久 IP 地址，家用电器也能拥有一个 IP 地址。因此 IPv6 可以彻底解决 IP 地址匮乏的问题。

（2）IPv6 使用更小的路由表。IPv6 的地址分配一开始就遵循聚类的原则，使路由器能在路由表中用一条记录表示一片子网，大大减小了路由器中路由表的长度，提高了路由器转发数据包的速度。

（3）IPv6 增加了增强的组播支持以及对流的控制，使网络上的多媒体应用有了长足发展的机会，为服务质量控制提供了良好的网络平台。

（4）IPv6 加入了对自动配置的支持。这是对 DHCP 协议的改进和扩展，使网络（尤其是局域网）的管理更加方便和快捷。

（5）IPv6 具有更高的安全性。在使用 IPv6 网络中用户可以对网络层的数据进行加密并对 IP 报文进行校验，在 IPv6 中的加密与鉴别选项提供了分组的保密性与完整性，极大地增强了网络的安全性。

（6）允许扩充。如果新的技术或应用需要时，IPv6 允许协议进行扩充。

（7）灵活的首部格式。IPv6 使用新的头部格式，其选项与基本头部分开，如果需要，可将选项插入到基本头部与上层数据之间。这就简化和加速了路由选择过程，因为大多数的选项不需要有路由选择。

IPv6 的优势还有提高网络的整体吞吐量、改善服务品质（QoS）、安全性有更好的保证、支持即插即用、更好地实现多播功能等。

对移动通信具有更好的支持。IPv6 的出现，将是 IP 移动性支持的一个重要里程碑。移动 IPv6

的设计吸取了移动 IPv4 的设计经验，并且利用了 IPv6 的许多新的特征，提供了比移动 IPv4 更多、更好的特点。移动 IPv6 成为 IPv6 协议不可分割的一部分，IPv6 对于未来移动无线网络的发展具有十分重要的意义，未来，IPv6 将成为 4G 必须遵循的标准。

7.4.2　IPv6 地址空间

一般来讲，一个 IPv6 数据报的目的地址可以是以下 3 种基本类型地址之一。

（1）单播：单播就是传统的点对点通信。

（2）多播：多播是一点对多点的通信，数据报交付到一组计算机中的每一个。IPv6 没有采用广播的术语，而是将广播看作多播的一个特例。

（3）任播：这是 IPv6 增加的一种类型。任播的目的站是一组计算机，但数据报在交付时只交付给其中的一个，通常是距离最近的一个。

IPv6 地址由 128 位二进制组成，但通常写为 8 组，每组为 4 个十六进制数的形式，各组之间用冒号分隔，称为冒号十六进制记法。

例如，6C8E：7C0B：0000：FFFF：0000：2D80：096A：FFFF。

冒号十六进制记法可以允许零压缩法，即一连串连续的零可以由一对冒号所取代。

例如，FF88：0：0：0：0：0：0：B2　可以写成 FF88：：B2

这里要注意的是，只能简化连续的段位的 0，其前后的 0 都要保留，比如 FE80 的最后的这个 0，不能被简化。还有零压缩只能用一次，FE80：：AAAA：0000：00C2：0002 中 AAAA 后面的 0000 就不能再次简化。当然也可以在 AAAA 后面使用：：，这样的话前面的 0 就不能压缩了。这个限制的目的是为了能准确还原被压缩的 0。不然就无法确定每个：：代表了多少个 0。

同时前导的零可以省略，因此：2001:0DB8:02de::0e13 等价于 2001:DB8:2de::e13

在网络还没有全部从 IPv4 过渡到 IPv6 时，就可能出现某些设备即连接了 IPv4 网络，又连接了 IPv6 网络，对于这样的情况，就需要一个地址即可以表示 IPv4 地址，又可以表示 IPv6 地址，写成 IPv6 形式和平常习惯的 IPv4 形式的混合体，表示形式如下所示。

0：0：0：0：0：0：A.B.C.D　或者：：A.B.C.D

例如：　0：0：0：0：0：0：210.31.208.1　等价于　：：210.31.208.1

7.4.3　IPv6 基本格式

IPv6 完全改变了以前的数据报格式。如图 7-20 所示，IPv6 数据报有一个固定大小的基本首部。其后可以允许有零个或多个扩展首部，最后是数据。有趣的是，虽然 IPv6 必须容纳更大的地址空间，但它的基本首部所包含的信息却较 IPv4 少。IPv4 数据报首部中的选项和一些固定的字段，在 IPv6 中被移到了扩展首部。一般来说，数据报首部的变化反映了协议的变化。

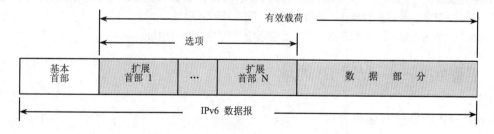

图 7-20　具有多个首部选项的 IPv6 数据报一般格式

IPv6 基本格式如图 7-21 所示。每个 IPv6 数据报都从基本首部开始。IPv6 基本首部的有些字段可以和 IPv4 首部中的字段直接对应。

下面介绍 IPv6 基本首部中的各字段。

（1）版本　占 4bit。它指明了协议的版本，对 IPv6 该字段总是 6。

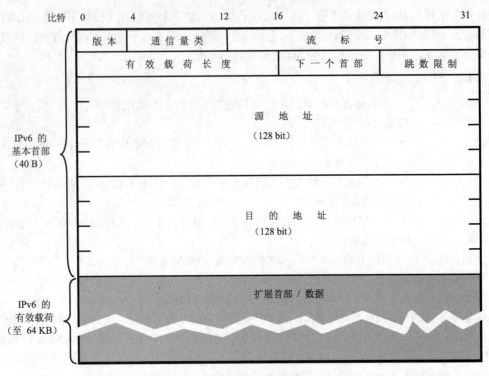

图 7-21 IPv6 数据报基本格式

（2）通信量类 占 8 bit。这是为了区分不同的 IPv6 数据报的类别或优先级。目前正在进行不同的通信量类性能的实验。

（3）流标号 占 24bit，"流"是互联网络上从特定源点到特定终点的一系列数据报，"流"所经过的路径上的路由器都保证指明的服务质量。所有属于同一个流的数据报都具有同样的流标号。

（4）有效载荷长度 占 16 bit。它指明 IPv6 数据报除基本首部以外的字节数（所有扩展首部都算在有效载荷之内），其最大值是 64 KB。由于 IPv6 的首部长度是固定的，因此没有必要像 IPv4 那样指明数据报的总长度（首部与数据部分之和）。

（5）下一个首部 占 8bit。它相当于 IPv4 的协议字段或可选字段。

（6）跳数限制 占 8bit。此字段用来防止数据报在网络中无限期地存在。源站在数据报发出时即设定跳数限制。路由器在转发数据报时将跳数限制字段中的值减 1。当跳数限制的值为零时，就要将此数据报丢弃。这相当于 IPv4 首部中的 TTL 字段，但比 IPv4 中的计算时间间隔要简单些。

（7）源站 IP 地址 占 128bit。是数据报的发送站的 IP 地址。

（8）目的站 IP 地址 占 128bit。是此数据报的接收站的 IP 地址。

7.5 工程实例——配置 IP 地址

7.5.1 IP 地址的分配与管理

对于基于 TCP/IP 协议的网络，IP 地址管理方式主要有静态 IP 地址分配和动态 IP 地址分配两种。

1）静态 IP 地址分配与管理

静态分配 IP 地址是指给每一台计算机都分配一个固定的 IP 地址。其优点是 IP 地址统一规划，便于管理，适合小型网络。其弱点是合法用户分配的地址可能被非法盗用，不仅对网络的正常使用造成影响，同时给合法用户造成损失和潜在的安全隐患。IP 地址统一分配不当可能会造成 IP 地址冲突。

为了使一台计算机能在 TCP/IP 环境中正常工作，必须提供如下地址信息。

（1）计算机的 IP 地址：用于标识网络中的每一台计算机。

（2）计算机所在网络的子网掩码：用于区分 IP 地址中的网络号和主机号。

（3）一个默认网关的 IP 地址：用于将子网掩码过滤出的 IP 分组导向目的主机。

发往同一个子网上的数据分组可以直接流向目的地，而对于那些目的地不是本地网络上的计算机的数据分组，就需要一个默认的网关，把这些分组导向另一个网络的目标系统。默认网关与子网掩码是联合使用的，子网掩码标识了哪些 IP 地址被包含在本地网络中，并用于确定本地网络的分组路由，而默认网关标识了由子网掩码过滤出的分组的地址，这些分组由默认网关接收并把它们导向最后的目的地。

IPv4 和 IPv6 地址静态 IP 地址配置如图 7-22 所示。

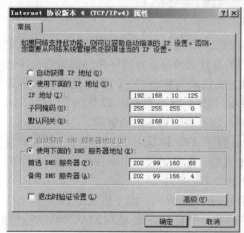 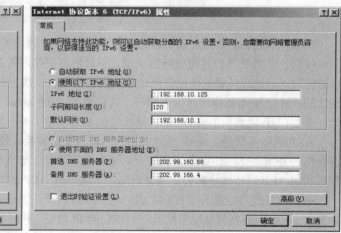

　　　（a）静态 IPv4 地址配置　　　　　　　　　　　　（b）静态 IPv6 地址配置

图 7-22　静态 IP 地址配置

2）动态 IP 地址分配与管理

在 IP 地址资源较少、网络中的设备较多的情况下，无法给每一个设备分配一个固定的 IP 地址，此时可采用动态 IP 地址技术。

动态 IP 地址技术是指在网络上设置有动态 IP 地址分配服务器（DHCP，动态主机配置协议），将若干 IP 地址配置在服务器上。当某台主机登录到网络上时，动态 IP 地址分配服务器查看当前是否有剩余的 IP 地址，然后将剩余的 IP 地址分配给该主机，此时该主机便将所获得的 IP 地址，可以进行数据报通信。当该主机退出网络时，便释放掉此 IP 地址，动态 IP 地址分配服务器将其收回，以便分配给其他登录到网络上的设备。动态 IP 地址分配主要是在大型网络中使用，客户端可以自动获得 IP 地址，子网掩码，网关，DNS 等网络配置信息，无需网络管理员到每台客户端上手动设置。自动获取 IP 地址只需在图 7-22 中，选中【自动获取 IP 地址】或【自动获取 IPv6 地址】即可。

3）查看 IP 与物理地址

用 ipconfig /all 命令可查看本机的 IP 地址、物理地址（MAC 地址）等信息。

在命令提示符窗口中输入 ipconfig /all 命令，得到结果如图 7-23 所示。

7.5.2　ARP

地址解析协议（Address Resolution Protocol，ARP），是一个位于 TCP/IP 协议栈中的低层协议，负责将某个 IP 地址解析成对应的 MAC 地址。

图 7-23　网卡 IP 及物理地址等信息

局域网通过 MAC 地址确定传输路径，而 TCP/IP 网络通过 IP 地址来确定主机的位置。网络实际通信时，IP 地址不能被物理网络识别。不管网络层使用的是什么协议，在实际网络的链路上传送数据帧时，最终还是必须使用硬件地址，因为在底层（数据链路层与物理层）的硬件是不能识别 IP 地址的。例如 IP 数据报通过以太网时，只识别 48 位的 MAC 地址，而不能识别 32 位的 IP 地址。因此，需要在 IP 地址和主机的 MAC 地址之间建立映射关系，这种映射称为地址解析。

ARP 的任务就是完成 IP 地址向物理地址的映射转换。使用 ARP 协议主机的缓存中，都存放最近获得的 IP 地址和 MAC 地址映射表。当主机需要发送报文时，首先到缓存中查找相应项，找不到时再利用 ARP 进行地址解析。缓存机制能大大提高 ARP 的效率。

当源主机缓存中没有某目标主机的地址映射，就需要进行 ARP 解析。源主机发出 ARP 请求广播报文，只有被查找的目标主机可以识别它的 IP 地址，并应答一个自身 IP 地址和 MAC 地址映射的数据包。源主机将这个映射存入自己的缓存。缓存中保留了它所了解的所有主机的 IP 地址和 MAC 地址的映射。

源主机在 ARP 请求报文中，同样包含源主机本身 IP 地址和 MAC 地址映射关系，以避免目标主机再向源主机再请求一次 ARP。源主机以广播方式广播自己的地址映射关系，网络上所有主机都可以将它存入自己的缓存。一旦有新设备入网，都主动广播自己的地址映射。

Windows7 操作系统中，在命令提示符窗口中输入 arp /?命令，可以查看 arp 命令格式及含义，如图 7-24 所示。

图 7-24　arp 命令格式及含义

静态 ARP 缓存除非手动清除，否则不会丢失。无论是静态 ARP 缓存，还是动态 ARP 缓存，重新启动计算机后都会丢失。

在进行地址转换时，有时还要用到反向地址转换协议 RARP（逆地址解析协议）。 RARP 使只知道自己物理地址的主机能够知道其 IP 地址。这种主机往往是无盘工作站。因此，RARP 协议目前已很少使用。

ARP 与 RARP 分别用于两个方向上的地址解析问题：ARP 用于从 IP 地址到物理地址的转换，RARP 用于从物理地址到 IP 地址的转换。

7.5.3　ICMP

IP 协议提供了不可靠的、无连接的、尽最大努力交付分组的服务，实现 IP 分组从最初的源站交付到目的站。在此交付过程中，如果路由器找不到到达目的站的一下跳路由或生存时间字段（TTL）为 0 而必须丢弃分组，或者检测到影响转发分组的网络拥塞等异常情况时，则需要通知源站采取措施避免或纠正问题。IP 自身没有提供差错报告和差错纠正机制，而是使用了网络层的另外一个协议，即 Internet 控制报文协议（Internet Control Message Protocol，ICMP），允许主机或路由器报告差错情况和有关异常情况。ICMP 配合 IP 使用，提高了 IP 数据报交付成功的机会。

ICMP（Internet 控制报文协议）是一个"错误侦测与回馈机制"，是通过 IP 数据包封装的，用来发送错误和控制消息。其目的就是让管理员能够检测网络的连通状况。

ICMP 的两个非常有用应用分别是 ping（分组网间探测，Packet InterNet Groper）和 tracert（网络路由跟踪命令），详细介绍如下。

1）ping 命令

ICMP 的一个重要应用是 ping 命令，用来测试两个主机之间的连通性。ping 使用了 ICMP 回送请求与回送应答报文。ping 是应用层直接使用网络层 ICMP 的一个例子。它没有通过传输层的 TCP 或 UDP。

Windows7 操作系统中，在命令提示符窗口中输入 ping /?命令，可以查看 ping 命令格式及含义，如图 7-25 所示。

图 7-25　ping 命令格式及含义

当 ping 一台目的主机时，本地计算机发出的就是一个典型的 ICMP 数据报，用来测试两台主机是否能够顺利连通，ping 命令能够检测两台设备之间的双向连通性，也就是说数据包能够到达对端，并能够返回。如图 7-26 所示，测试结果表明与主机名为 www.sina.com 连通，与 IP 地址为 210.31.208.8 也连通。

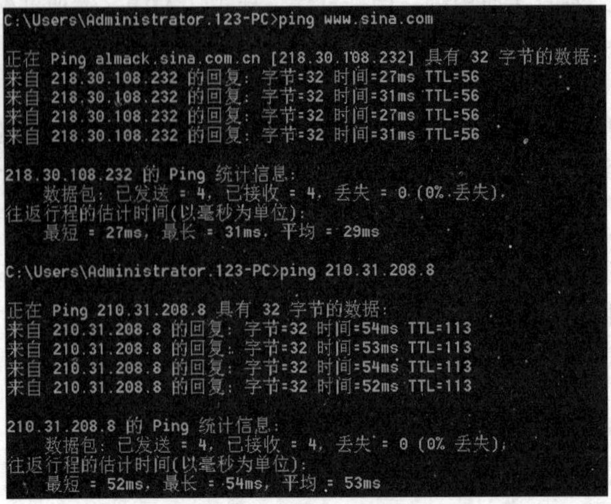

图 7-26　ping 命令连通应答

常见的出错信息一般有请求超时（Timed out），传输失败，找不到主机名和无法访问目标主机）。

（1）出现如图 7-27 所示的界面，表示与目标主机连通失败。

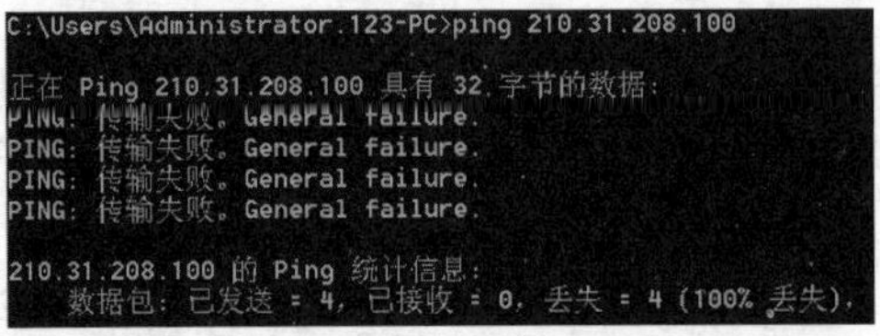

图 7-27　传输失败

（2）出现如图 7-28 所示的界面，表示请求超时（timed out）。表示在规定的时间内没有收到返回的应答消息。故障原因可能是远程计算机关机，或者路由器不能通过等。

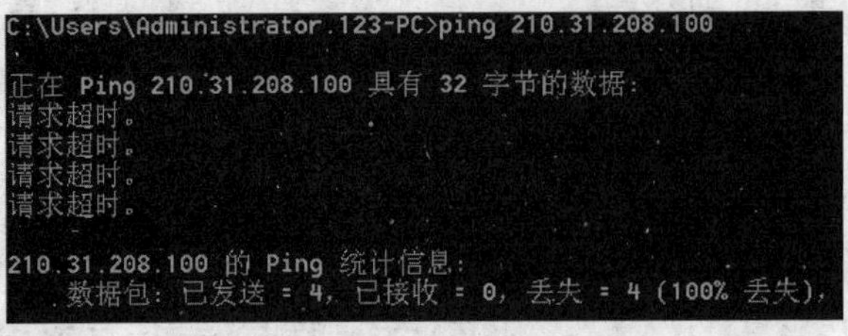

图 7-28　请求超时

（3）出现如图 7-29 所示的界面，表示 ICMP 返回信息为"找不到主机名"，说明是 DNS 解析不到该主机名。故障原因可能是主机名不存在，或者 DNS 服务器问题等。

图 7-29　找不到主机名

（4）出现如图 7-30 所示的界面，说明两台主机之间无法建立连接，可能是因为没有正确分配 IP 地址，或者没有配置网关等参数，由于找不到去往目标主机的"路"，所以显示"无法访问目标主机"。

```
C:\Users\Administrator.123-PC>ping 172.16.1.1

正在 Ping 172.16.1.1 具有 32 字节的数据:
来自 172.16.1.9 的回复: 无法访问目标主机。
来自 172.16.1.9 的回复: 无法访问目标主机。
来自 172.16.1.9 的回复: 无法访问目标主机。
来自 172.16.1.9 的回复: 无法访问目标主机。

172.16.1.1 的 Ping 统计信息:
    数据包: 已发送 = 4，已接收 = 4，丢失 = 0 (0% 丢失)，
```

图 7-30　无法访问目标主机

2）tracert 命令

ICMP 另一个非常有用的程序是 tracert，这是 Windows 中这个命令，UNIX 操作系统中的是 traceroute。Windows7 操作系统中，在命令提示符窗口中输入 tracert /?命令，可以查看 tracert 命令格式及含义，如图 7-31 所示。

```
管理员: C:\Windows\system32\cmd.exe
C:\Users\Administrator.123-PC>tracert /?

用法: tracert [-d] [-h maximum_hops] [-j host-list] [-w timeout]
               [-R] [-S srcaddr] [-4] [-6] target_name

选项:
    -d                 不将地址解析成主机名。
    -h maximum_hops    搜索目标的最大跃点数。
    -j host-list       与主机列表一起的松散源路由(仅适用于 IPv4)。
    -w timeout         等待每个回复的超时时间(以毫秒为单位)。
    -R                 跟踪往返行程路径(仅适用于 IPv6)。
    -S srcaddr         要使用的源地址(仅适用于 IPv6)。
    -4                 强制使用 IPv4。
    -6                 强制使用 IPv6。

C:\Users\Administrator.123-PC>
```

图 7-31　tracert 命令格式及含义

从源主机向目的主机发送一连串的 IP 数据报，数据报中封装的是无法交付的 UDP 用户数据报。第一个数据报 P1 的生存时间 TTL 设置为 1，当 P1 到达路径上第一个路由器时，路由器先接收，然后把 TTL 值减 1。由于 TTL 等于零了，路由器就把报文丢弃了，并向源主机发送一个 ICMP 超时报文。这样继续发送 TTL 字段值为 2、3……的报文，直到到达目的主机。到达目的主机后，因为是无法交付的 UDP 数据报，因此目的主机要向源主机发送 ICMP 端口不可达报文。这样，源主机达到了自己的目的，因为这些路由器和最后的目的主机发来的 ICMP 报文给出了源主机到达目的主机所经过的路由器的 IP 地址，以及到达每一个路由器的往返时间，如图 7-32 所示。

```
C:\Users\螃蟹>tracert www.sohu.com

通过最多 30 个跃点跟踪
到 fbx.a.sohu.com [123.126.104.104] 的路由:

  1     2 ms     1 ms     1 ms  bogon [10.0.16.1]
  2     1 ms     1 ms     1 ms  bogon [172.16.15.5]
  3    <1 毫秒    1 ms     1 ms  210.31.208.1
  4     *        1 ms     1 ms  121.26.225.1
  5     3 ms     1 ms     2 ms  218.11.136.97
  6     3 ms     1 ms     2 ms  218.11.135.61
  7     4 ms     6 ms    12 ms  218.11.135.170
  8    40 ms    43 ms    38 ms  61.182.176.113
  9    21 ms    24 ms    22 ms  219.158.100.109
 10    20 ms    23 ms    19 ms  202.96.12.30
 11    19 ms     *       15 ms  123.126.8.18
 12    20 ms    19 ms    19 ms  bt-230-230.bta.net.cn [202.106.230.230]
 13    19 ms    26 ms    20 ms  61.49.43.90
 14    19 ms    21 ms    20 ms  123.126.104.104

跟踪完成。
```

图 7-32　用 tracert 命令获得到目的主机的路由信息

其中，带有星号（*）的信息表示该次 ICMP 包返回时间超时。

需要注意的是，从原则上讲，IP 数据报经过的路由器越多，所花费的时间也会越长。但从图 7-32 中可以看出，有时是不一定的。这是因为 Internet 的拥塞程度随时都在变化，也难以预料。因此，完全有这样的可能：经过更多的路由器反而花费更少的时间。

思考与练习

一、选择题

1. Internet 的基本结构与技术起源于（　　）。

　　A. DECnet　　　　　　B. ARPANet　　　　　C. NOVELL　　　　　D. UNIX

2. Internet 又称为（　　）。

　　A. 互联网　　　　　　B. 外部网　　　　　　C. 内部网　　　　　D. 都不是

3. IPv4 地址由（　　）二进制数值组成。

　　A. 16 位　　　　　　B. 8 位　　　　　　　C. 32 位　　　　　　D. 64 位

4. 网络层上信息传输的基本单位称为（　　）。

　　A. 分组　　　　　　　B. 位　　　　　　　　C. 帧　　　　　　　　D. 报文

5. 下面有效的 IP 地址是（　　）。

　　A. 202.280.120　　　B. 192.256.120.6　　　C. 192.93.120.0　　　D. 285.93.120.0

6. 以下（　　）IP 地址属于 C 类地址。

　　A. 101.78.65.3　　　B. 3.3.3.3　　　　　　C. 197.234.111.123　　D. 123.34.45.56

7. 此 C 类 IP 地址 192.168.5.255 代表的是（　　）。

　　A. 主机地址　　　　　B. 网络地址　　　　　C. 广播地址　　　　　D. 组播地址

8. 使用子网的主要原因是（　　）。

　　A. 增加网络带宽　　　B. 增加主机地址的数量

　　C. 扩大网络的规模　　D. 合理使用 IP 地址，避免地址浪费，便于网络管理

9. 对于 C 类 IP 地址 202.93.120.6，其网络 ID 为（　　）。

　　A. 202.93.120.0　　　B. 202.93.120.6　　　C. 0.0.0.6　　　　　　D. 以上都不对

10. 把网络 202.112.78.0 划分为多个子网，子网掩码是 255.225.255.192，则各子网中可用的主机地址数是（　　）。

　　A. 254　　　　　　　B. 252　　　　　　　　C. 64　　　　　　　　D. 62

11. 将物理地址转换为 IP 地址的协议是（　　）。

　　A. IP　　　　　　　　B. ICMP　　　　　　　C. ARP　　　　　　　D. RARP

12. 将 IP 地址转换为物理地址的协议是（　　）。

　　A. IP　　　　　　　　B. ICMP　　　　　　　C. ARP　　　　　　　D. RARP

13. 当 A 类网络地址 100.0.0.0 使用 8 个二进制位作为子网地址时，它的子网掩码为（　　）。

　　A. 255.0.0.0　　　　B. 255.255.0.0　　　　C. 255.255.255.0　　　D. 255.255.255.255

14. 255.255.255.255 地址称为（　　）。

　　A. 有限广播地址　　　B. 直接广播地址　　　C. 回送地址　　　　　D. 预留地址

15. IP 地址 200.200.8.68/24 的网络 ID 是（　　）。

　　A. 200.200.8.0　　　B. 200.200.8.32　　　C. 200.200.8.64　　　D. 200.200.8.65

16. IP 地址共分为 5 类，其中（　　）地址的掩码长度为 24 位。

　　A. A 类　　　　　　　B. B 类　　　　　　　C. C 类　　　D. D 类　　　E. E 类

17. 下列各项中属于 B 类私用 IP 地址的是（　　）。

　　A. 102.204.24.1　　　B. 172.15.24.1　　　C. 172.16.24.1　D. 172.31.24.1　E. 192.168.0.1

18. 某公司申请到一个 C 类 IP 地址，但要连接 6 个子公司，最大的一个子公司有 26 台计算机，则子网掩码应设为（　　）。

　　　A. 255.255.255.0　　　B. 255.255.255.128　　　C. 255.255.255.192　　　D. 255.255.255.224

二、填空题。

1. Internet 采用（　　　　　　）协议实现网络互联。

2. TCP/IP 模型由低到高分别为（　　　　　）、（　　　　　）、（　　　　　）和（　　　　　）层。

3. 当 IP 地址为 210.198.45.60，子网掩码为 255.255.255.240，其子网号是（　　　　　　），网络地址是（　　　　），广播地址是（　　　　　）。

4. IPv6 地址由（　　）个二进制位构成。

5. IP 地址 199.25.23.56 的默认子网掩码有（　　）位。

6. IP 地址为 211.116.18.10，掩码为 255.255.255.252，其广播地址为（　　　　　　）。

7. IP 地址是两层地址结构包含（　　　　　）部分和（　　　　）部分。

8. PING 是 TCP/IP 提供的最常用调试工具，它用来（　　　　　　）。

9. IP 规定，用 IP 地址和子网掩码一起表示一个节点的地址。子网掩码中"1"对应的部分表示（　　　　），"0"对应的部分表示（　　　　）。

10. tracert 命令的主要功能是（　　　　　）。

三、简答题。

1. 什么是子网？什么是子网掩码？子网掩码的作用是什么？

2. 什么是网络 ID？什么是主机 ID？什么是广播地址？

四、应用题

现有一个公司已经申请了一个 C 类网络地址 192.168.161.0，该公司包括工程部、市场部、财务部和办公室 4 个部门，每个部门约 20 至 30 台计算机。请运用子网划分技术对公司 IP 地址进行合理的规划。

请问：（1）如何设计子网掩码？

（2）写出各部门网络中的主机 IP 地址范围。

（3）写出每个子网的网络地址以及广播地址。

第8章 广域网基础

【问题导入】

当今世界，你在办公桌前动几下鼠标就可以获得世界任何一个角落的信息。你的计算机是如何与远在千里之外的计算机进行通信的呢？信息是经过什么途径进行传输的呢？用一条传输介质直接相连是不现实的，要想将相隔几十或几百千米，甚至几千千米的主机之间连在一起，或者将全世界范围内主机连在一起，局域网是无法完成这种通信任务的。这时就需要另一种结构的网络，即广域网。例如某公司下属有多个分公司，并且总公司与分公司分别设在不同的城市，总公司与分公司之间的网络通过路由器相连，保持网络连通。如图8-1所示，是某公司距离较远的A城的局域网和B城的局域网通过路由器连接在一起，并使局域网接入广域网。另外，还可以使用路由器实现Internet的接入。

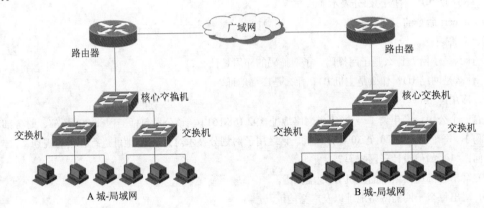

图8-1 路由器连接某公司A城的局域网和B城的局域网示意图

问题1：广域网与局域网的区别是什么？

回答1：＿＿＿。

问题2：路由器与交换机有什么区别？

回答2：＿＿＿。

问题3：路由器的主要作用是什么？

回答3：＿＿。

问题4：如何对路由器进行配置，为什么路由器中要设置默认路由？

回答4：＿＿。

问题5：接入Internet的主要方式有哪些？

回答5：

—————————————————————————————
————————————————————————————————。

【学习任务】

本章介绍广域网的基本知识，以及网络互连的核心设备—路由器的基本原理，最后介绍接入Internet 的主要方式和主要设备。本章主要学习任务如下所示。

- 理解广域网的基本概念；
- 理解路由器基本原理以及静态路由和默认路由的功能；
- 理解常用 Internet 接入方式及设备，掌握 ADSL 接入的配置方法；
- 掌握无线路由器的配置方法。

8.1　广域网基本概念

广域网（Wide Area Network，WAN）也称远程网。通常跨接很大的物理范围，所覆盖的范围从几十千米到几千千米，它能连接多个城市或国家，或横跨几个洲并能提供远距离通信，形成国际性的远程网络。广域网覆盖的范围比局域网（LAN）和城域网（MAN）都广。广域网的通信子网主要使用分组交换技术。广域网的通信子网可以利用公用分组交换网、卫星通信网和无线分组交换网，将分布在不同地区的局域网或计算机系统互连起来，达到资源共享的目的。如互联网是世界范围内最大的广域网。

广域网是由许多广域网交换机组成的，这些交换机之间采用点到点线路连接，几乎所有的点到点通信方式都可以用来建立广域网，包括租用线路、光纤、微波、卫星信道。而广域网交换机实际上就是一台计算机，有处理器和输入/输出设备进行数据包的收发处理。

广域网一般最多只包含 OSI 参考模型的底下三层，即物理层、数据链路层和网络层。由于目前网络层普遍采用了 IP 协议，所以广域网技术或标准主要关注物理层和数据链路层的功能及实现。而且大部分广域网都采用存储转发方式进行数据交换，也就是说，广域网是基于报文交换或分组交换技术的（传统的公用电话交换网除外）。广域网中的交换机先将发送给它的数据包完整接收下来，然后经过路径选择找出一条输出线路，最后交换机将接收到的数据包发送到该线路上去，以此类推，直到将数据包发送到目的结点。

广域网与局域网相比具有如下特点。

- 广域网的数据传输速率比局域网低，广域网的典型速率是从 56Kbps 到 155Mbps，已有622Mbps、2.4 Gbps 甚至更高速率的广域网，传播延迟可从几毫秒到几百毫秒（使用卫星信道时）；
- 信号的传播延迟却比局域网要大得多；
- 主要用于互连广泛地理范围内的局域网；
- 采用载波形式的频带传输或光传输；
- 通常由网络提供商来建设和管理，并收费；
- 在网络拓扑结构上，主要采用网状拓扑结构。

广域网的主要用于连接距离相隔较远的两个局域网，远地的办事处访问公司总部的局域和Internet 接入，其中 Internet 接入是广域网的最典型的应用。

8.2　网络互联

8.2.1　网络互联概念

网络互联是指将两个以上的计算机网络，通过一定的方法，用一种或多种通信处理设备相互连接，以形成更大的网络系统，实现更大范围内的资源共享和信息交换，即异构网络之间实现信息交换的技术。互联网络没有大小限制，它可以扩大网络通信范围与限定信息通信范围，提高网络系统性能与系统可靠性。

如果仅仅是几个计算机网络在物理上连接在一起，但不能相互通信，那么这种"互连"是没有实际意义的。因此，以下提到"互连"，实际默认这些相互连接的计算机网络互相是可以通信的，即实现了"互联"。

网络互连设备通常有中继器、集线器、网桥（前三种设备目前已多不使用），交换机、路由器、网关。网络连接设备工作层次如图8-2所示。

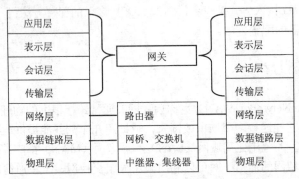

图 8-2   网络互连设备工作在 OSI 参考模型中的对应层次

ISO 的 OSI 七层协议参考模型的确定，为网络的互联提供了明确的指导，网络互联从通信协议的角度来看可以分成 4 个层次，即物理层、数据链路层、网络层和高层，各层主要功能和网络互连设备如下所示。

① 物理层：使用中继器在不同电缆段之间复制位信号，网络互连设备有中继器和集线器。

② 数据链路层：使用网桥在局域网之间存储、转发帧，网络互连设备有网桥和交换机。

③ 网络层：使用路由器在不同网络间存储、转发分组，网络互连设备有路由器。

④ 高层：使用协议转换器提供高层接口，网络互连设备有网关。

8.2.2   网络互联类型

由于网络分为局域网和广域网两大类，因此网络互联类型有局域网与局域网、局域网与广域网、广域网与广域网的互联 3 种。为了将两个物理网络连接在一起，需要采用特殊的设备。这些设备根据其作用和工作原理的不同而有不同的名称，通常被称为中继器、网桥、路由器、网关。

1）局域网与局域网互联（LAN-LAN）

局域网与局域网互联，一般是解决一个组织机构内部或一个小区域内相邻的几个楼群之间的通信，使用的互连设备主要有交换机和路由器。从局域网之间的关系来划分，网络互联可以分为同构网络互联和异构网络互联。

（1）同构网络互联。同构网络是指具有相同性质和特性的网络，即网络具有相同的通信协议，呈现给接入设备的界面也相同。例如两个以太网互联就属于同构网络互联。同构网络互联比较简单，常用的设备有中继器、集线器、网桥和交换机等。

（2）异构网络互联。异构网络是指网络不具有相同的传输性质和通信协议。目前，网络之间的连接大多数是异构网络之间的互联，例如，令牌环网和以太网之间的互联。常用的网络互连设备有网桥、交换机和路由器等。

2）局域网与广域网互联（LAN-WAN）

局域网与广域网互联，扩大了数据通信网络的访问，可以使不同机构的局域网连入更大范围的网络中，扩大网络通信的范围。由于协议差异较大，网络互联的主要设备有网关和路由器，其中路由器最为常用，可以提供若干个不同通信协议的接口，可以连接不同的局域网和广域网。如路由器可以连接以太网、令牌环网、FDDI 等局域网和 X.25、帧中继等广域网。

3）广域网与广域网互联（WAN-WAN）

广域网与广域网的互联一般在政府的电信部门或国际组织之间进行，主要将不同地区的网络互联起来构成一个更大规模的网络，如全国范围内的公共电话交换网 PSTN。广域网与广域网一般使用骨干级路由器或网关来进行互联。

8.2.3　路由器

路由器（Router）是连接 Internet 中各局域网、广域网的设备，它会根据信道的情况自动选择和设定路由，以最佳路径，按前后顺序发送信号的设备。路由器是互联网络的枢纽。目前，路由器已经广泛应用于各行各业，各种不同档次的产品已成为实现各种骨干网内部连接、骨干网间互联和骨干网与互联网互联互通业务的主力军。

路由器有多种类型，也有多种划分方法。按性能档次划分，可分成高、中、低档路由器，如家用路由器就是低档路由器；按结构划分，可分为模块化结构与非模块化结构；按功能上划分，分为核心层（骨干级）路由器，分发层（企业级）路由器和访问层（接入级）路由器；常见的路由器如图 8-3 所示。

　　（a）高档路由器　　　　　　　（b）模块化路由器　　　　　　　　（c）家用路由器

图 8-3　常见的路由器

1）路由器的主要功能

（1）连接功能。路由器提供不同网络（如通信、类型、速率或接口）的连接，而且在不同网段之间定义了网络的逻辑边界，从而将网络分成各自独立的广播网域。

（2）网络地址判断、最佳路由选择和数据处理功能。路由器通过对每一种网络层协议建立的路由表来判断目的地址、最佳路由以及数据过滤和特定数据的转发。在只有一个网段的网络中，数据包可以很容易地从源主机到达目标主机。但是随着网络规模的不断扩大，不同的网段由中继设备——路由器连接起来，路由器是能够将数据包转发到正确的目的地，并在转发过程中为数据包选择最佳路径的设备。

如果一台计算机要和非本网段的计算机进行通信，数据包可能需要经过很多路由器，如图 8-4 所示，主机 A 和主机 B 所在的网段被许多路由器隔开，这时主机 A 与主机 B 的通信就要经过中间这些路由器，这就要面临一个很重要的问题——如何选择达到目的地的路径。数据包从主机 A 到达主机 B 有很多条路径可供选择，但是很显然，在这些路径中在某一时刻总会有一条路径是最好（最快）的。因此，为了尽可能地提高网络访问速度，就需要有一种方法来判断从源主机到达目标主机所经过的最佳路径，从而进行数据转发，这就是路由技术。

（3）设备管理。路由器可通过软件协议本身的流量控制参量来控制其转发的数据的流量，以解决拥塞问题；还提供对网络配置管理、容错管理和性能管理的支持。

2）路由器工作原理

那么路由器是如何进行包的转发的呢？就像一个人如果要去某个地方，一定要在他的脑海里有一张地图一样，在每个路由器的内部也有一张地图，这张地图就是路由表。在路由表中包含该路由器掌握的所有目的网络地址，以及通过此路由器到达这些网络的最佳路径，这个最佳路径指的是路由器的某个接口或下一跳路由器的地址。在利用路由器互连网络 1 到网络 4，路由器 Q、R 和 S 的路由表，如图 8-5 所示。需要注意的是，路由器需要连接两个不同的网段，而且与网络直接相连路由器的接口 IP 地址，也必须和相连网络处于同一个网络。例如，路由器 R 直接连接的两个网络分别是 20.0.0.0 和 30.0.0.0，路由器与网络 2 连接端口的 IP 地址是 20.0.0.6，它属于网络 2 所处网络 20.0.0.0 的其中一个 IP 地址。

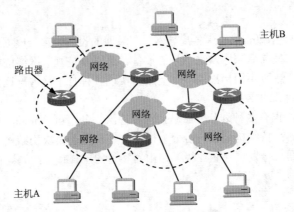

图 8-4　路由器连接不同网络

目标网络	下一跳
20.0.0.0	直接投递
30.0.0.0	20.0.0.6
10.0.0.0	直接投递
40.0.0.0	20.0.0.6

路由器 Q 的路由表

目标网络	下一跳
20.0.0.0	直接投递
30.0.0.0	直接投递
10.0.0.0	20.0.0.5
40.0.0.0	30.0.0.7

路由器 R 的路由表

目标网络	下一跳
20.0.0.0	30.0.0.6
30.0.0.0	直接投递
10.0.0.0	30.0.0.6
40.0.0.0	直接投递

路由器 S 的路由表

图 8-5　利用路由器互连网络及路由表举例·

网络 2 与网络 3 都与路由器 R 直接连接，路由器 R 收到 IP 数据报，如果其目的 IP 地址的网络号为 20.0.0.0 或 30.0.0.0，那么路由器 R 就将该报文直接传送到目的主机；如果接收的报文的目的地网络为 40.0.0.0，那么 R 就将该报文传送给与直接相连的另一路由器 S，由路由器 S 再次投递报文。正是由于路由表的存在，路由器才可以依据路由表进行包的转发，下面以如图 8-6 所示的网络为例，介绍路由器转发数据的过程。

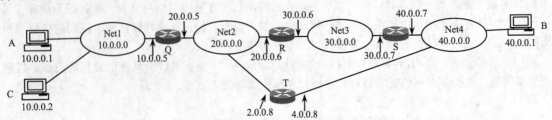

图 8-6　路由器数据转发举例

若网络中有两台主机 A 与 B 要进行通信，即存在 IP 数据报的传输，它的过程如下所示。

（1）主机 A 形成原始数据并按照 IP 协议在 IP 层封装成 IP 数据报。

（2）判断源主机 A 与目的主机 B 是否在同一个网络，若是则直接将报文投递出去；若不是则要经过路由器再投递，由图可见，是投递到路由器 Q。

（3）路由器 Q 接收该数据报，并判断是否与自己同属一个网络，若是则直接投递，否则经过下一个路由器进行再次投递。由图中可见，路由器 Q 与路由器 T 和路由器 R 相连，路由器 Q 的路由表中下一跳步就有两种情况：一是路由器 T，一是路由器 R。这要视路由器 Q 的设置而定，如果采用 RIP 路由协议（选择跳数最少的路由），则会选择路由器 T。假设路由器 Q 的下一跳步为路由器 T，则路由器 Q 将把 IP 数据报投递给路由器 T。

（4）路由器 T 接收该报文，判断目的主机与自己在同一网络中，则直接投递给主机 B。

综上所述，路由器的基本工作原理如下所示。

① 路由器接收来自它连接的网络的数据。

② 路由器将数据向上传递，并且（必要时）重新组合 IP 数据报。

③ 路由器检查 IP 数据报头部中的目的地址。如果目的地址位于发出数据的那个网络，那么路由器就放下被认为已经达到目的地的数据，因为数据是在目的计算机所在网络上传输。

④ 如果数据要送往另一个网络，那么路由器就查询路由表，以确定数据要转发到的目的地。

⑤ 路由器确定哪个适配器负责接收数据后，就通过相应的软件传递数据，以便通过网络来传送数据。

对于普通用户来说，所能够接触到的只是局域网的范畴。通过在 PC 上设置默认网关就可以使局域网的计算机与 Internet 进行通信。其实在 PC 上所设置的默认网关就是路由器以太口的 IP 地址。如果局域网的计算机要和外面的计算机进行通信，只要把请求提交给路由器的以太口就可以了，接下来的工作就由路由器来完成了。因此可以说路由器就是互联网的中转站，网络中的包就是通过一个一个的路由器转发到目的网络的。

8.2.4　网关

网关也称协议转换器。网关的重要功能是完成网络层以上的某种协议之间的转换，它将不同网络的协议进行转换。网关是比网桥与路由器更复杂的网络互联设备，可以实现不同协议的网络之间的互联；不同网络操作系统的网络之间的互联；局域网与广域网之间的互联。实际上网关不能完全归为一种网络硬件。概括地说，网关应该是能够连接不同网络（异构网）的软件和硬件的结合产品。特别地，它们可以使用不同的格式、通信协议或结构连接起两个系统。网关实际上通过重新封装信息以使它们能被另一个系统读取。为了完成这项任务，网关必须能运行在 OSI 参考模型的第 4 层～第 7 层。网关必须同应用通信，建立和管理会话，传输已经编码的数据，并解析逻辑和物理地址数据。

网关类型分为传输网关和应用网关两种。

（1）传输网关。用于在两个网络之间建立传输连接。利用传输网关，可以实现网络上不同主机间跨越多个网络的、级联、点对点的传输连接。

（2）应用网关。在应用层上进行协议转换。例如一个主机执行的是 ISO 电子邮件标准，另外一个主机执行的是 Internet 电子邮件标准，它们之间如果需要交换电子邮件，就必须进过一个电子邮件网关进行协议转换，这种电子邮件网关就是应用网关。

8.2.5　路由器和网关的关系

路由器工作在 OSI 参考模型的第三层，是网络层的典型设备。因此，路由器和网关工作在 OSI 参考模型的不同层次。

在路由器中，网关实质上是一个网络通向其他网络的 IP 地址，是其他计算机要访问路由器的 IP 地址。例如，如图 8-7 所示，路由器连接了两个不同的网络 1 和网络 2，网络 1 网络号为 192.168.10.0，网络 2 网络号为 172.16.10.0。

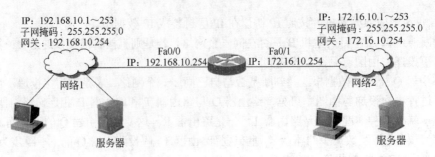

图 8-7　路由器和网关

需要注意的是，与网络 1 直接相连路由器 Fa0/0 的接口 IP 地址必须和网络 1 处于同一个网段，即 IP 地址为 192.168.10.254，与网络 2 直接相连路由器 Fa0/1 的接口 IP 地址必须和网络 2 处于同一个网段，即 IP 地址为 172.16.10.254。一般情况下，路由器连接网络的接口 IP 地址分别处于不同网络。网络 1 的计算机及设备的网关 IP 地址是路由器 Fa0/0 接口地址 192.168.10.254；网络 2 的计算机及设备的网关 IP 地址是路由器 Fa0/1 接口地址 172.16.10.254。这里的网关就是访问路由器的 IP 地址。

8.3　路由器基础配置

8.3.1　路由器的基本设置方式

对于一般的路由器，可以有 5 种设置方式。
① Console 口接终端或运行终端仿真软件的 PC；
② AUX 口接 MODEM，通过电话线与远方的终端或运行终端仿真软件的 PC 相连；
③ 通过 Ethernet 上的 TFTP 服务器；
④ 通过 Ethernet 上的 Telnet 程序；
⑤ 通过 Ethernet 上的 SNMP 网管工作站。
这五种方式与路由器的连接示意图如图 8-8 所示。

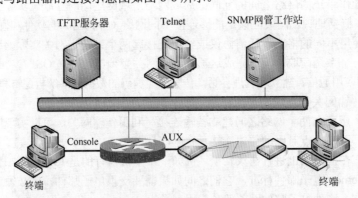

图 8-8　路由器基本配置方式示意图

但路由器的第一次设置必须通过 Console 口接终端或运行终端仿真软件的 PC 来进行，此时终端需要设置的参数有波特率、数据位、停止位、奇偶校验，其具体的参数值可以通过查看路由器说明书得到。

8.3.2　命令状态

路由器配置与交换机配置类似，在使用过程中，有六种不同的命令状态，用不同的提示符表示，不同的命令和权限要在相应状态下进行输入和使用，介绍如下。

（1）router>

这是用户模式，路由器处于用户命令状态，这时用户可以查看路由器的连接状态，访问其他网络和主机，但不能看到和更改路由器的设置内容。

（2）router#

在 router>提示符下输入 enable，路由器进入特权模式 router#，这时不但可以执行所有的用户命令，还可以看到和更改路由器的设置内容。

（3）router(config)#

在 router#提示符下输入 configure terminal，出现提示符 router(config)#，此时路由器处于全局配置模式，这时可以设置路由器的全局参数。

（4）router(config-if)#;　router(config-line)#;　router(config-router)#;…

路由器处于局部设置状态，这时可以设置路由器某个局部的参数。路由器上有许多接口，包括多个串行口（例如，serial 1/1）和多个以太网接口（Ethernet 0/1），可以对每一个接口进行许多参数配置。

（5）>

路由器处于 RXBOOT 模式，在开机后 60s 内按 Ctrl+Break 键可进入此状态，这时路由器不能完成正常的功能，只能进行软件升级和手工引导。

（6）设置对话状态

这是一台新路由器开机时自动进入的状态，在特权命令状态使用 setup 命令也可进入此状态，这时可通过对话方式对路由器进行设置。

8.3.3　常用命令

路由器的配置需要使用字符命令，下面以思科路由器为例说明常用命令的写法和格式。

1）帮助

在 IOS 操作中，无论任何状态和位置，都可以输入"？"得到系统的帮助。

2）命令状态模式

IOS 中的状态命令见表 8-1。

表 8-1　IOS 中的状态命令

任　务	命　令
进入特权命令状态	enable
退出特权命令状态	disable
进入设置对话状态	setup
进入全局设置状态	configure terminal
退出全局设置状态	end
进入接口设置状态	interface type slot/number
进入子接口设置状态	interface type number.subinterface [point-to-point | multipoint]
进入线路设置状态	line type slot/number
进入路由设置状态	router protocol
退出局部设置状态	exit

3）显示命令

IOS 中的显示命令见表 8-2。

表 8-2　IOS 中的显示命令

任　务	命　令
查看版本及引导信息	show version
查看运行设置	show running-config

续表

任　　务	命　　令
查看开机设置	show startup-config
显示接口信息	show interface type slot/number
显示路由信息	show ip router

4）基本设置命令

IOS 中的基本配置命令见表 8-3。

表 8-3　IOS 中的基本配置命令

任　　务	命　　令
设置访问用户及密码	username *username* password *password*
设置特权密码	enable secret password
设置路由器名	hostname *name*
设置静态路由	ip route *destination subnet-mask next-hop*
启动 IP 路由	ip routing
启动 IPX 路由	ipx routing
接口设置	interface type slot/number
设置 IP 地址	ip address address subnet-mask
设置 IPX 网络	ipx network network
激活端口	no shutdown
物理线路设置	line type number
启动登录进程	login [local|tacacs server]
设置登录密码	password password

例如，Router 的基本配置命令如下所示。

```
Router>                        !进入用户模式
Router>enable                  !输入 enable 进入特权模式
Router# configure terminal     !/输入 configure terminal 进入全局配置模式
Router(config)# hostname RA    !命名路由器名称为 RA
RA(config)# interface fa0/1    !进入快速以太网接口 f0/1
RA(config-if)#ip adderss  218.12.225.6  255.255.255.0
                               !为接口配置一个 IP 地址
RA(config-if)#no shutdown      !激活端口，使其转发数据
RA(config)#interface serial 1/2      !进入串口 s1/2
RA(config-if)#ip address 172.16.2.2 255.255.255.0
                               !设置路由器 serial 1/2 的 IP 地址
RA(config-if)#clock rate 64000
                               !配置接口时钟频率（DCE），时钟频率必须设在 DCE 端，
                               DCE 端的判断取决于电缆线。
RA(config-if)#no shutdown      !将该端口激活
RA(config-if)#end              !退出接口模式
RA(config)# write memory       !保存配置
```

8.4　静态路由和默认路由

从路由算法能否随网络的通信量或拓扑自适应的进行调整变化来划分，路由可分成静态路由和

动态路由。

　　静态路由由网络管理员手工建立，一旦形成，到达某一目的网络的路由便固定下来。它不能自动适应互联网结构的变化，添加或删除网络或路由器需要手工操作，若一旦路由出现故障，即使存在其他路由，IP 数据报也不能传送到目的地。其特点是简单和开销较小，但不能及时适应网络状态的变化。

　　动态路由选择，其特点是能较好地适应网络状态的变化，但实现起来较为复杂。

8.4.1　静态路由

　　静态路由是由网络管理员在路由器中手动配置的固定路由。如图 8-9 所示，如果路由器 A 需要将数据转发到网段 192.168.1.0，首先需要将数据包转发到路由器 B 的 192.168.2.1 接口，而 192.168.2.0 网段是路由器 A 的直连网段，在路由器 A 的路由表中已经存在。因此现在需要做的事情就是在路由器 A 上添加静态路由，目标 192.168.1.0，需要转发给路由器 B 的 192.168.2.1 接口。

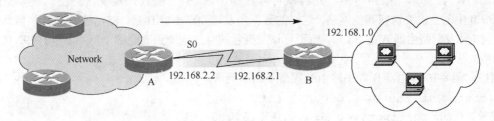

图 8-9　静态路由

　　当使用静态路由时，路由器需要通过静态路由转发包，因此静态路由必须要指明下列内容。

① 要到达的目的网络地址。

② 到达目的网络的下一个路由器地址或者本地接口。

　　静态路由是网络管理员手工设置的，除非网络管理员干预，静态路由不会发生变化。由于静态路由需要网络管理员逐条写入，而且不能对网络的改变做出反应，所以一般来说静态路由用于网络规模不大、拓扑结构相对固定的网络中。

　　在全局配置模式下，建立静态路由的命令格式为

`Router(config)#ip route destination-network network-mask {next-hop-address | interface}`

　　其中，destination-network：所要到达的目标网络号或目标子网号。network-mask：目标网络的子网掩码。可对此子网掩码进行修改，以汇总一组网络。next-hop-address：到达目标网络所经由的下一跳路由器的 IP 地址，即相邻路由器的接口地址。interface：将数据包转发到目的网络时使用的送出接口（用于到达目标网络的本机出口）。

　　如图 8-9 所示的路由器 A 静态路由配置命令如下所示。

`A(config)ip route 192.168.1.0 255.255.255.0 192.168.2.1`

或者 `A(config)ip route 192.168.1.0 255.255.255.0 serial 0`

同样，路由器 B 上也需要配置静态路由。

8.4.2　默认路由

　　默认路由是一种特殊的静态路由，是指当路由表中与数据包的目的地址之间没有匹配的表项时路由器能够做出的选择。如果没有默认路由，那么目的地址在路由表中没有匹配表项的数据包将被丢弃。

　　默认路由在某些时候非常有效，当存在末梢网络（stub network）时，默认路由会大大简化路由器的配置，减轻网络管理员的工作负担，提高网络性能。

末梢网络是这样一种网络,这个网络只有一个唯一的路径能够到达其他网络。如图 8-10 所示的路由器 B 右侧的网络就是一个末梢网络。

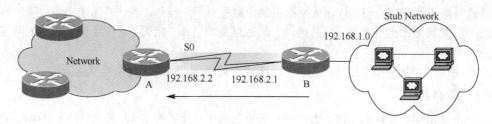

图 8-10　末梢网络区域路由器配置默认路由

网络 192.168.1.0 就是一个末梢网络。这个网络中的主机要访问其他网络必须要通过路由器 B 和路由器 A,没有第二条路可走,这样就可以在路由器 B 上配置一条默认路由。只要是网络 192.168.1.0 中的主机要访问其他网络,这样的数据包发送到路由器 B 后,路由器 B 就会按照默认路由来转发(转发到路由器 A 的 S 口),而不管该数据包的目的地址到底是哪个网络(除了 192.168.1.0 这个网络)。

例如,图 8-10 路由器 B 静态路由配置命令如下所示。

```
B(config)ip route  0.0.0.0 0.0.0.0 192.168.2.2
或者 B(config)#ip route 0.0.0.0 0.0.0.0  s1
```

适当地使用默认路由还可以减小路由表的大小。网络管理员有时会这样配置路由表:在路由表中只添加少数的静态路由,同时添加一条默认路由。这样当收到的数据包的目的网络没有包含在路由表中时,就按照默认路由来转发(当然默认路由有可能不是最好的路由)。在路由器上只能配置一条默认路由。

8.5　接入 Internet 的主要方式及设备

Internet 具有大量的信息和资源,用户想要访问 Internet 获取这些资源,必须首先选择合适的上网方式和相应的设备接入 Internet。下面介绍常用的 Internet 上网方式和接入设备。

8.5.1　Modem 拨号接入

1)概述

Modem 拨号接入是利用 PSTN,通过调制解调器(Modem),拨号实现用户接入 Internet 的方式。

Modem 拨号接入是最早也是最传统的 Internet 接入方式,最高传输速率是 56Kbps。随着宽带的发展和普及,这种接入方式已逐渐被淘汰。

由于电话网的普及,用户终端设备 Modem 的价格便宜,并且不用申请即可开户,家里只要有计算机,把电话线接入 Modem 就可以直接接入 Internet。因此,拨号接入方式在没有其他接入方式的地方,还可以使用。

2)接入设备及连接

拨号接入方式使用的接入设备是 Modem,通过 Modem 连接电话线,进行拨号接入 Internet。

Modem 分内置和外置两种,内置 Modem 和外置 Modem,如图 8-11 所示。

Modem 是一种信号转换装置,其作用是

内置Modem　　　　　外置Modem

图 8-11　内置与外置 Modem

发送信息时，将计算机的数字信号转换成可以通过模拟通信线路传输的模拟信号，即"调制"；接收信息时，把模拟通信线路上传来的模拟信号转换成数字信号传送给计算机，即"解调"。其工作原理如图 8-12 所示。

图 8-12　Modem 的工作原理

家庭（办公室）中的外置 Modem 连接示意图 8-13 所示。

8.5.2　ADSL 接入

1）概述

非对称数字用户环路（Asymmetrical Digital Subscriber Line，ADSL）是一种能够通过普通电话线提供宽带数据业务的技术，也是目前极具发展前景，且使用广泛及常用的一种接入方式。

ADSL 方案的最大特点是，不需要改造信号传输线路，完全利用普通电话线作为传输介质，配上专用的 Modem 便可实现数据高速传输。ADSL 支持上行速率 640Kbps～1Mbps，下行速率 1～8Mbps，其有效的传输距离在 3～5 km 范围以内。

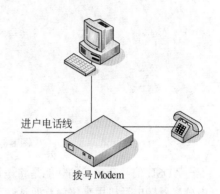

图 8-13　拨号接入示意图

在 ADSL 接入方案中，每个用户都有单独的一条线路与 ADSL 局端连，它的结构可以看作是星型结构，数据传输带宽由每一个用户独享。

ADSL 的极限传输距离与数据率以及用户线的线径都有很大的关系（用户线越细，信号传输时的衰减就越大），而所能得到的最高数据传输速率与实际的用户线上的信噪比密切相关。例如，0.5mm 线径的用户线，传输速率为 1.5～2.0 Mbps 时可传送 5.5 km，但当传输速率提高到 6.1 Mbps 时，传输距离就缩短为 3.7 km。如果把用户线的线径减小到 0.4mm，那么在 6.1 Mbps 的传输速率下就只能传送 2.7km。

ADSL 具有如下特点。

① 上行和下行带宽做成不对称的。上行指从用户到 ISP，而下行指从 ISP 到用户。通常下行数据率在 32 Kbps 到 6.4 Mbps 之间，而上行数据率在 32～640 Kbps 之间。

② ADSL 在用户线（铜线）的两端各安装一个 ADSL 调制解调器。

③ ADSL 不能保证固定的数据率。对于质量很差的用户线甚至无法开通 ADSL。

另外，随着人们对带宽需求不断增长，出现第二代 ADSL，可以通过提高调制效率得到了更高的数据率，包括 ADSL2（G.992.3 和 G.992.4）和 ADSL2+（G.992.5）。例如，ADSL2 要求至少应支持下行 8 Mbps、上行 800 Kbps 的速率。而 ADSL2+则将频谱范围从 1.1 MHz 扩展至 2.2 MHz，下行速率可达 16 Mbps（最大传输速率可达 25 Mbps），而上行速率可达 800 Kbps。另外，采用了无缝速率自适应技术（Seamless Rate Adaptation，SRA），可在运营中不中断通信和不产生误码的情况下，自适应地调整数据率。

改善了线路质量评测和故障定位功能，这对提高网络的运行维护水平具有非常重要的意义。

2）接入设备及连接

ADSL 接入方式又分为两种：单台计算机接入、多台计算机共享接入。

（1）单台计算机接入

单台计算机接入使用的设备主要有，ADSL 信号分离器、ADSL Modem。

① ADSL 信号分离器（滤波器）。ADSL 信号分离器有 3 个端口，分别接入户电话线、电话机、ADSL Modem 的 ADSL 端口，如图 8-14 所示。

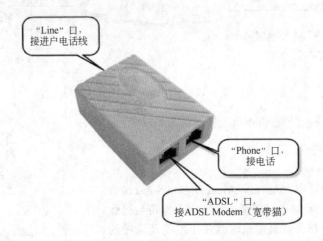

图 8-14　ADSL 信号分离器端口示意图

ADSL 信号分离器的功能是将电话线路中的高频数字信号和低频话音信号分离。低频话音信号由分离器接电话机用来传输普通话音信息；高频数字信号则接入 ADSL Modem，用来传输网络信息。使用信号分离器后，用户在使用电话时，就不会因为高频信号的干扰而影响通话质量；也不会因为上网时打电话，话音信号的串入，影响上网的速度。

② ADSL Modem。ADSL Modem 的功能是提供调制数据和解调数据，最高支持 8Mbps（下行）和 1Mbps（上行）的速率。ADSL Modem 背面端口示意图如图 8-15 所示。

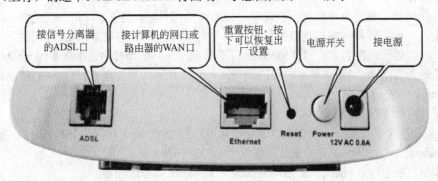

图 8-15　ADSL Modem 背面端口示意图

单台计算机 ADSL 接入 Internet 连接示意图如图 8-16 所示。

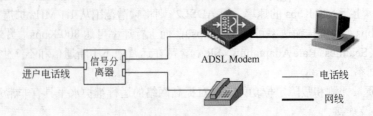

图 8-16　单台计算机 ADSL 接入 Internet 连接示意图

（2）多台计算机共享接入

多台计算机共享接入 Internet 时，接入设备除了需要 ADSL 信号分离器和 ADSL Modem 外，还需要路由器设备，如果有移动设备需要介入 Internet，则还需要无线路由器。

如图 8-17 所示，是 ADSL 路由器的背板示意图，路由器的“LAN”口接共享上网计算机，路由器的 WAN 口与 ADSL Modem 的 Ethernet 口相连，ADSL 路由器将为共享上网计算机分配动态地址，提供共享上网服务。

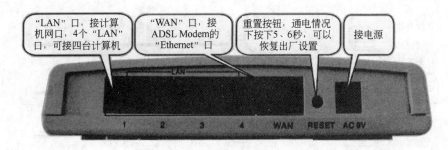

图 8-17　ADSL 路由器背板示意图

如图 8-18 所示，是多台计算机有线共享接入 Internet 示意图。

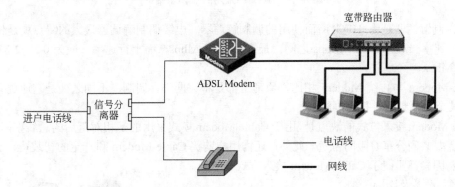

图 8-18　多台计算机通过 ADSL 接入 Internet 示意图

8.5.3　LAN 接入

1）概述

LAN 接入即局域网接入，常用于校园网、小区局域网的 Internet 接入。

LAN 接入的技术成熟、成本低、结构简单、连接稳定、可扩充性好，便于网络升级，对于用户来说，上网速度较快。但是，LAN 在地域上受到限制，只有已经铺设了 LAN 的校园或小区才能够使用，而且在接入用户办公室或家中时，还要架设网线。

2）接入设备及连接

对于 LAN 接入方式而言，校园网或小区的网络已经建好，每一区域或单元都布设有交换机，用户其实不需要什么设备，只需要将网线连接计算机和小区提供的交换机接口，同时向运营商申请开通即可。

8.5.4　Cable-Modem 接入

1）概述

光纤同轴混合网（Hybrid Fiber Coax，HFC）是在目前覆盖面很广的有线电视网 CATV 的基础上开发的一种居民宽带接入网。HFC 网除可传送 CATV 外，还提供电话、数据和其他宽带交互型业务。

现有的 CATV 网是树形拓扑结构的同轴电缆网络，它采用模拟技术的频分复用对电视节目进行单向传输。而 HFC 网则需要对 CATV 网进行改造，HFC 网将原 CATV 网中的同轴电缆主干部分改换为光纤，并使用模拟光纤技术。

在模拟光纤中采用光的振幅调制 AM，这比使用数字光纤更为经济。模拟光纤从头端连接到光纤结点，即光分配结点。在光纤结点光信号被转换为电信号。在光纤结点以下就是同轴电缆。HFC 网采用结点体系结构如图 8-19 所示。

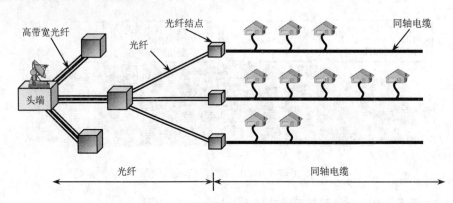

图 8-19　HFC 网采用结点体系结构

电缆调制解调器是为 HFC 网而使用的调制解调器。电缆调制解调器最大的特点就是传输速率高。其下行速率一般在 3～10 Mbps 之间，最高可达 30 Mbps，而上行速率一般为 0.2～2 Mbps，最高可达 10 Mbps。

Cable-Modem 与传统 Modem 相比，原理上都是将数据进行调制，不同之处是它通过有线电视 CATV 的某个传输频带进行调制解调。

Cable-Modem 接入方式的缺点是，由于 Cable Modem 模式采用的是相对落后的总线型网络结构，网络用户需要共同分享有限的带宽。此外，还需用户购买 Cable-Modem 和一定的初装费，价格都不便宜，这些因素都阻碍了 Cable-Modem 接入方式的普及。

2）接入设备及连接

使用设备主要是有线信号分配器、Cable-Modem；如果需要多台计算机共享接入 Internet，还需路由器设备；共享接入设备中有移动设备，则需使用无线路由器。

Cable-Modem 如图 8-20 所示，其主要功能是将数字信号调制到射频（RF）以及将射频信号中的数字信息解调出来。

Cable-Modem 的主要功能是将数字信号调制到射频（RF）以及将射频信号中的数字信息解调出来。

Cable-Modem 连接多台计算机共享接入 Internet 示意图，如图 8-21 所示。

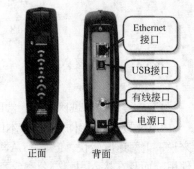

图 8-20　Cable-Modem 的外观及接口

8.5.5　光纤接入

1）概述

FTTx（光纤到……）也是一种实现宽带居民接入网的方案。这里的字母 x 可代表不同意思。

光纤到户 FTTH（Fiber To The Home）：光纤一直铺设到用户家庭可能是居民接入网最后的解决方法。

光纤到大楼 FTTB（Fiber To The Building）：光纤进入大楼后就转换为电信号，然后用电缆或双绞线分配到各用户。

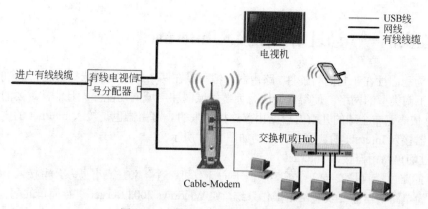

图 8-21 Cable-Modem 的连接示意图

光纤到路边 FTTC（Fiber To The Curb）：从路边到各用户可使用星形结构双绞线作为传输媒体。

光纤接入是指用光纤作为传输介质的接入方式。在现有的有线介质中，因为光纤具有转输距离长、容量大、速度快、对信号无衰减、原材料丰富等特点，成为传输介质中的佼佼者，得到了广泛的应用。

其实，前面 Cable-Modem 接入方式中，不管用户端采用哪一种方式，网络骨干部分大多使用的是光纤。而在这里，关注的是用户端的接入方式，指的是用户端直接通过光纤接入 Internet。

光纤接入的带宽选择余地比较大，一条带宽标准光纤专线可以选择 2Mbps、4Mbps、10Mbps、20Mbps……最大可达 100Mbps 的带宽，其间无需更换任何设备。目前各电信运营企业都在做光纤入户的改造。

2）光纤接入设备及连接

单台计算机光纤接入使用的接入设备主要是光 Modem，如图 8-22 所示。现在服务商提供的光 Modem，内置有路由和无线功能，可以通过有线和无线的方式连接几台计算机，同时也可以提供 iTV 和电话业务。

如图 8-23 所示为带无线和路由功能的光 Modem 的连接示意图。

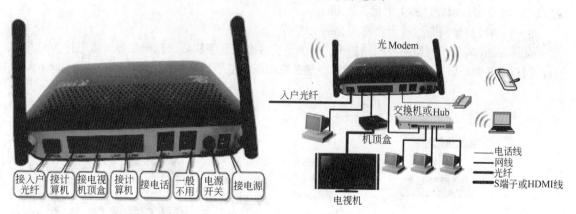

图 8-22 光 Modem 的外观及接口   图 8-23 带无线和路由功能的光 Modem 的连接示意图

8.5.6 无线接入

常用的无线接入技术有很多种，如卫星、微波、红外、蓝牙、WLAN（802.11）、WMAN（802.16）、3G 等。这里讨论的无线接入主要指通过 WLAN 的无线接入。

WLAN（无线局域网络）是由 AP（Access Point）或无线路由器组成的无线局域网络，移动设备通过无线网卡接入无线局域网络。这种接入方式符合移动办公用户的需要，组网简单，可以不受布线条件的限制。

8.6 工程实例——通过路由器接入 Internet

路由器为稳固性在于它的智能性。路由器不但可以在两个节点之间选择最近、最快的传输路径，还可以连接不同类型的网络，使得它们成为大型局域网和广域网功能强大且非常重要的设备。例如 Internet 就是依靠遍布全球的几百万台路由器连接起来的。路由器也是接入 Internet 的主要网络互连设备。路由器接入 Internet 的典型拓扑结构如图 8-24 所示。

1）通过简单路由器接入 Internet

最简单的路由器就是安装 2 个或多个网卡的计算机，适合家庭或小型办公室接入 Internet，如图 8-24 所示。简单路由器需要安装网络操作系统，如 Windows 2003 Server 进行简单的配置，即可实现简单路由器的功能。

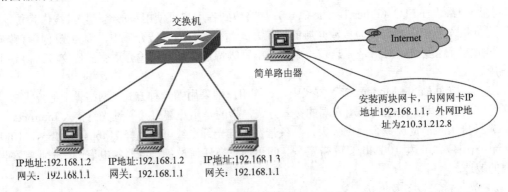

图 8-24　简单路由器接入 Internet

2）小型局域网通过路由器接入 Internet

如图 8-25 所示，网络拓扑图显示了网络是由接入交换机、核心交换机、路由器组成。接入交换机负责接入各个用户的计算机，核心交换机负责连接各个接入交换机；服务器群直接接入到核心交换机上；整个局域网通过路由器接入到 Internet。

3）VLAN 局域网通过路由器接入 Internet

如图 8-26 所示，网络拓扑图结构中，网络是由多个主题组构成，按照主题区域进行 VALN 划分，同样，网管、服务器群都是直接与核心交换机相连，整个局域网通过路由器接入到 Internet。

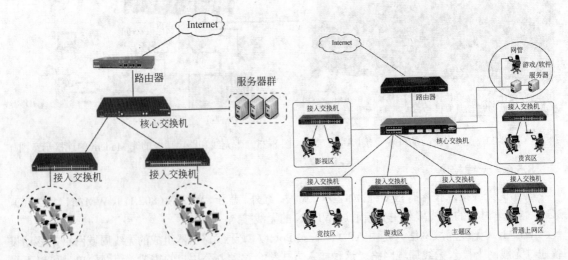

图 8-25　小型局域网通过路由器接入 Internet　　　　图 8-26　VLAN 局域网通过路由器接入 Internet

4）无线上网的校园网通过路由器接入 Internet

如图 8-27 所示，在该拓扑结构中，使用了无线 AP，移动无线设备可接入无线局域网，整个局域网通过路由器以光纤接入了 Internet。

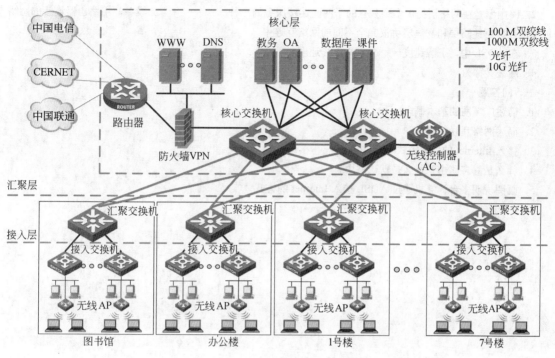

图 8-27　无线上网的校园网通过路由器接入 Internet

思考与练习

一、选择题

1. 静态路由适用于（　　）的网络环境。

 A. 大型的、拓扑结构复杂的网络　　　　B. 规模小、拓扑结构经常变化的网络

 C. 规模小、拓扑结构固定的网络　　　　D. 只有一个出口的末梢网络

2. 路由表中不包含（　　）信息。

 A. 目标网段的 IP 地址　　　　　　　　B. 下一跳接口地址

 C. 路由类型　　　　　　　　　　　　　D. 本地接口的 MAC 地址

3. 路由器工作在（　　）。

 A. 物理层　　　　　　B. 数据链路层　　　C. 网络层　　　　　D. 传输层

4. 下列属于计算机广域网的是（　　）。

 A. 企业网　　　　　　B. 国家网　　　　　C. 校园网　　　　　D. 三者都不符合

5. 下列有关路由器说法不正确的是（　　）。

 A. 路由器具有很强的异种网互连能力

 B. 具有隔离广播的能力

 C. 路由器具有基于 IP 地址的路由选择和数据转发

 D. 不具有包过滤的初期的防火墙功能

6. 路由表包括（　　）。

 A. 目标网络地址和源地址　　　　　　　B. 源网络地址和下一跳

    C. 目标网络地址和下一跳   D. 广播地址和下一跳

二、填空题

1. 路由器的核心作用是（   ），常用于（   ）互连。

2. 路由器是在网络层提供多个独立的子网间连接服务的一种（   ）设备，用路由器连接的网络可以使用在数据链路层和物理层协议完全不同的网络互连中。

3. 在 ADSL 中，下载速度（   ）上传速度。

4. 网关又称为（   ）。

三、问答题

1. 简述广域网的基本概念。

2. 简述网络互联的概念。

3. 接入 Internet 的主要方式有哪些？

4. 什么是静态路由？什么是默认路由？

5. 画图说明多台计算机通过 ADSL 接入 Internet 的方式。

第 9 章　Internet 传输协议

【问题导入】

　　假如您正在家里上网，在使用浏览器浏览网页的同时，也在使用 QQ 和朋友、亲人聊天，计算机网络上传输的数据在到达本主机时，如何区分哪些是浏览网页的数据信息，哪些是 QQ 聊天数据信息，以及哪些是和亲人聊天的数据信息，哪些是和朋友聊天的数据信息。这就是传输层需要解决的问题。传输层通过端口区分收到数据报的应用进程，通过插口区分同一应用进程的不同通信，同时，还需考虑数据传输的可靠性和准确性，这些都是网络层不能解决的问题，就交给传输层来解决。

　　问题 1：传输层如何保证端到端可靠的数据传输？

　　回答 1：_____

　　_____

　　_____。

　　问题 2：什么是端口？什么是插口？

　　回答 2：_____

　　_____

　　_____。

　　问题 3：传输层 UDP 协议主要应用在哪些场合？

　　回答 3：_____

　　_____。

【学习任务】

　　本章主要学习面向连接服务 TCP 协议与无连接服务 UDP 协议。本章主要学习任务如下所示。

- 掌握端口的概念以及常见端口号；
- 了解 IP 数据报的格式；
- 理解 TCP 连接管理；
- 了解 UDP 协议。

9.1　传输层概述

　　从通信和信息处理的角度看，传输层向它上面的应用层提供通信服务，属于面向通信部分的最高层，同时也是用户功能中的最低层，如图 9-1 所示。

　　由于网络层提供的服务有可靠与不可靠之分，因此要增加传输层为高层提供可靠的端到端通信，以弥补网络层所提供的传输质量的不足。

　　传输层是 OSI 参考模型中重要、关键的一层，是唯一负责总体的数据传输和数据控制的一层。其主要功能是提供端到端可靠通信，所谓的端到端就是发送端应用进程和接收端应用进程之间的逻辑通信，传输层要向会话层提供通信服务的可靠性，避免报文的出错、丢失、延迟、重复、乱序等差错现象。"逻辑通信"的意思是，运输层之间的通信好像是沿水平方向传送数据。但事实上这两个运输层之

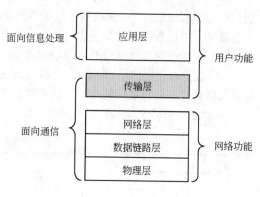

图 9-1　传输层的位置关系

间并没有一条水平方向的物理连接。

如两台计算机主机 A 和主机 B 要进行数据通信，如图 9-2 所示，在主机 A 和主机 B 上同时有两个应用程序在运行分别为 AP1 和 AP2，每对应用程序需要通过两个互连的网络才能进行数据通信，如主机 A 上的应用程序 AP1 要和主机 B 上的应用程序 AP3 进行通信，数据传输的过程如图 9-2 所示。

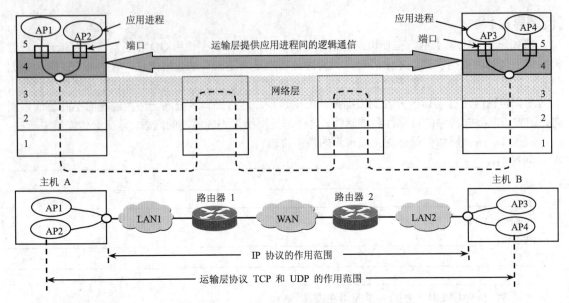

图 9-2　应用程序进行数据通信的过程

传输层的主要作用是通过端口号来标识各个应用进程。

9.2　传输层寻址——端口

传输层与网络层在功能上的最大区别就是前者提供了应用进程间的通信能力，而后者不提供。IP 的功能是要将数据包正确地传送到目的地，当数据包到达目的地后，如果计算机上有多个应用程序正在同时运行。例如，OutLook Express 和 Internet Explorer 正同时打开，那收到的 IP 信息包应该送给哪个应用程序呢？此时，用端口（Port）来标识通信的应用进程。传输层就是通过端口与应用层的程序进行信息交互的。即传输层地址就是端口，是用来标志应用层的进程的逻辑地址。端口标号为 16 位二进制数组成，通常用正整数表示，范围是 0～65535，分为两类。

（1）为服务器进程固定使用的熟知端口。分为两类，一类是数值一般为 0～1023。它们现在由 Internet 名字和号码分配委员会 ICANN 管理，这些端口指派给了 TCP/IP 最重要的一些应用程序，让所有的用户都知道。当一种新的应用程序出现后，ICANN 必须为它指派一个熟知端口，否则 Internet 上的其他应用进程就无法和它通信。另一类是登记端口，数值为 1024～49151。这类端口是为没有熟知端口号的应用程序使用的。使用这类端口号必须在 ICANN 按照规定的手续登记，以防止重复。

（2）客户端使用的端口。数值为 49152～65535。由于这类端口仅在客户进程运行时才动态选择，因此又叫做动态端口或短暂端口。这类端口是留给客户进程选择暂时使用。

熟知端口和协议对应关系，见表 9-1。

表 9-1　常用熟知端口

协议	端口号	描　　述
UDP	53	域名服务系统（DNS）
	67	自举协议服务（BOOTP）

续表

协议	端口号	描　　述
UDP	69	简单文件传输（TFTP）
	67	动态主机配置（DHCP Server）
	68	动态主机配置（DHCP Client）
TCP	20	文件传输服务（数据连接）（FTP-Data）
	21	文件传输服务（控制连接）（FTP-Control）
	23	远程登录（Telnet）
	25	简单邮件传输（SMTP）
	110	邮件读取（POP3）
	80	超文本传输（HTTP）

但是，只是使用端口号来进行数据传输仍然存在问题。例如，两台计算机主机 A 和主机 B 要同时使用简单邮件传输协议，在传送数据前主机 A 和主机 B 要分别为自己的通信进程分配端口号，若它们自由分配的端口号相同都为 200，与目的主机 C 通过端口 25 进行通信，如图 9-3 所示，目的主机 C 就无法区分收到的数据报是主机 A 还是主机 B 发送的。解决这种问题就要引入一个新的概念——插口。

为了使多主机多进程通信时不至于发生上述的混乱情况，必须把端口号和主机的 IP 地址结合起来使用，称为插口或套接字（Scoket）。由于主机的 IP 地址是唯一的，这样目的主机就可以区分收到的数据报的源主机。

在网络通信中，必须将 IP 地址和端口号结合起来才能实现应用进程之间的通信。采用如下的记法。

IP 地址：端口号

如 图 9-3 所 示 ， 地 址 与 端 口 为 124.33.13.55:200 和 126.45.21.51:25 就是一对

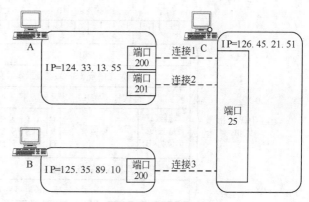

图 9-3　通过 SMTP 进行通信的主机

插口，共 48 位。在整个 Internet 中，在传输层上进行通信的一对插口都必须是唯一的。

9.3　传输控制协议 TCP

传输控制协议（Transmission Control Protocol，TCP）是一个面向连接、可靠的传输层协议，提供有序、可靠的全双工虚电路传输服务。它采用认证、重传机制等方式确保数据的可靠传输，为应用程序提供完整的传输层服务。它允许两个应用进程之间建立一条传输连接，应用进程通过传输连接可以实现顺序、无差错、不重复和无报文丢失的流传输。在一次进程数据交互结束后，释放传输连接。一旦数据报遭到破坏或丢失，通常是由 TCP（而不是高层中应用程序）负责将其重新传输。TCP 协议提供的服务具有如下特点。

（1）面向连接。面向连接的传输服务对保证数据流传输的可靠性是十分重要的。它在进行实际数据报传输之前必须在源进程与目的进程之间建立传输连接。

（2）传输可靠性。由于 TCP 协议也是建立在不可靠的网络层 IP 协议基础上，IP 协议不能提供任何保证分组传输可靠性的机制，因此 TCP 协议的可靠性需要由自己实现。TCP 协议支持数据报传输可靠的主要方法是确认与超时重传。TCP 能确保一个连接传输数据后，不会发生数据的丢失和乱序。

（3）全双工通信。一个 TCP 允许数据以全双工方式进行通信，并允许应用程序在任意时刻发送数据。

（4）可靠的连接建立和完美的连接终止。为了保证传输连接与释放的可靠性，TCP 协议使用了3 次握手的方法。在释放传输连接时，保证在关闭连接时已经发送的数据报可以正确地达到目的端口。

（5）支持率流传输。TCP 协议提供一个流接口，应用进程可以利用它发送连续的数据流。TCP 传输连接提供一个"管道"，保证数据流从一端正确地"流"到另一端。TCP 对数据流的内容不作任何解释。TCP 不知道传输的数据流是二进制数据，还是 ASCII 字段、或者其他类型数据，对数据流的解释由双方的应用程序处理。

（6）提供流量控制与拥塞控制。TCP 协议采用了大小可以变化的滑动窗口方法进行流量控制，发送窗口在建立连接时由双方商定。在通信过程中，发送端可以根据自己的资源情况随机、动态地调整发送窗口的大小，而接收端将跟随发送端调整接收窗口。

9.3.1　TCP 报文格式

TCP 的协议数据单元被称为报文段（Segment），TCP 通过报文段的交互来发出确认、建立连接、传输数据、进行差错控制、流量控制及关闭连接。报文段分为报文段首部和数据两部分。所谓报文段首部就是 TCP 为了实现端到端可靠传输所加上的控制信息，而数据则是指由高层即应用层传输来的数据。如图 9-4 所示，给出了 TCP 报文段首部的格式。

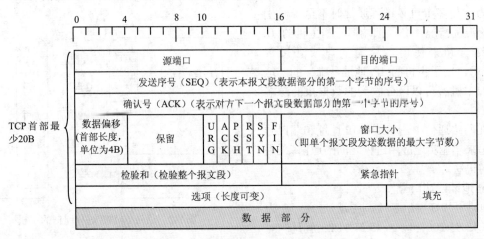

图 9-4　TCP 报文段首部格式

① 源端口和目的端口：各占 2B。端口是运输层与应用层的服务接口。运输层的复用和分用功能都要通过端口才能实现。分别标识连接两端的两个通信的应用进程。端口号与 IP 地址一起构成插口，相当于传输层与应用层之间进行信息交换的服务访问点。源端口号是 TCP 数据段发送方进程对应的端口号，这个端口号是由发送方进程产生的，唯一标识了发送端的一个进程。目的端口号，它对应的是接收端的进程，接收端收到数据段后，根据这个端口号来确定把数据送给哪个应用程序的进程。

② 发送序号：占 4B。TCP 连接中传送的数据流中的每一个字节都编上一个序号。序号字段的值则指的是本报文段所发送的数据的第一个字节的序号。

③ 确认序列号：占 4B，是期望收到对方的下一个报文段的数据的第一个字节的序号，同时确认以前收到的报文。

④ 数据偏移：占 4bit，即首部长度，它指出 TCP 报文段的数据起始处距离 TCP 报文段的起始处有多远。"数据偏移"的单位是 32bit（以 4B 为计算单位）。

⑤ 保留字段：占 6bit，保留为今后使用，但目前置为 0。

⑥ 紧急比特：URG=1 时，紧急指针字段有效，告诉系统此报文段有紧急数据，应尽快传送，忽略排队顺序。

⑦ 确认比特：ACK=1 时，确认序号字段有效。当 ACK=0 时，确认序号无效。

⑧ 推送比特：PSH=1 时，系统立即创建报文段并发送，接收端接收后立即交付应用进程，而不再等到整个缓存都填满了后再向上交付。

⑨ 复位比特：RST=1 时，表示 TCP 连接出现严重错误（如由于主机崩溃或其他原因），必须释放连接，并重新建立连接。

⑩ 同步比特：SYN=1，ACK=0 时，表示连接请求；SYN=1，ACK=1 时，表示确认对方的连接请求。

⑪ 终止比特：FIN=1 时，表示数据发送完毕，可以释放连接。

⑫ 窗口字段：占 2B。窗口字段用来控制对方发送的数据量，单位为字节。TCP 连接的一端根据设置的缓存空间大小确定自己的接收窗口大小，然后通知对方以确定对方的发送窗口的上限。作用是发送方通知接收方在没收到发送方的确认报文段时，发送方可以发送的数据的字节数最大为多少字节。当网络通畅时这个窗口值变大以加快传输速度，当网络不稳定时这个窗口值减小可保证网络数据的可靠传输，TCP 协议中的流量控制机制就是依靠变化窗口的大小实现的。

⑬ 检验和：占 2B。检验和字段检验的范围包括首部和数据这两部分。在计算检验和时，要在 TCP 报文段的前面加上 12B 的伪首部。

⑭ 紧急指针字段：占 16bit。与紧急比特配合使用处理紧急情况，指出在本报文段中的紧急数据的最后一个字节的序号。

⑮ 选项字段：长度可变。TCP 只规定了一种选项，即最大报文段长度 MSS（Maximum Segment Size）。MSS 告诉对方 TCP："我的缓存所能接收的报文段的数据字段的最大长度是 MSS 个字节。"

⑯ 填充字段：为了使整个首部长度是 4B 的整数倍。

⑰ 数据：是由应用层的数据分段而得到的一部分数据，是 TCP 协议服务的对象。

9.3.2　TCP 连接管理

TCP 是面向连接的，在进行数据通信之前需要在两台主机之间建立连接，通信完毕后要释放连接。TCP 连接管理的主要工作就是管理传输连接的建立和释放。

1）TCP 连接建立

开始建立连接时，一定会有一方为主动端，另一方为被动端。传输层连接的建立，主要是让通信双方知道各自使用的各项 TCP 参数。例如，在进行通信之前要让每一方确知对方的存在；允许双方商定一些参数，如最大报文段长度、最大窗口大小等。TCP 采用"三次握手"方式来建立连接，这种方式可以有效地防止已失效的连接请求报文段突然传送到接收端。建立连接的一般过程如下所示。

第一次握手：源端机发送一个带有本次连接序号的请求。

第二次握手：目的主机收到请求后，如果同意连接，则发回一个带有本次连接序号和源端机连接序号的确认。

第三次握手：源端机收到含有两次初始序号的应答后，再向目的主机发送一个带有两次连接序号的确认。

当目的主机收到确认后，双方就建立连接。

设主机 A 中的某一个用户应用进程要与主机 B 中的某一个应用进程进行数据交换，如图 9-5 所示。

第一次握手：主机 A 要向其 TCP 发出主动打开命令，主机 A 的 TCP 要向主机 B 的 TCP 发出连接请求报文段，报文段首部中的同步比特 SYN=1，同时指

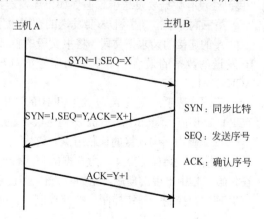

图 9-5　TCP 协议中连接建立的过程

定一个从主机 A 到主机 B 的初始序号 SEQ=X，此数值表明在后面传送数据时的第一个数据字节的序号。

第二次握手：主机 B 的 TCP 收到主机 A 发送来的连接请求报文段后，如果同意，则发回确认报文段。设置此报文段首部中 SYN=1，确认序号为 ACK=X+1，并为自己选择一个新的序号 SEQ=Y，用来标志主机 B 到主机 A 发送的报文段的初始序号。

第三次握手：当主机 A 的 TCP 收到主机 B 发送来的确认报文段后，仍然要向主机 B 发送确认报文段，确认序号为 ACK=Y+1。

此时主机 A 的 TCP 通知上层应用进程连接已经建立，可以传送数据。当主机 B 的 TCP 收到主机 A 的确认报文段后，也会向上通知它的应用进程连接已经建立，可以开始准备接收数据了。

2）连接的释放

当两方数据传送结束后，需要释放连接。进行通信的双方任意一方都可以发出释放连接的请求，连接的释放与连接的建立相似，采用"四次握手"的方式，只有这样才能将连接所用的资源（连接端口、内存等）释放出来。

第一次握手：由进行数据通信的任意一方提出要求释放连接的请求报文段。

第二次握手：接收端收到此请求后，会发送确认报文段。

第三次握手：当接收端的所有数据也都已经发送完毕后，接收端会向发送端发送一个带有其自己序号和释放连接请求的报文段。

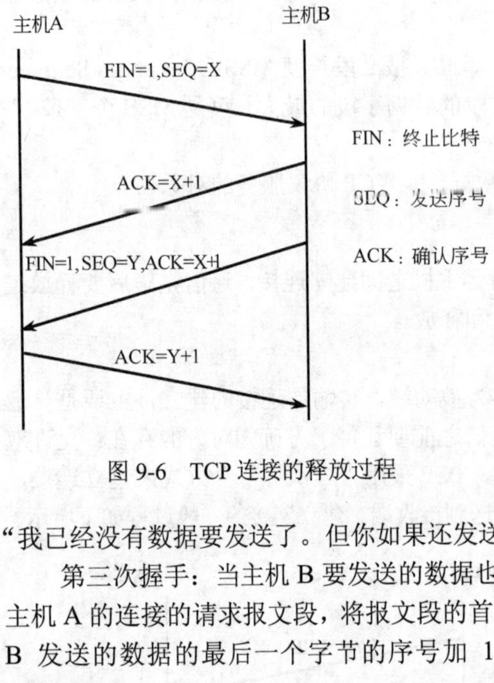

第四次握手：发送端收到接收端的要求释放连接的报文段后，发送反向确认。

当接收端收到确认后，表示连接已经全部释放。具体的连接释放的过程，如图 9-6 所示。

第一次握手：如主机 A 传送完数据后，主机 A 的 TCP 会向对方的发送释放连接请求，要求释放由主机 A 到主机 B 这个方向的连接，将发送的这个请求报文段的首部中的 FIN=1，确定它的序号 SEQ=X，X 为已传送的数据的最后一个字节的序号加 1。

第二次握手：主机 B 接收到这个报文段后，会立即发送确认，确认序号为 ACK=X+1。并通知高层应用进程。这样从主机 A 到主机 B 的连接就释放了，连接处于半关闭状态。相当于主机 A 向主机 B 说："我已经没有数据要发送了。但你如果还发送数据，我仍接收。"

图 9-6　TCP 连接的释放过程

第三次握手：当主机 B 要发送的数据也发送完毕后，主机 B 会向主机 A 发送释放从主机 B 到主机 A 的连接的请求报文段，将报文段的首部 FIN=1，并发送一个自己的序号 SEQ=Y，Y 等于主机 B 发送的数据的最后一个字节的序号加 1，另外还要重复上次已经发送给主机 A 的确认序号 ACK=X+1。

第四次握手：主机 A 收到主机 B 的请求后，还要发送确认序号为 ACK=Y+1。这时主机 A 的 TCP 向高层应用通知，从主机 B 到主机 A 的反向连接也被释放掉，则整个连接已经被释放了。

TCP 使用面向连接的通信方式，这大大地提高了数据传输的可靠性，使发送端和接收端在数据正式传输之前就有了交互，为数据的正式传输打下了可靠的基础。但是单纯地连接并不能解决数据在传输过程中出现的问题，比如双方传输速度不协调、数据丢失、数据确认丢失等。对于这些问题，TCP 使用流控制、差错控制、拥塞控制、计时器等手段来保证数据传输的可靠性。

9.4　用户数据报协议 UDP

用户数据报协议（User Datagram Protocol，UDP）是一个简单的无连接的传输层协议，主要用于不要求分组顺序到达的传输中，分组传输顺序的检查与排序由应用层完成，提供面向事务的简单不可靠信息传输服务。

UDP 不提供可靠性，它把应用程序传给 IP 层的数据发送出去，但是并不保证它们能到达目的地。由于缺乏可靠性，所以应尽量避免使用 UDP，而使用一种可靠的协议如 TCP。可是在小数据文件或对数据传输要求不高的传输中，UDP 能发挥重要作用，还可减少了额外开销。UDP 被广泛应用于如 IP 电话、网络会议、可视电话、现场直播、视频点播 VOD 等传输语音或影像等多媒体信息的场合。UDP 具有如下特点。

（1）UDP 是无连接的。即发送数据之前不需要建立连接（当然发送数据结束时也没有连接可释放），因此减少了开销和发送数据之前的时延。

（2）UDP 使用尽最大努力交付。既不保证可靠交付，同时也不使用拥塞控制，因此主机不需要维持具有许多参数的、复杂的连接状态表。

（3）UDP 没有拥塞控制，网络出现的拥塞不会使源主机的发送速率降低。这对某些实时应用很重要的，很多的实时应用（IP 电话、实时视频会议等）要求源主机以恒定的速率发送数据，并且允许在网络发生拥塞时丢失一些数据，但却不允许数据有太大的时延。UDP 正好适合这种要求。

（4）UDP 是面向报文的。这就是说，UDP 对应用程序交下来的报文不再划分若干个分组来发送，也不把收到的若干个报文合并后再交付给应用程序。应用程序交给 UDP 一个报文，UDP 就发送这个报文；而 UDP 收到一个报文，就把它交付给应用程序。因此，应用程序必须选择合适大小的报文。

（5）用户数据报只有 8B 的首部开销，比 TCP 的 20B 的首部要短。

9.4.1　UDP 数据报格式

UDP 协议是面向无连接的，它的格式与 TCP 相比少了很多的字段，也简单了很多，这也是它传输数据时效率高的一个主要原因，UDP 只在 IP 数据报的基础上增加了很少的一些功能，用户数据报协议 UDP 也包括两个部分：数据和首部。UDP 首部只有 8B 共 4 个字段，UDP 首部的各字段如图 9-7 所示。

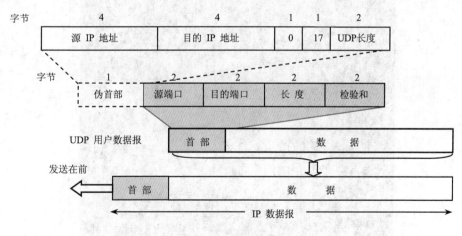

图 9-7　UDP 首部的数据报格式

各字段的具体含义如下所示。

① 源端口字段和目的端口字段：指出进行数据传送的两端应用进程的端口。

② 长度：UDP 数据报的长度。

③ 检验和字段：防止 UDP 数据报在传输的过程中出错。检验和的计算方法和 TCP 数据报中检验和的计算方法是一样的，计算之前需要在整个报文段的前面添加一个伪首部，伪首部的格式也与 TCP 相似，只是将第四个字段改为 17，它是 UDP 协议的标识值，第五个字段改为 UDP 数据报的长度。

9.4.2　UDP 和 TCP 的比较

要理解 TCP 和 UDP 的区别，必须理解什么是数据报和面向流的协议，什么是可靠的和不可靠的协议。

TCP 是面向流的协议，它将应用层传递的数据划分为较小的尺寸，重传丢失的片段，将乱序的数据重新排序；UDP 是基于数据报的协议，它在一次传输中最大限度地传输数据，即不对应用层传输的数据进行划分。这一点从两个协议的报文首部格式也可以看出，UDP 报文头没有序列号字段。因此支持 TCP 所需要的额外开销相应的高于 UDP。

UDP 不同于 TCP 的另外一点就是可靠性。UDP 是一个不可靠的传输协议，但这并不意味着 UDP 之上不能有可靠的数据传输，但 UDP 本身不提供可靠的数据传输。而是将可靠的传递由上层应用程序来负责，如果一个 UDP 报文在传输过程中丢失或损坏，必须由应用程序来完成重传等功能，从而降低了开销。TCP 是可靠的协议，TCP 对数据流进行分段和重组，重传丢失的报文，在运算速度不同的计算机间处理流控制。如果在传输期间网络保持连通，数据就能按序到达。相对于 TCP，UDP 的实现极大地降低了执行时间，因此适用于对速度要求高的应用。

9.5　工程实例——Netstat 的应用

如果计算机有时接收到的数据报导致出错数据或故障，不必感到奇怪，TCP/IP 可以容许这些类型的错误，并能够自动重发数据报。但如果频繁出错，或者出错在迅速增加，那么就应该使用 Netstat 查一查为什么会出现这些情况了。

Netstat 用于显示与 IP、TCP、UDP 和 ICMP 协议相关的统计数据，一般用于检验本机各端口的网络连接情况。Windows 7 操作系统中，在命令提示符窗口中，输入 netstat/?命令，可以查看 Netstat 命令格式及含义，如图 9-8 所示。

图 9-8　Netstat 命令格式及含义

查看本机所开放端口的最方便方法，在提示符下输入 netstat-a 即可，如下所示。

```
C:\>netstat -a
  协议    本地地址              外部地址              状态
  TCP   0.0.0.0:21            Z-PC:0               LISTENING
```

```
TCP    0.0.0.0:80              Z-PC:0              LISTENING
TCP    0.0.0.0:135             Z-PC:0              LISTENING
TCP    0.0.0.0:445             Z-PC:0              LISTENING
TCP    0.0.0.0:3306            Z-PC:0              LISTENING
TCP    0.0.0.0:5800            Z-PC:0              LISTENING
TCP    0.0.0.0:5900            Z-PC:0              LISTENING
TCP    0.0.0.0:49152           Z-PC:0              LISTENING
TCP    10.0.16.90:49245        221.130.45.198:http ESTABLISHED
TCP    127.0.0.1:2929          219.137.227.10:4899 ESTABLISHED
TCP    127.0.0.1:5939          Z-PC:0              LISTENING
TCP    127.0.0.1:14147         Z-PC:0              LISTENING
TCP    127.0.0.1:27018         Z-PC:0              LISTENING
TCP    127.0.0.1:49182         Z-PC:0              LISTENING
TCP    169.254.172.254:139     Z-PC:0              LISTENING
UDP    0.0.0.0:500             *:*
UDP    0.0.0.0:3600            *:*
UDP    0.0.0.0:4500            *:*
UDP    0.0.0.0:5355            *:*
```

其中 Z-PC 为本地计算机名称，LISTEN 为在监听状态中；ESTABLISHED 为已建立连接的情况；TIME_WAIT：该连接目前已经是等待的状态。其中一行解释如下。

```
TCP    10.0.16.90:49245        221.130.45.198:http   ESTABLISHED
```

协议是 TCP，本地地址 IP 地址为 10.0.16.90，本地连接端口号 49245，外部地址指的是远程访问主机的 IP 地址为 221.130.45.198，使用的是 http 协议，即 80 端口。状态为 ESTABLISHED。

如果检测到一些敏感的端口，就可以进行黑客攻击了。

显示关于以太网的统计数据，在提示符下输入 netstat-e。列出的项目包括传送的数据报的总字节数、错误数、删除数、数据报的数量和广播的数量。这些统计数据既有发送的数据报数量，也有接收的数据报数量。这个选项可以用来统计一些基本的网络流量，如图 9-9 所示。

若接收错和发送错接近零或全为零，网络的接口无问题。但当这两个字段有 100 个以上的出错分组时就可以认为是高出错率了。高的发送错表示本地网络饱和或在主机与网络之间有不良的物理连接；高的接收错表示整体网络饱和、本地主机过载或物理连接有问题，可以用 ping 命令统计误码率，进一步确定故障的程度。netstat-e 和 ping 命令结合使用能解决大部分网络故障。

图 9-9　netstat -e 显示以太网的统计数据

还可以使用 netstat 命令的其他参数，显示更详细情况。

另外，也可以使用其他端口扫描工具查看端口情况，如 ScanPort，SSS 端口扫描，superscan，Sniffer 等。

思考与练习

一、选择题

1. UDP 是（　　）的缩写词。

    A．User Delivery Protocol　　　　　　　　B．User Datagram Procedure

    C. User Datagram Protocol   D. Unreliable Datagram Protocol

2. TCP 连接管理中采用（　　）次握手建立连接，采用（　　）次握手释放连接。

    A. 3　4   B. 3　3

    C. 2　3   D. 4　3

3. 下面关于 TCP 协议描述不正确的是（　　）。

    A. 是面向连接、可靠的协议

    B. 提供有序可靠全双工虚电路传输服务

    C. 它采用认证、重传机制等方式确保数据传输可靠，为应用程序提供完整的传输层服务

    D. 是传输层唯一的协议，适合少量数据信息的传输

4. 关于 UDP 协议说法不正确的是（　　）。

    A. 是面向无连接协议   B. 适合少量或对传输要求不高的数据信息传输

    C. 开销小，延时也小   D. UDP 保证数据有序的传输

5. IP 负责（　　）的通信，而 TCP 则负责（　　）的通信。

    A. 主机到主机，进程到进程   B. 进程到进程，主机到主机

    C. 进程到进程，网络到网络   D. 网络到网络，进程到进程

6. 主机可以由（　　）来标识，而在主机上正在运行的程序可以用（　　）来标识。

    A. IP 地址，端口号   B. 端口号，IP 地址

    C. IP 地址，主机地址   D. IP 地址，熟知地址

二、填空题

1. 传输层协议包括（　　）和（　　）。

2. HTTP 协议的端口号是（　　），远程登录协议 Telnet 的端口号是（　　）。

3. TCP 的连接管理分为（　　）、（　　）和（　　）。

三、问答题

1. 传输层的主要功能是什么？

2. 什么是端口？什么是插口？

3. 画图说明 TCP 连接的管理方法。

4. 简述 TCP 和 UDP 的区别。

第 10 章　Internet 应用

【问题导入】

某学校在建设校园网的过程中，在提供教育网络环境的同时，实现资源共享、信息交流、协同工作等基本功能，具体要求如下所示。

① 为教育信息的及时、准确、可靠地收集、处理、存储和传输等提供工具和网络环境。

② 为学校行政管理和决策提供基础数据、手段和网络环境，实现办公自动化，提高工作效率、管理和决策水平。

③ 为备课、课件制作、授课、学习、练习、辅导、交流、考试和统计评价等各个教学环节提供网络平台和环境。

④ 用网络通信、视频点播和视频广播技术，提供符合素质教育要求的新型教育模式。

⑤ 学习研究的资料检索、收集和分析；成果的交流、研讨；模拟实验等提供环境和手段。

在设计方面主要有以下考虑。

（1）WWW 服务器设计

WWW 应用是 Internet 的标志性应用，最核心的应用服务集中在 WWW 服务器上完成。因而对于 WWW 服务器的设计首要考虑的就是服务器性能问题，另外考虑到将来在 Internet 平台上做应用开发的可能，对于 WWW 服务器同数据库互联的问题也应作为重点考虑。因为 WWW 服务器是被大量实时访问的超文本服务器，它要求在支持大量网络实时访问、磁盘空间、快速处理能力等方面具有较高的要求。

（2）DNS 服务器设计

建立 Intranet，其中一个必不可少的组成部分就是域名系统。IP 地址和机器名称的统一管理由 DNS 来完成的。

（3）FTP 服务器的设计

FTP 是 Internet 中一种广泛使用的服务，主要用来提供文件传输服务。FTP 采用 C/S 模式，FTP 客户软件必须与远程 FTP 服务器建立连接并登录后才能进行文件传输。为了实现有效的 FTP 连接和登录，用户必须在 FTP 服务器进行注册，建立账号，拥有合法的用户名和口令。

（4）E-mail 服务器设计

实现 Intranet 内部电子邮件系统与公共 Internet 电子邮件系统的平滑对接，实现电子邮件在 Internet 范围内通信。

问题 1：什么是域名？

回答 1：＿＿＿

＿＿＿

＿＿＿＿＿＿＿＿＿＿＿＿＿＿＿＿＿＿＿＿＿＿＿＿＿＿＿＿＿。

问题 2：文件传输协议的功能是什么？它是怎样工作的？

回答 2：＿＿＿

＿＿＿。

问题 3：什么是万维网？

回答 3：＿＿＿

＿＿＿

＿＿＿＿＿＿＿＿＿＿＿＿＿＿＿＿＿＿＿＿＿＿＿＿＿＿＿＿＿＿＿＿＿＿＿＿。

问题 4：什么是电子邮件？

回答 4：_____

_____

_____。

【学习任务】

本章主要介绍 Internet 的常用服务，包括 DNS、FTP、HTTP、DHCP、电子邮件等的原理和应用方式。本章学习任务如下所示。

- 掌握域名系统的组成与工作原理；
- 掌握文件传输系统的工作原理与使用方法；
- 理解万维网的工作原理及工作模式；
- 理解动态主机分配协议的工作原理；
- 掌握电子邮件的基本组成及工作原理。

10.1 域名系统

域名系统（Domain Name System，DNS）是 Internet 的一项服务，它作为将域名和 IP 地址相互映射的一个分布式数据库，能够使人更方便地访问互联网。在 Internet 上域名与 IP 地址之间是一一对应的，域名虽然便于人们记忆，但机器之间只能互相认识 IP 地址，它们之间的转换工作称为域名解析，域名解析需要由专门的域名解析系统来完成。DNS 就是进行域名解析的系统，它是由解析器和域名服务器组成的。域名服务器是指保存有该网络中所有主机的域名和对应 IP 地址，并具有将域名转换为 IP 地址功能的服务器。其中域名必须对应一个 IP 地址，而 IP 地址不一定有域名。域名系统采用类似目录树的等级结构。域名服务器为客户机/服务器模式中的服务器方，它主要有两种形式：主服务器和转发服务器。将域名映射为 IP 地址的过程就称为"域名解析"。

10.1.1 Internet 域名结构

每台主机都属于某域的成员，或者说属于某一相同组织的计算机组中的一员。域是由域名来标识的。通常域名与公司或其他类型组织联系在一起。Internet 将所有连网主机的名字空间划分为许多不同的域（domain）。树根下是最高一级的域，称为顶级域名。Internet 采用层次结构的命名树来管理域名。其结构如图 10-1 所示。

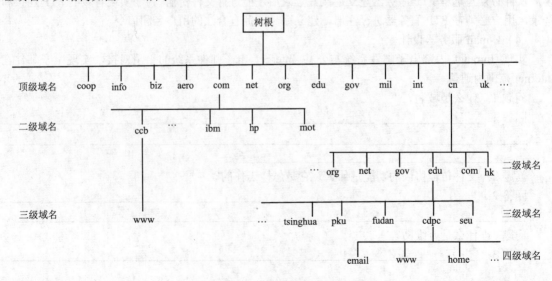

图 10-1 域名树型结构

目前 Internet 顶级域名分为以下三大类。

① 国家顶级域名：采用 ISO 3166 规定。如 cn 表示中国，us 表示美国等。

② 国际顶级域名：采用 int。国际性的组织可在 int 下注册。

③ 通用顶级域名：见表 10-1。

表 10-1　通用顶级域名

域名	组 织 类 型	域名	组 织 类 型
com	表示商业组织	aero	表示航空运输业
edu	表示教育组织	biz	表示公司或企业
gov	表示政府组织	coop	表示合作团体
org	表示非营利性组织	info	适合各种情况
net	表示网络服务组织	museum	表示博物馆
mil	表示军事组织	pro	表示有证书
int	表示国际性组织	name	用于会计、律师等有证书的专业人员

Internet 采用了层次树状结构的命名方法。任何一个连接到 Internet 上的主机或路由器，都有一个唯一的层次结构的名字，即域名。域名的结构由标号序列组成，各标号分别代表不同级别的域名，各标号之间用点隔开：

主机名.…….四级域名.三级域名.二级域名.顶级域名

例如，中国建设银行的域名由 3 个标号组成，www.ccb.com，如图 10-2 所示。

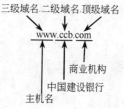

图 10-2　中国建设银行域名举例

一个单位一旦拥有了自己的域名，便可决定是否划分子域。Internet 上域名由 Internet 指派名字和号码公司 ICANN（Internet Corporation for Assigend Names and Numbers）负责分配。欲连入 Internet 的主机，必须由单位或个人到 ICANN 申请注册，一旦域名注册成功，将成为 Internet 上唯一的域名。还有一些大的机构（域）有进一步分配其子域名的权利，如中国教育和科研计算机网 CERNET。各大学建校园网时，要向 CERNET 网管中心申请域名，而所有大学的域名都属于 CERNET 域（edu.cn）中的一个子域，如中国清华大学的域名 tsinghua.edu.cn 属于 CERNET 域。

主机名有许多限制，总长度应小于 63 个字符，其中包括字母、数字、连接符、下划线或圆点符号的组合，不允许使用其他字符。

10.1.2　域名解析系统

在互联的网络中，网络只能识别 IP 地址，不能识别具有人性化的域名。需要有一种机制，在通信时，将域名转换成 IP 地址。早在 ARPANET 时期，网络依靠存储在主机中的 ASCII 码文件 hosts 文件来把主机名与 IP 地址联系起来，称为主机文件。在 UNIX 系统中文件为/etc/hosts 文件，而在 Windows 系统中文件名为 lmhosts。主机文件的结构见表 10-2。

表 10-2　主机文件的结构

IP 地址	主机名
192.168.0.1	home.cdpc.edu
192.168.0.2	email.cdpc.edu
61.165.38.2	sohu.com.cn

简单的单个主机文件只能满足小型单个组织的使用要求，而不能适应 Internet 的爆炸式发展，主机文件需要经常更新，限制了 Internet 的带宽容量。Internet 目前使用的是一种联机分布式数据库系统的域名系统 DNS。

在 DNS 中由域名服务器（DNS Server）完成域名与 IP 地址的转换过程，这个过程称为域名解析。在 Internet 上，域名服务器系统是按域名层次来安排的。每个域名服务器不但能够进行域名解析，而且还必须具有与其他域名服务器连接的能力。当本身不能对某个域名解析时，可以自动将解析请求发送到其他域名服务器。整个域名解析过程，是按客户/服务器模式工作的。域名服务器主要分为以下几类。

（1）本地域名服务器。它通常工作于 Internet 服务提供者（ISP）或某个单独组织。当本地网络中的某个主机有 DNS 解析请求时，首先由本地域名服务器处理，若有 IP 地址到域名的映射，则将 IP 地址传送给发出请求的主机。

（2）根域名服务器。当本地域名服务器不能解析某域名时，将以 DNS 客户身份向根域名服务器发出解析请求，若有相应的主机信息，将相应信息发送回本地域名服务器，再发送给发出请求的主机。

（3）授权域名服务器。Internet 上的每台主机都必须在授权域名服务器处注册登记。通常，一个主机的授权域名服务器就是它的本地 ISP 的一个域名服务器。许多域名服务器同时充当本地域名服务器和授权域名服务器。授权服务器总能将其管辖的主机名转换为该主机的 IP 地址。

如图 10-3 所示，abc.com 与 xyz.com 均为 com 域下注册的子域，分别由相应的授权域名服务器 dns.abc.com 与 dns.xyz.com 负责本域管辖主机的注册及解析域名。同时它们也可以作为本地域名服务器。

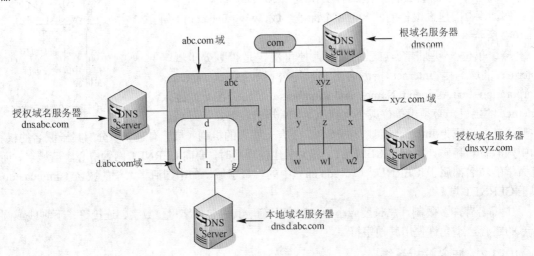

图 10-3　域名与域名服务器的层次关系

下面以处于不同域的两个主机通信实例，说明域名的解析过程。域 xyz.com 主机 A（域名为 x.xyz.com）欲与 d.abc.com 域的主机 B（域名为 g.d.abc.com）通信。主机 A 不知道主机 B 的 IP 地址，因此首先向本地域名服务器（授权域名服务器 dns.xyz.com）发出请求报文。本地域名服务器没有主机 B 的信息，向根域名服务器（dns.com）发出请求，若没有主机 B 的信息，由根域名服务器转发到另外的本地域名服务器（授权域名服务器 dns.abc.com）。依此类推，一直转发到最终的本地域名服务器（dns.d.abc.com）。若有主机 B 的信息，则将其 IP 地址信息作为响应报文，按请求顺序传送到主机 A。若没有主机 B 的信息，则将出错信息作为响应报文，传送到主机 A。如图 10-4 所示为整个域名的解析过程。

在图 10-4 所示的解析过程中，根域名服务器的数据流量是最大的，为了减少根域名服务器的负担，可采用递归与迭代相结合的方法。其工作原理如图 10-5 所示，请注意报文转发的顺序。

在域名服务器与主机中可以使用高速缓存以减小域名解析的开销。

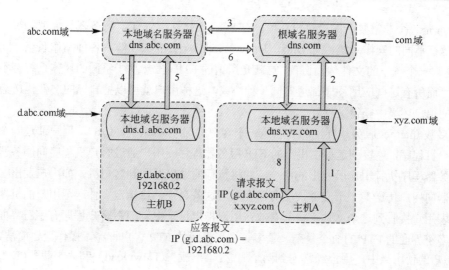

图 10-4 域名层解析过程

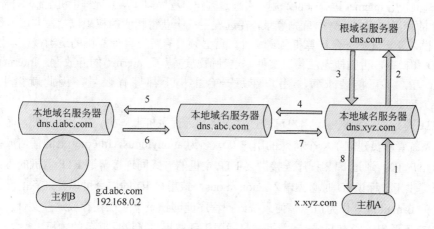

图 10-5 域名递归与迭代结合层解析过程

10.2 文件传输协议

FTP（File Transfer Protocol）是最常用的网络协议之一，其主要功能就是进行传输文件。FTP 也是基于 Client/Server 模式的，客户端用户可以通过网络连接到 FTP 服务器，根据用户自己的权限进行上传或下载文件。

10.2.1 FTP 概述

FTP 就是专门用来传输文件的协议。FTP 的主要作用，就是让用户连接上一个远程计算机（这些计算机上运行着 FTP 服务器程序）察看远程计算机有哪些文件，然后把文件从远程计算机上复制到本地计算机，或把本地计算机的文件送到远程计算机去。

其实早期在 Internet 上传输文件，并不是一件容易的事，主要表现在以下几方面。

① 计算机存储数据的格式不同；

② 文件的命名规定不同；

③ 对于相同的功能，操作系统使用的命令不同；

④ 对文件存取权限控制方式不同。

Internet 是一个非常复杂的计算机环境，有 PC、工作站、MAC、服务器、大型机等，而这些计算机可能运行不同的操作系统，有 Unix、Dos、Windows、MacOS 等，各种操作系统之间的文件交流，需要建立一个统一的文件传输协议，这就是所谓的 FTP。虽然基于不同的操作系统有不同的 FTP 应用程序，而所有这些应用程序都遵守同一种协议，这样用户就可以把自己的文件传送给别人，或者从其他的用户环境中获得文件。

与大多数 Internet 服务一样，FTP 也是一个客户机/服务器系统（C/S）。用户通过一个支持 FTP 协议的客户机程序，连接到远程主机上的 FTP 服务器程序。用户通过客户机程序向服务器程序发出命令，服务器程序执行用户所发出的命令，并将执行的结果返回到客户机。如用户发出一条命令，要求服务器向用户传送某一个文件，服务器会响应这条命令，将指定文件送至用户的机器上。客户机程序代表用户接收到这个文件，将其存放在用户指定目录中。FTP 客户程序有字符界面和图形界面两种。字符界面的 FTP 的命令复杂、繁多。图形界面的 FTP 客户程序，操作上要简洁方便得多。

在 FTP 的使用当中，用户经常遇到两个概念："下载"（Download）和"上载"（Upload）。"下载"文件就是从远程主机复制文件至自己的计算机上；"上载"文件就是将文件从自己的计算机中复制至远程主机上。用 Internet 语言来说，用户可通过客户机程序向（从）远程主机上载（下载）文件。

在 FTP 的使用过程中，必须首先登录，在远程主机上获得相应的权限以后，方可上传或下载文件。也就是说，要想同哪一台计算机传送文件，就必须具有哪一台计算机的适当授权。换言之，除非有用户 ID 和口令，否则便无法传送文件。这种情况违背了 Internet 的开放性，Internet 上的 FTP 主机何止千万，不可能要求每个用户在每一台主机上都拥有账号。因此就衍生出了匿名（anonymous）FTP。

匿名 FTP 是这样一种机制，用户可通过它连接到远程主机上，并从其下载文件，而无需成为其注册用户。系统管理员建立了一个特殊的用户 ID，名为 anonymous，Internet 上的任何人在任何地方都可使用该用户 ID。通过 FTP 程序连接匿名 FTP 主机的方式同连接普通 FTP 主机的方式差不多，只是在要求提供用户标识 ID 时必须输入 anonymous，该用户 ID 的口令可以是任意的字符串。习惯上，用自己的 E-mail 地址作为口令，使系统维护程序能够记录下来谁在存取这些文件。值得注意的是，匿名 FTP 不适用于所有 Internet 主机，只适用于那些提供了这项服务的主机。

当远程主机提供匿名 FTP 服务时，会指定某些目录向公众开放，允许匿名存取。系统中的其余目录则处于隐匿状态。作为一种安全措施，大多数匿名 FTP 主机都允许用户从其下载文件，而不允许用户向其上传文件，也就是说，用户可将匿名 FTP 主机上的所有文件全部复制到自己的机器上，但不能将自己机器上的任何一个文件复制到匿名 FTP 主机上。即使有些匿名 FTP 主机确实允许用户上传文件，用户也只能将文件上传至某一指定上传目录中。随后，系统管理员会去检查这些文件，他会将这些文件移至另一个公共下载目录中，供其他用户下载，利用这种方式，远程主机的用户得到了保护，避免了有人上载有问题的文件，如带病毒的文件。

10.2.2 FTP 工作原理

如图 10-6 所示，TCP/IP 协议中，FTP 标准命令 TCP 端口号为 21，Port 方式数据端口为 20。FTP 协议的任务是从一台计算机将文件传送到另一台计算机，它与这两台计算机所处的位置、连接的方式、甚至是是否使用相同的操作系统无关。假设两台计算机通过 ftp 协议对话，并且能访问 Internet，可以用 ftp 命令来传输文件。每种操作系统使用上有某一些细微差别，但是每种协议基本的命令结构是相同的。

FTP 使用 TCP 可靠传输，按 C/S 模式工作。一个 FTP 服务器进程可同时为多个客户进程提供服务。服务器进程主要分为两大部分：一个主进程，负责接受新的客户请求并启动相应的从属进程；若干从属进程，负责处理具体的客户请求。FTP 的工作原理如下：

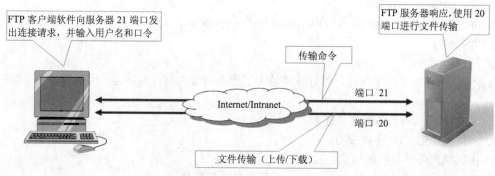

图 10-6　FTP 服务器与客户端

① 在服务器端首先启动 FTP 主进程。主进程打开熟知端口 21，为客户端连接作好准备并等待客户进程的连接请求。

② 客户端在命令提示符下输入 ftp 服务器名并按 Enter 键。客户端向服务器端口 21 发出请求连接报文，并告诉服务器自己的另一个端口号。

③ 服务器主进程接收到客户请求，启动从属的"控制进程"与客户端建立"控制连接"，并将响应信息传送给客户端。

④ 服务器主进程回到等待状态，继续准备接收其他客户的请求。

⑤ 客户端输入账号、口令、及文件读取命令后，通过"控制连接"传送到服务器端的"控制进程"。

⑥ 服务器"控制进程"创建"数据传送进程"，并通过端口 20 与客户端建立"数据传输连接"。

⑦ 客户端通过建立的"控制连接"传送交互命令，通过"数据连接"接收服务器传来的文件数据。

⑧ 传输结束，服务器端释放"数据连接"，"数据传输进程"自动终止。

⑨ 客户端输入退出命令，释放"控制连接"。

⑩ 服务器端"控制进程"自动终止。至此整个 FTP 会话过程结束。

从 FTP 工作过程可以看出，FTP 使用两条 TCP 连接，一条是由客户端发起连接的"控制连接"，用来传输 FTP 命令的；一条是由服务器端发起连接的"数据连接"，用来传输数据的。这是两条独立的连接，不会互相干扰，使协议更简单，更容易实现。

下面以客户机使用 Windows 操作系统匿名登录 FTP 服务器 ftp.pku.edu.cn（北京大学 FTP 服务器），说明匿名登录 FTP 服务器并下载文件 rfc2107.txt 的操作方法。

在 Windows 的 MS DOS 方式下输入以下命令。

① ftp ftp.cdpc.edu.cn

② Connected toftp.edu.cn

③ 220 ftp.edu.cn FTP server(version wu2.6.1) ready.

④ User(ftp.edu.cn:(none)):

⑤ 331 Guest login ok,send your complete e-mail address as password.

⑥ Password:

⑦ 230 Guest login ok,access restrictions apply.

⑧ ftp> cd rfc

⑨ 250 CWD command successful.

⑩ ftp>get rfc2107.txt abc.txt

⑪ 200 port command successful.

⑫ 150 opening ASCII mode data connection for rfc2107.txt(44300 bytes)

⑬ 226 Transfer complete.

⑭ ftp: 45479 bytes received in 0.50seconds 90.96kbytes/sec.

⑮ ftp>bye

⑯ 221 Goodbye.

具体信息解释如下所示（注，每行标号是为了便于阅读由作者增加的。所有斜体字需要由用户输入）。

① 用 FTP 与远地服务器建立连接。

② 本地发出的 FTP 连接成功信息。

③ 由远端服务器返回的信息，220 表示"服务准备好"。

④ 输入登录的用户名。输入 anonymous 表示要匿名登录。

⑤ 331 表示用户名输入正确，要求输入完整电子邮件地址作为口令。

⑥ 输入口令。既可以是电子邮件地址，也可输入 guest，作为来宾访问。

⑦ 230 表示用户登录成功。

⑧ "ftp>"是 FTP 的操作提示符。用户输入改变目录命令，进入 rfc 目录。

⑨ CWD 是 FTP 的标准命令。250 表示命令执行正确。

⑩ 用户要求下载文件 rfc2107.txt 文件到本地当前目录，并改名为 abc.txt。

⑪ 200 表示建立数据连接命令 PORT 正确。

⑫ 0 表示已打开数据文件，建立数据连接。

⑬ 6 表示传输完成，释放数据连接。

⑭ 本地文件信息。

⑮ 输入退出命令（也可输入 quit 命令退出）。

⑯ FTP 工作结束。

FTP 一般是交互式地工作，命令使用起来并不是很复杂。常用的交互命令的使用方法见表 10-3。目前有许多 FTP 客户机软件向用户提供了图形化的操作，使用非常方便。例如 CuteFTP、SmartFTP、WS_FTP 等。

表 10-3　常用 FTP 交互命令使用说明

命　令	命　令　格　式	命　令　意　义
get	get file1　file2	将文件 file1 下载到本地，并改名为 file2
put	put file1　file2	将文件 file1 上传到服务器，并改名为 file2
ls 或 dir	ls	显示当前目录下的文件
cd	cd abc	进入 abc 目录
rename	rename file1　file2	将文件 file1 改名为 file2
?	? user	显示 user 命令的功能
!	!	进入本地操作系统外壳（exit 返回 ftp）
quit	quit	退出 ftp

10.2.3　TFTP

简单文件传输协议（Trivial File Transfer Protocol，TFTP），是 TCP/IP 协议族中被用来在服务器和客户机之间传输简单文件的协议，从名称上来看似乎和常见的 FTP 协议很类似，其实两者都是用来传输文件，但不同的是，TFTP 较 FTP 在传输文件体积方面要小得多，比较适合在需要传送的小体积文件。比如在对 CISCO 设备进行 IOS 升级或备份时，就是通过此协议连接到 CISCO 的 TFTP 服务器进行相关操作。除此之外，TFTP 操作也非常简单，功能也很有限，不能像 FTP 一样实现例如身份验证、文件目录查询等诸多功能。

10.3　超文本传输协议

万维网（World Wide Web，WWW），也称环球信息网，是一种特殊的信息结构框架。它是一个大规模的、联机式的信息储藏所，其目的是为了访问遍布在因特网上数以千计的机器上的链接文件。

HTTP 是 Hyper Text Transfer Protocol（超文本传输协议）的缩写。它的发展是万维网协会（World Wide Web Consortium）和 Internet 工作小组 IETF（Internet Engineering Task Force）合作的结果，最终发布了一系列的 RFC，RFC 1945 定义了 HTTP/1.0 版本。其中最著名的就是 RFC 2616。RFC 2616 定义了今天普遍使用的一个版本——HTTP 1.1。为纪念 Tim Berners-Lee 提出 HTTP 后对互联网发展的贡献，万维网协会保留有他最原始提交的版本。

当时，Telnet 协议解决了一台计算机和另外一台计算机之间一对一地控制型通信的要求。邮件协议解决了一个发件人向少量人员发送信息的通信要求。文件传输协议解决一台计算机从另外一台计算机批量获取文件的通信要求，但是它不具备一边获取文件一边显示文件或对文件进行某种处理的功能。新闻传输协议解决了一对多新闻广播的通信要求。而超文本要解决的通信要求是：在一台计算上获取并显示存放在多台计算机里的文本、数据、图片和其他类型的文件；它包含两大部分：超文本转移协议和超文本标记语言（HTML）。HTTP、HTML 以及浏览器的诞生给互联网的普及带来了飞跃。

HTTP 协议是用于从 WWW 服务器传输超文本到本地浏览器的传送协议。它可以使浏览器更加高效，使网络传输减少。它不仅保证计算机正确快速地传输超文本文档，还确定传输文档中的哪一部分，以及哪部分内容首先显示（如文本先于图形）等。

HTTP 是一个应用层协议，由请求和响应构成，是一个标准的客户端服务器模型。HTTP 是一个无状态的协议。

10.3.1　统一资源定位符

统一资源定位符（Uniform Resource Locator，URL）是对可以从互联网上得到的资源的位置和访问方法的一种简洁的表示，是互联网上标准资源的地址。互联网上的每个文件都有一个唯一的 URL，它包含的信息指出文件的位置以及浏览器应该怎么处理它。

网页的标识是通过 URL 统一资源定位符来标识的，具体格式如下所示。

<URL 的访问方法>://<主机>:<端口>/<路径>/<文档>

其中，协议，指访问 URL 的方式，可以是 HTTP、FTP 等。

主机，是被访问文档所在的主机的域名。

端口，是建立 TCP 连接的端口号，使用熟知端口可以忽略；如果 Web 服务器应用程序的端口号为 80，那么在 URL 中可以不必书写端口号。因为 Web 服务器应用程序的默认端口号为 80。

路径，是文档在主机上的相对存储位置。

文档，是具体的页面文件。

例如 http://www.cdpc.edu.cn/index.htm 和 ftp://ftp.cdpc.edu.cn

在这两个例子中都省略了端口号，第二个例子中还省略了路径及文档，这样访问的文档为该主机的默认文档，称为主页（Home Page）。主页一般作为一个主机站点的最高级别的界面，是一个单位或组织的网络"门面"。

文件所在的服务器的名称或 IP 地址，后面是到达这个文件的路径和文件本身的名称。服务器的名称或 IP 地址后面有时还跟一个冒号和一个端口号。它也可以包含接触服务器必须的用户名称和密码。路径部分包含等级结构的路径定义，一般来说不同部分之间以斜线（/）分隔。询问部分一般用来传送对服务器上的数据库进行动态询问时所需要的参数。

有时候，URL 以斜杠"/"结尾，而没有给出文件名，在这种情况下，URL 引用路径中最后一个目录中的默认文件（通常对应于主页），这个文件常常被称为 index.html 或 default.htm。

需要注意是 URL 中，"资源类型"和"存放资源的主机域名"对大小写不敏感。如：http://www.cctv.com 和 http://www.cctv.com 相同。但是，路径名和文件名对大小写敏感。如：http://home.cdpc.edu.cn/ycjx/kcml.html 和 http://home.cdpc.edu.cn/YCJX/KCML.HTML 不同。

10.3.2　超文本传输协议

HTTP（HyperText Transfer Protocol）超文本传输协议是万维网客户端进程与服务器端进程交互遵守的协议，是一个应用层的协议，使用 TCP 连接进行可靠的传输。HTTP 是万维网上资源传送的规则，是万维网能正常运行的基础保障。

HTTP 采用 C/S 工作模式。万维网的每个站点都有一个服务进程，它不断监听 TCP 的 80 端口，等待客户端的 TCP 连接请求。在客户端需要运行用户与万维网的接口程序，一般是浏览器软件。它负责向服务器提出请求，并将服务器传送回的页面信息显示给用户。当用户欲浏览服务器的某网页时，客户进程向服务器的 80 端口发出连接请求，服务器接到请求后，如果接受就与客户端建立 TCP 连接。客户端利用建立好的连接，将网页的标识传送到服务器。服务器将请求的页面作为回应，传送给客户端。传送完毕，连接释放。客户端接到回应的网页信息，由浏览器解释并显示给用户。

浏览器工作于用户端，是用户使用万维网的接口程序，也是万维网的网页解释程序，是用户访问远端服务器的代理程序。浏览器程序结构复杂，包含若干协同工作的软件组件。

10.3.3　超文本标记语言

在万维网上的一个超媒体文档称之为一个页面（page）。作为一个组织或者个人在万维网上放置开始点的页面称为主页（Homepage）或首页，主页中通常包括有指向其他相关页面或其他节点的指针（超级链接），所谓超级链接，就是一种统一资源定位器指针，通过激活（点击），可使浏览器方便地获取新的网页。这也是 HTML 获得广泛应用的最重要的原因之一。在逻辑上将视为一个整体的一系列页面的有机集合称为网站（Website 或 Site）。超级文本标记语言（HTML，Hyper Text Markup Language）是为"网页创建和其它可在网页浏览器中看到的信息"设计的一种标记语言。

网页的本质就是超级文本标记语言，通过结合使用其他的 Web 技术（如脚本语言、公共网关接口、组件等），可以创造出功能强大的网页。因而，超级文本标记语言是万维网（Web）编程的基础，也就是说万维网是建立在超文本基础之上的。超级文本标记语言之所以称为超级文本标记语言，是因为文本中包含了所谓"超级链接"点。

超级文本标记语言是标准通用标记语言下的一个应用，也是一种规范，一种标准，它通过标记符号来标记要显示的网页中的各个部分。网页文件本身是一种文本文件，通过在文本文件中添加标记符，可以告诉浏览器如何显示其中的内容（如文字如何处理，画面如何安排，图片如何显示等）。浏览器按顺序阅读网页文件，然后根据标记符解释和显示其标记的内容，对书写出错的标记将不指出其错误，且不停止其解释执行过程，编制者只能通过显示效果来分析出错原因和出错部位。但需要注意的是，对于不同的浏览器，对同一标记符可能会有不完全相同的解释，因而可能会有不同的显示效果。

HTML 超文本标记语言，是万维网上页面标准化的基础，是万维网页面制作的标准语言，是对超文本信息格式化输出的标记。

以下是在用户屏幕上显示"Welcome to HTML！"信息页面的 HTML 语言 ASCII 文件。

```
<html>                         <!--声明 HTML 万维网文档开始-->
<head>                         <!--标记页面首部开始-->
<title>TEST</title>            <!--定义页面的标题为"TEST"  -->
</head>                        <!--标记页面首部结束-->
<body>                         <!--标记页面主体开始-->
<p>Welcome to HTML!</p>        <!--显示一个段落内容-->
```

```
</body>                         <!--标记页面主体结束-->
</html>                         <!--HTML 万维网文档结束-->
```

由上面的例子可以看出，HTML 就是靠一些特殊标记来控制页面的显示格式的。一些常用的 HTML 标记符见表 10-4。

表 10-4　常用的 HTML 标记符

标 记 符	意 义
〈hn〉…〈/hn〉	标记一个 n 级题头
〈! --……~）	标注信息，不在屏幕上显示
〈IMG SRC= "123" 〉	插入一张文件名为 123 的图片
〈MENU〉…〈/MENU〉	设置为菜单
〈B〉…〈/B〉	设置为黑体字
〈I〉…〈/I〉	设置为斜体字
〈A HREF= "…" 〉L 〈/A〉	定义一个链接点为…的超级链接
〈BR〉	强行换行

下面再具体看两个例子。

<IMG SRC= "http://sohu.com/img/abc.jpg" width="64" height="64">表示显示来自 sohu.com 主机上 img 目录下的 abc.jpg 图片，宽为 64，高为 64。

<a href="http://www.cdpc.edu.cn">承德石油高等专科学校</a>，表示在页面上插入链接到 www.cdpc.edu.cn 网站的超级链接。其中超级链接显示的内容为"承德石油高等专科学校"。超级链接在浏览器窗口默认显示为带下画线的文字。

有很多工具软件，例如 Microsoft FrontPage、Dreamver 等，采用"所见即所得"的编辑方式，为用户编辑制作万维网网页提供了非常方便的工具，省去了用户记忆标记符的麻烦，使得制作网页变得轻松有趣。

10.4　动态主机分配协议

动态主机配置协议（Dynamic Host Configuration Protocol, DHCP）是一个局域网的网络协议，使用 UDP 协议工作，主要有两个用途：给内部网络或网络服务供应商自动分配 IP 地址，给用户或者内部网络管理员作为对所有计算机作中央管理的手段。

10.4.1　DHCP 概述

DHCP 是 Dynamic Host Configuration Protocol（动态主机配置协议）的缩写，它的前身是 BOOTP。BOOTP 原本是用于无磁盘主机连接的网络上面的：网络主机使用 BOOT ROM 而不是磁盘启动并连接上网络，BOOTP 则可以自动地为那些主机设定 TCP/IP 环境。但 BOOTP 有一个缺点：在设定前须事先获得客户端的硬件地址，而且与 IP 地址的对应是静态的。换而言之，BOOTP 非常缺乏"动态性"，若在有限的 IP 地址资源环境中，BOOTP 的一一对应会造成非常严重的资源浪费。DHCP 可以说是 BOOTP 的增强版本，它分为两个部分：一个是服务器端，而另一个是客户端。所有的 IP 网络设定数据都由 DHCP 服务器集中管理的，该服务器还负责处理客户端的 DHCP 要求；而客户端则会使用从服务器分配下来的 IP 环境数据。使用 DHCP，整个计算机的配置文件都可以在一条信息中获得（除了 IP 地址，服务器可以同时发送子网掩码、缺省网关、DNS 服务器和其他的 TCP/IP 配置）。比较起 BOOTP，DHCP 通过"租约"的概念，有效且动态的分配客户端的 TCP/IP 设定，而且，作为兼容考虑，DHCP 也完全照顾了 BOOTP Client 的需求。DHCP 的分配形式是，首先，必须至少有一台 DHCP 服务器工作在网络上面，它会监听网络的 DHCP 请求，并与客户端磋商 TCP/IP 的设定环境。它提供以下几种 IP 定位方式。

① 人工分配：获得的 IP 地址也称静态地址，网络管理员为某些少数特定的在网计算机或者网络设备绑定固定 IP 地址，且地址不会过期。同一个路由器一般可以通过设置来划分静态地址和动态地址的 IP 段，比如一般家用 Tenda 路由器，常见的是从 192.168.1.100～192.168.1.254，这样如果计算机是自动获得 IP 的话，一般就是 192.168.1.100，下一台计算机就会由 DHCP 自动分到为 192.168.1.101。而 192.168.1.2～192.168.1.99 为手动配置 IP 段。

② 自动分配：一旦 DHCP 客户端第一次成功地从 DHCP 服务器端租用到 IP 地址之后，就永远使用这个地址。

③ 动态分配：当 DHCP 客户端第一次从 DHCP 服务器端租用到 IP 地址之后，并非永久的使用该地址，只要租约到期，客户端就得释放（release）这个 IP 地址，以给其他工作站使用。当然，客户端可以比其他主机更优先的更新（renew）租约，或是租用其他的 IP 地址。动态分配显然比手动分配更加灵活，尤其是当实际 IP 地址不足时，例如，一家 ISP 只能提供 200 个 IP 地址用来给拨接客户，但并不意味着客户最多只能有 200 个。因为要知道，客户们不可能全部同一时间上网的，除了他们各自的行为习惯的不同，也有可能是电话线路的限制。这样，就可以将这 200 个地址，轮流的租用给拨接上来的客户使用了。这也是为什么当查看 IP 地址时，会因每次拨接而不同的原因了（除非申请的是一个固定 IP，通常的 ISP 都可以满足这样的要求，这或许要另外收费）。当然，ISP 不一定使用 DHCP 来分配地址，但这个概念和使用 IPPool 的原理是一样的。DHCP 除了能动态的设定 IP 地址之外，还可以将一些 IP 保留下来给一些特殊用途的机器使用，它可以按照硬件地址来固定的分配 IP 地址，这样可以给您更大的设计空间。同时，DHCP 还可以帮客户端指定 router、netmask、DNS Server、WINS Server 等项目，在客户端几乎无需做任何的 IP 环境设定。

10.4.2　DHCP 工作原理

当 DHCP 客户端第一次登录网络时，也就是客户发现本机上没有任何 IP 数据设定时，它会向网络发出一个 DHCP DISCOVER 封包（广播包）。因为客户端还不知道自己属于哪一个网络，所以封包的来源地址会为 0.0.0.0，而目的地址则为 255.255.255.255，然后再附上 DHCP discover 的信息，向网络进行广播。在 Windows 的预设情形下，DHCP discover 的等待时间预设为 1s，也就是当客户端将第一个 DHCP discover 封包送出去之后，在 1s 之内没有得到响应的话，就会进行第二次 DHCP discover 广播。若一直得不到响应的情况下，客户端一共会有四次 DHCP discover 广播（包括第一次在内），除了第一次会等待 1s 之外，其余三次的等待时间分别是 9s、13s、16s。如果都没有得到 DHCP 服务器的响应，客户端则会显示错误信息，宣告 DHCP discover 的失败。之后，基于使用者的选择，系统会继续在 5 min 之后再重复一次 DHCP discover 的过程。

当 DHCP 服务器监听到客户端发出的 DHCP discover 广播后，它会从那些还没有租出的地址范围内，选择最前面的空置 IP 地址，连同其他 TCP/IP 设定，响应给客户端一个 DHCP OFFER 封包。由于客户端在开始的时候还没有 IP 地址，所以在其 DHCP discover 封包内会带有其 MAC 地址信息，并且有一个 XID 编号来辨别该封包，DHCP 服务器响应的 DHCP offer 封包则会根据这些资料传递给要求租约的客户。根据服务器端的设定，DHCP offer 封包会包含一个租约期限的信息。

如果客户端收到网络上多台 DHCP 服务器的响应，只会挑选其中一个 DHCP offer（通常是最先抵达的那个），并且会向网络发送一个 DHCP request 广播封包，告诉所有 DHCP 服务器它将指定接受哪一台服务器提供的 IP 地址。同时，客户端还会向网络发送一个 ARP 封包，查询网络上面有没有其他机器使用该 IP 地址；如果发现该 IP 地址已经被占用，客户端则会送出一个 DHCPDECLINE 封包给 DHCP 服务器，拒绝接受其 DHCP offer，并重新发送 DHCP discover 信息。事实上并不是所有 DHCP 客户端都会无条件接受 DHCP 服务器的 offer，尤其这些主机安装有其他 TCP/IP 相关的客户软件。客户端也可以用 DHCP request 向服务器提出 DHCP 选择，而这些选择会以不同的号码填写在 DHCP Option Field 里面。

最后，DHCPACK 响应，以确认 IP 租约的正式生效，也就结束了一个完整的 DHCP 工作过程。其基本工作过程如图 10-7 所示。

　　DHCP 发放流程第一次登录后，一旦 DHCP 客户端成功地从服务器那里取得 DHCP 租约，除非其租约已经失效并且 IP 地址也重新设定回0.0.0.0，否则就无需再发送 DHCP discover 信息了，而会直接使用已经租用到的 IP 地址向之前的 DHCP 服务器发出 DHCP request 信息，DHCP 服务器会尽量让客户端使用原来的 IP 地址，如果没问题的话，直接响应 DHCPack 来确认则可。如果该地址已经失效或已经被其他机器使用了，服务器则会响应一个 DHCPNACK 封包给客户端，要求其重新执行DHCP discover。至于 IP 地址的租约期限却是非常考究的，并非如租房子那样简单。以 Windows 2003 为例子，DHCP 客户端除了在开机的时候发出 DHCP request 请求之外，在租约期限一半时也会发出 DHCP request，如果此时得不到 DHCP 服务器的确认的话，客户端还可以继续使用该 IP 地址；当租约期过了

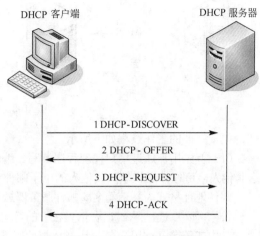

图 10-7　DHCP 工作过程

87.5%时，如果客户端仍然无法与当初的 DHCP 服务器联系上，它将与其他 DHCP 服务器通信。如果网络上再没有任何 DHCP 服务器在运行时，该客户端必须停止使用该 IP 地址，并从发送一个Dhcpdiscover 数据包开始，再一次重复整个过程。要是想退租，可以随时送出 DHCPRELEASE 命令解约，就算租约是在前一秒才获得的。

10.5　电子邮件

　　电子邮件（E-mail）是 Internet 上使用最为广泛的一种服务之一。是通过 Internet 进行信息传递与交流的重要方式。欲使用电子邮件的人员可到 ISP 网站注册申请邮箱，获得电子邮件账号（电子邮件地址）及口令，就可通过专用的邮件处理程序接、发电子邮件了。邮件发送者将邮件发送到邮件接收者的 ISP 邮件服务器的邮箱中，接收者可在任何时刻主动地通过 Internet 查看或下载邮件。这是一种不需要双方同时在线的通信方式，与网上聊天系统不同，电子邮件的方式更灵活，机动性更强。另外，电子邮件可以在两个用户间交换，也可以向多个用户发送同一封邮件，或将收到的邮件转发给其他用户。电子邮件不仅包含文本信息，还可包含声音、图像、视频、应用程序等各类计算机文件。

　　收发电子邮件必须有相应的协议及软件支持。邮件的发送协议为 SMTP（Simple Mail Transfer Protocol）即简单电子邮件发送协议。邮件下载协议为 POP（Post Office Protocol）即邮局协议，目前经常使用的是第 3 版本，称为 POP3 协议。用户通过 POP3 协议将邮件下载到本地 PC 进行处理，ISP 邮件服务器上的邮件会自动删除。IMAP（Internet Message Access Protocol）Internet 报文存取协议，也是邮件下载协议，但它与 POP 协议不同，它支持在线对邮件的处理，邮件的检索与存储等操作不必先下载到本地。用户不发送删除命令，邮件一直保存在邮件服务器上。常用的收发电子邮件的软件有 Exchange、Outlook Express、Foxmail 等，这些软件提供邮件的接收、编辑、发送及管理功能。

10.5.1　电子邮件系统构成

　　一个电子邮件系统应由如图 10-8 所示的部件组成。

　　用户代理程序：是运行在用户 PC 上的一个应用程序，提供邮件的撰写、发送、编辑、保存等邮件管理服务，完成对收发电子邮件的环境及参数的设置。另外，还可提供电子邮件地址簿的管理与维护，是用户使用电子邮件系统的接口程序。

　　邮件服务器：是 ISP 的安装了邮件协议与管理程序的主机。主要负责发送与接收电子邮件，并实现用户账号与用户邮箱的管理功能。如果两个用户在相同的 ISP 申请了邮箱，他们之间的电子邮

件的交换可在同一个邮件服务器完成。

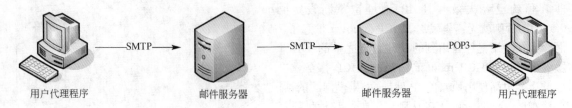

图 10-8 电子邮件的组成

电子邮件的工作过程如下所示。

（1）首先用户通过用户代理程序撰写、编辑邮件。在发送栏填入收件人的邮件地址。如果要抄送其他人，可在抄送栏填入其他人的电子邮件地址。

邮件地址格式为：信箱名@邮件服务器域名

符号"@"读作"at"，表示"在"的意思。例如，电子邮件地址 sohu315@126.com

其中邮箱名又称用户名，是 ISP 邮件服务器上唯一的名称。邮件服务器域名是 Internet 上唯一的，因此电子邮件地址是 Internet 上唯一的。

（2）撰写完邮件后，单击"发送"按钮，准备将邮件通过 SMTP 协议传送到发送邮件服务器。SMTP 按照 C/S 模式工作。用户主机的 SMTP 客户进程通过端口 25 与邮件服务器的 SMTP 服务进程建立 TCP 连接。利用这个连接将邮件传送到发送邮件服务器。传送完毕，SMTP 拆除 TCP 连接。

（3）发送邮件服务器将邮件放入邮件发送缓存队列中，等待发送。发送邮件服务器也是通过 SMTP 协议将邮件传送到接收邮件服务器。

（4）接收邮件服务器将收到的邮件保存到用户的邮箱中，等待收件人提取邮件。

（5）收件人在方便时，使用 POP3 协议从接收邮件服务器中提取电子邮件，通过用户代理程序进行阅览、保存及其他处理。

至此，完成了电子邮件的发送与接收。这里需要注意的是，一般的 ISP 邮件服务器既可以是邮件发送服务器也可以是邮件接收服务器。

10.5.2 电子邮件的工作原理

协议实现的过程，是双方信息交换的过程。SMTP 协议正是规定了进行通信的两个 SMTP 进程间是如何交换信息的。SMTP 使用 C/S 模式工作，因此发送方为客户端（Client 端），接收方为服务器端（Server 端）。

SMTP 规定了 14 条命令和 21 种响应信息。每条命令用 4 个字母组成，而响应信息一般由 1 个 3 位数字代码开始，后面附上简单说明。SMTP 协议的工作过程可分为如下的 3 个过程。

1）建立连接

邮件发送方通过端口 25 与邮件服务器建立 TCP 连接后，由客户端发送 HELO 命令，后面跟着主机名。如果服务器有能力接收，则回答 250 OK，表示已准备好接收。若 SMTP 服务器不可用，则回答 421 Service not available。

2）邮件传送

邮件的传送从 MAIL 命令开始。MAIL 命令后面有发信人的地址。其格式为 MAIL FROM：<发信人地址>。下面跟着一个或多个 RCPT 命令，取决于将同一个邮件发送给一个或多个收信人，其格式为 RCPT TO：<收信人地址>。每发送一个命令，都有相应的信息返回，如"250 OK"或"550 No such user here"。

再下面就是 DATA 命令，表示要开始传送邮件的内容了。SMTP 服务器返回的信息是 354 Start mail input; end with <CRLF>. <CRLF>，表示开始邮件传输，由"<回车换行>. <回车换行>"标识邮件结束。若不能接收邮件则回答 421（服务器不可用），500（命令无法识别）等。接着 SMTP 客户端发送邮件的内容。发送完毕后，再发送<CRLF>. <CRLF>表示邮件内容结束。SMTP 服务器返回信息 250 OK，表示正常接收。

3）连接释放

邮件发送完毕，SMTP 客户端发送 QUIT 命令请求释放 TCP 连接。SMTP 服务器返回 221 表示同意释放连接，邮件传送的全部过程就结束了。

SMTP 只能传送可打印的 ASCII 码邮件。要传送非 ASCII 码邮件，可使用多用途 Internet 邮件扩充（Multipurpose Internet Mail Extensions，MIME）。在一个 MIME 邮件中可以同时传送多种类型的数据如文本、声音、图像、视频等。电子邮件的优点是快捷、价廉、不打断对方工作或休息，缺点是有时邮件很慢或甚至丢失，对垃圾邮件过滤的对策还需改善。

思考与练习

一、选择题

1. HTML 是指（　　）。

 A. 超文本标记语言   B. 超文本文件

 C. 超媒体文件   D. 超文本传输协议

2. Internet 中 URL 的含义是（　　）。

 A. 统一资源定位器   B. Internet 协议

 C. 简单邮件传输协议   D. 传输控制协议

3. 接入 Internet 并且支持 FTP 协议的两台计算机，对于它们之间的文件传输，下列说法正确的是（　　）。

 A. 只能传输文本文件   B. 不能传输图形文件

 C. 所有文件均能传输   D. 只能传输几种类型的文件

4. 匿名 FTP 是（　　）。

 A. Internet 和一种匿名信的名称 B. 在 Internet 上没有主机地址的 FTP

 C. 允许用户免费登录并下载文件的 FTP D. 用户之间能够进行传送文件的 FTP

5. 电子邮件地址的一般格式为（　　）。

 A. 用户名@域名   B. 域名@用户名

 C. IP 地址@域名   D. 域名@IP 地址名

6. POP3 服务器用来（　　）邮件。

 A. 接收   B. 发送   C. 接收和发送   D. 以上均错

7. FTP 使用端口（　　）进行数据传输。

 A. 20   B. 21   C. 23   D. 25

二、填空题

1. 电子邮件系统中用于发送邮件的协议是（　　　），用于接收邮件的协议是（　　　）。

2. DHCP 能够（　　　）分配 IP 地址。

3. 超文本传输协议的英文简写是（　　　）。

4. HTTP 协议的端口是（　　　）。

5. DNS 表示的是（　　　）。

6. 写出域名所代表的类型：com 代表（　　），edu 代表（　　），gov 代表（　　）。

三、问答题

1. 什么是 DNS？

2. 举例说明什么是 URL。

3. FTP 的作用是什么？

4. 画图说明电子邮件的构成。

5．什么是超文本？什么是超链接？

6．试用文本编辑器编写万维网网页。

四、应用题

体验 IP 地址与域名的相互关联性。通过网址查询 IP 地址，然后通过域名、IP 地址两种方式访问网页。理解 IP 地址的概念、用途；理解域名的概念、用途。任务步骤如下所示。

（1）确定要浏览的网站，如承德石油高等专科学校。

（2）确认网站网址，如"http://www.cdpc.edu.cn"。

（3）执行"开始→运行"命令，输入 cmd，单击"确定"按钮，输入 ping www.cdpc.edu.cn，显示该网站的 IP 地址。

（4）在浏览器地址栏输入所显示网站的 IP 地址，浏览网页。

（5）在浏览器地址栏输入 http://www.cdpc.edu.cn，浏览网页。

第 11 章　计算机网络安全

【问题导入】

Internet 起源于 1969 年的 ARPANet，最初用于军事目的，1993 年开始用于商业领域，进入快速发展阶段。到目前为止，Internet 已经覆盖了 175 个国家和地区的数千万台计算机，用户数量超过 1 亿。随着计算机网络的普及，计算机网络的应用向深度和广度不断发展。企业上网、政府上网、网上学校、网上购物……，一个网络化社会的雏形已经展现在人们面前。在网络给人们带来巨大的便利的同时，也带来了一些不容忽视的问题，网络信息的安全问题就是其中之一。

湖北省公安厅于 2007 年 2 月 12 日宣布，制作传播计算机 "熊猫烧香" 病毒的 6 名犯罪嫌疑人日前被抓获，这是中国破获的首例制作计算机病毒大案。根据统一部署，湖北网监在浙江、山东、广西、天津、广东、四川、江西、云南、新疆、河南等地公安机关的配合下，侦破了制作传播 "熊猫烧香" 病毒案，抓获李某（男，25 岁，武汉新洲区人）、雷某（男，25 岁，武汉新洲区人）等 6 名犯罪嫌疑人。

2006 年底，中国互联网上大规模爆发 "熊猫烧香" 病毒及其变种，该病毒通过多种方式进行传播，并将感染的所有程序文件改成熊猫举着三根香的模样。该病毒还具有盗取用户游戏账号、QQ 账号等功能。"熊猫烧香" 病毒的传播速度快，危害范围广，截至案发为止，已有上百万个人用户、网吧及企业局域网用户遭受感染和破坏，引起社会各界高度关注。在《2006 年度中国大陆地区电脑病毒疫情和互联网安全报告》的十大病毒排行中，"熊猫烧香" 病毒成为 "毒王"。2007 年 1 月中旬，湖北省网监部门根据公安部公共信息网络安全监察局的部署，对 "熊猫烧香" 病毒的制作者开展调查。

经查，"熊猫烧香" 病毒的制作者为湖北省武汉市的李某。据李某交代，其于 2006 年 10 月 16 日编写了 "熊猫烧香" 病毒并在网上广泛传播，并且还以自己出售和由他人代卖的方式，在网络上将该病毒销售给 120 余人，非法获利 10 万余元。经病毒购买者进一步传播，该病毒的各种变种在网上大面积传播，对互联网用户计算机安全造成了严重破坏。李某还于 2003 年编写了 "武汉男生" 病毒、2005 年编写了 "武汉男生 2005" 病毒及 "QQ 尾巴" 病毒。

2007 年 9 月 24 日，湖北省仙桃市人民法院公开开庭审理了此案。被告人李某犯破坏计算机信息系统罪，判处有期徒刑 4 年；被告人王某犯破坏计算机信息系统罪，判处有期徒刑 2 年 6 个月；被告人张某犯破坏计算机信息系统罪，判处有期徒刑 2 年；被告人雷某犯破坏计算机信息系统罪，判处有期徒刑 1 年。

问题 1：什么是网络信息安全？信息安全的任务是什么？

回答 1：_____

_____

_____。

问题 2：加密算法都有哪些？

回答 2：_____。

问题 3：防火墙是万能的吗？

回答 3：_____

_____。

问题 4：什么是病毒？

回答 4：＿＿＿＿＿＿＿＿＿＿＿＿＿＿＿＿＿＿＿＿＿＿＿＿＿＿＿＿＿

＿＿＿＿＿＿＿＿＿＿＿＿＿＿＿＿＿＿＿＿＿＿＿＿＿＿＿＿＿＿＿＿＿＿＿

＿＿＿＿＿＿＿＿＿＿＿＿＿＿＿＿＿＿＿＿＿＿＿＿＿＿＿＿＿＿＿＿。

【学习任务】

本章主要讲述与网络安全有关的背景知识和防范措施。本章学习任务如下所示。

- 理解网络安全的概念；
- 了解网络安全隐患；
- 理解加密技术基本知识；
- 理解防火墙技术；
- 了解计算机病毒知识及防治；
- 了解网络安全技术的发展趋势。

11.1　网络安全概述

11.1.1　网络安全隐患

计算机犯罪始于 20 世纪 80 年代。随着网络应用范围的逐步扩大，其犯罪技巧日见"高明"，犯罪目的也向越来越邪恶的方向发展。例如，邮件炸弹（mail bomb）、网络病毒、特洛伊木马（Trojan Horse）、窃取硬盘空间、盗用计算资源、窃取或窜改机密数据、冒领存款、捣毁服务器等。与网络安全有关的新名词逐渐为大众所知，例如黑客（hecker）、破解者（cracker）、信息恐怖分子（infoterrorist）、网络间谍（cyberspy）等，有些名字甚至成为传媒及娱乐界的热门题材。凡此种种，都传递出一个信息——网络是不安全的。

影响网络安全的因素很多，既有自然因素，也有人为因素，其中人为因素危害较大，归结起来，主要有 5 个方面构成对网络的威胁。

1）黑客的攻击

目前，世界上有 20 多万个黑客网站，这些站点都介绍一些攻击方法和攻击软件的使用以及系统的一些漏洞，因而系统、站点遭受攻击的可能性就变大了。尤其是现在还缺乏针对网络犯罪卓有成效的反击和跟踪手段，且黑客攻击的隐蔽性好，"杀伤力"强，是网络安全的主要威胁。

2）管理的欠缺

在网络管理中，常常会出现安全意识淡薄、安全制度不健全、岗位职责混乱、审计不力、设备选型不当和人事管理漏洞等，这种人为造成的安全漏洞也会威胁到整个网络的安全。

3）网络的缺陷

Internet 的共享性和开放性使网上信息安全存在先天不足，因为其赖以生存的 TCP/IP 协议族，缺乏相应的安全机制，而且 Internet 最初的设计考虑是该网不会因局部故障而影响信息的传输，基本没有考虑安全问题，因此在安全可靠、服务质量、带宽和方便性等方面存在着不适应性。

4）软件的漏洞或"后门"

随着软件系统规模的不断增大，系统中的安全漏洞或"后门"也不可避免地存在，例如常用的操作系统，无论是 Windows 还是 UNIX 几乎都存在或多或少的安全漏洞，众多的各类服务器、浏览器、一些桌面软件等等都被发现过存在安全隐患。新发现的安全漏洞每年都要增加 1 倍，管理人员不断用最新的补丁修补这些漏洞，而且每年都会发现安全漏洞的新类型。CERT/CC 的统计资料显示，2005 年新发现的计算机脆弱性漏洞为 5990 个，这一数据远远超过了 2003 年的 3784 个、2004 年的 3780 个。

5）企业网络内部

企业内部网络用户拥有系统的一般访问权，而且更容易知道系统的安全状况，掌握系统提供服务类型、服务软件版本、安全措施、系统管理员的管理水平。因此，相对于外部用户而言，其更容易规避安保制度，利用系统安全防御措施的漏洞或管理体系的弱点，从内部发起攻击来破坏信息系统的安全，是网络系统安全的主要威胁。据 FBI/CSI2003 安全报告统计，80%的信息系统存在内部人员误用和非法访问的问题。

11.1.2　网络信息安全定义

广义上讲，网络安全是一门涉及计算机科学、网络技术、通信技术、密码技术、信息安全技术、应用数学、数论、信息论等多种学科的综合性科学。

ITU—T X.800 标准对"网络安全（network security）"进行了逻辑上的定义。

（1）安全攻击（Security Attack）：是指损害机构所拥有信息的安全任何行为。

（2）安全机制（Security Mechanism）：是指设计用于检测、预防安全攻击或者恢复系统的机制。

（3）安全服务（Security Service）：是指采用一种或多种安全机制以抵御安全攻击、提高机构的数据处理系统安全和信息传输安全能力的服务。

在网络安全行业中，一般认为网络安全指的是一种能够识别和消除不安全因素的能力。

网络信息既有存储于网络节点上信息资源，即静态信息，又有传播于网络节点之间的信息，即动态信息。而这些静态信息和动态信息中有些是开放的，如广告、公共信息等，有些是保密的，如私人间的通信、政府及军事部门、商业机密等。网络信息安全一般是指网络信息的机密性（Confidentiality）、完整性（Integrity）、可用性（Availability）及真实性（Authenticity）。

① 网络信息的机密性是指网络信息的内容不会被未授权的第三方所知。网络信息的完整性是指信息在存储或传输时不被修改、破坏，不出现信息包的丢失、乱序等，即不能为未授权的第三方修改。

② 信息的完整性是信息安全的基本要求，破坏信息的完整性是影响信息安全的常用手段。当前，运行于互联网上的协议（如 TCP/IP）等，能够确保信息在数据包级别的完整性，即做到了传输过程中不丢信息包，不重复接收信息包，但却无法制止未授权第三方对信息包内部的修改。

③ 网络信息的可用性包括对静态信息的可得到和可操作性及对动态信息内容的可见性。

④ 网络信息的真实性是指信息的可信度，主要是指对信息所有者或发送者的身份的确认。

前不久，美国计算机安全专家又提出了一种新的安全框架，包括机密性（Confidentiality）、完整性（Integrity）、可用性（Availability）、真实性（Authenticity）、实用性（Utility）、占有性（Possession），即在原来的基础上增加了实用性、占有性，认为这样才能解释各种网络安全问题。网络信息的实用性是指信息加密密钥不可丢失（不是泄密），丢失了密钥的信息也就丢失了信息的实用性，成为垃圾。网络信息的占有性是指存储信息的节点、磁盘等信息载体被盗用，导致对信息的占用权的丧失。保护信息占有性的方法有使用版权、专利、商业秘密性，提供物理和逻辑的存取限制方法；维护和检查有关盗窃文件的审记记录、使用标签等。

信息安全（Information Security，InfoSec）的任务，就是要采取措施（技术手段及有效管理）让这些信息资产免遭威胁，或者将威胁带来的后果降到最低程度，以此维护组织的正常运作。

11.2　数据加密

加密指改变数据的表现形式。加密的目的是只让特定的人能解读密文，对一般人而言，其即使获得了密文，也不解其义。

加密旨在对第三者保密，如果信息由源点直达目的地，在传递过程中不会被任何人接触到，则无需加密。Internet 是一个开放的系统，穿梭于其中的数据可能被任何人随意拦截，因此，将数据加密后再传送是进行秘密通信的最有效的方法。

如图 11-1 所示为加密、解密的过程。其中，"I love you"称为明文（Plaintext 或 Cleartext）；

"!@#$~%^~&~*()-" 称为密文（Ciphertext）。将明文转换成密文的过程称为加密（Encryption），相反的过程则称为解密（Decryption）。

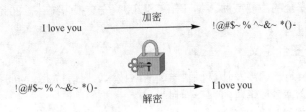

图 11-1　加密/解密示意图

加密算法有很多。例如将表示明文中每个字母的字节按位取反，就是一种算法。当然，算法太过简单，保密性就差，容易被破解。

当代加密技术趋向于使用一套公开算法及秘密键值（Key，又称钥匙）完成对明文的加密。理由在于，加密算法开发比较麻烦，而公开的算法可使加密技术成为标准，有利于降低重复开发成本，且在计算机通信中，告知对方一个数值要比告诉一整组算法更简单一些。

公开算法的前提是，如果没有用于解密的键值，即使知道算法的所有细节也不能破解密文。由于需要使用键值解密，故最直接的破解方法就是遍历所有可能的键值。键值的长度决定了破解密文的难易程度，显然键值越长，越复杂，破解就越困难。

例如，8 比特的键值只有 256 种位图，最多只需要尝试 256 次即可解读用其加密的密文，但 32 比特的键值则大约有 42 亿种位图，一个人穷其毕生精力，可能也尝试不完。可以把键值想象为钥匙，钥匙越长，齿形越复杂，与其对应的锁就越保险。

目前加密数据涉及到的算法有秘密钥匙（Secret Key）和公用钥匙（Public Key）加密算法，上述算法再加上 Hash 函数，构成了现代加密技术的基础。

11.2.1　对称秘钥加密

秘密钥匙加密法又称为对称式加密法或传统加密法。其特点是加密明文和解读密文时使用的是同一把钥匙，如图 11-2 所示。采用秘密钥匙技术完成通信的前提是发方和收方需要持有相同的钥匙。加密后的密文在网络上传送时，不用为泄密担心。

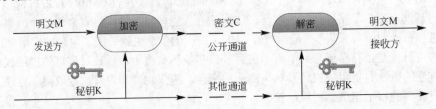

图 11-2　秘密钥匙技术示意图

但是，由于至少有两个人持有钥匙，所以任何一方都不能完全确定对方手中的钥匙是否已经透露给第三者，这是利用秘密钥匙进行通信的缺点。其基本原理如图 11-2 所示。

11.2.2　非对称秘钥加密

公用钥匙加密法又称非对称式（Asymmetric）加密，是近代密码学新兴的一个领域。

公用钥匙加密法的特色是完成一次加、解密操作时，需要使用一对钥匙。假定这两个钥匙分别为 A 和 B，则用 A 加密明文后形成的密文，必须用 B 方可解回明文；反之，用 B 加密后形成的密文必须用 A 解密。

通常，将其中的一个钥匙称为私有钥匙（Private Key），由个人妥善收藏，不外泄于人，与之成对的另一把钥匙称为公用钥匙，公用钥匙可以像电话号码一样被公之于众。

假如 X 需要传送数据给 A，X 可将数据用 A 的公用钥匙加密后再传给 A，A 收到后再用私有钥匙解密。如图 11-3 所示。由于 A 的公用钥匙是众所周知的，所以任何人都可以用它加密需要发给 A 的数据，加密后的数据只有 A 才能解读，因为只有 A 持有可以解密的私有钥匙。

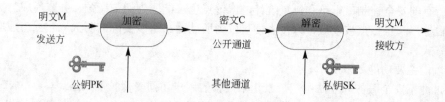

图 11-3　公用钥匙技术示意图

利用公用钥匙加密虽然可避免钥匙共享而带来的问题，但其使用时，需要的计算量较大。其基本原理如图 11-3 所示。

11.3　防火墙技术与入侵检测系统

11.3.1　防火墙概述

防火墙的原意是阻止火势继续蔓延，以减少火灾造成的损失。网络防火墙的作用也是防止灾难——非法入侵，此外，网络防火墙还有调节流量的功能。随着公众对网络安全的日益关注，防火墙的名称也不胫而走。

防火墙是用来连接两个网络并控制两个网络之间相互访问的系统，如图 11-4 所示。防火墙包括用于网络连接的软件和硬件以及控制访问的方案。用于对进出的所有数据进行分析，并对用户进行认证，从而防止有害信息进入受保护网，为网络提供安全保障。

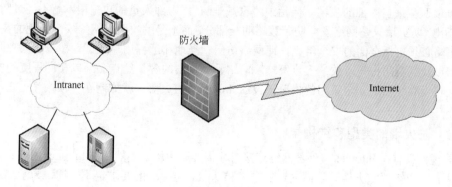

图 11-4　防火墙

防火墙是一类防范措施的总称。这类防范措施简单的可以只用路由器实现，复杂的可以用主机甚至一个子网来实现。防火墙可以在 IP 层设置屏障，也可以用应用层软件来阻止外来攻击。

从理论上讲，防火墙是位于两个网络间的网络装置，对所连接的网络没有任何限制。但在实际应用中，防火墙通常位于 Internet 与 Intranet 之间。由于防火墙是两个网络之间唯一的通道，所以可对往来于网络间的数据加以控制。在应用中，防火墙可限定两网间数据包的源和目的地址，指定可通过防火墙的通信协议、服务等。高级防火墙还可以防范某种入侵（如 IPSpoofing），提供审核、访问控制等服务。

防火墙不仅可防外，也可以防内。由于防火墙可以甄别、拒绝某些数据包，所以它可限制外来者，使其只能访问内部网络中的某些服务器或服务，从而可保护某些内部服务器或服务；它也可以限制内部网络用户与外界的通信。例如，可以设置规则，只允许外来用户访问内部网络中的 FTP 服务器；只允许内部网络用户使用电子邮件等。这些规则都可以在防火墙上实现。

将安全保卫的职责全交由防火墙负责有好处也有坏处。这种做法有点像为保护家中的财富而采用安装防盗门的办法一样——简单但风险很大。由于内、外往来的数据全都流经防火墙，所以可在该点进行所有的安全控制、审核和流量统计，但该点也可能成为通信瓶颈，并容易成为黑客处心积虑攻击的目标，一旦该点被攻破，入侵者便可以为所欲为，所以实际的防火墙布局一般取两层或两层以上的方式。

防火墙的主要功能如下所示。

（1）过滤不安全服务和非法用户，禁止未授权的用户访问受保护的网络。

（2）控制对特殊站点的访问。防火墙可以允许受保护网的一部分主机被外部网访问，而保护另一部分主机，防止外网用户访问。如受保护网中的 Mail、FTP、WWW 服务器等可被外部网访问，而其他访问则被主机禁止。有的防火墙可同时充当对外服务器，而禁止对所有受保护网内主机的访问。

（3）提供监视 Internet 安全和预警的端点。防火墙可以记录所有通过它的访问并提供网络使用情况的统计数据。

防火墙并非万能，影响网络安全的因素很多，对于以下情况它是无能为力的。

（1）不能防范绕过防火墙的攻击。例如，如果允许从受保护的 Intranet 内部不受限制地向外拨号，则某些用户可以形成与 Internet 的直接 SLIP 或 PPP 连接。从而绕过防火墙，形成潜在的受攻击渠道。

（2）一般的防火墙不能防止受到病毒感染的软件或文件的传输。因为现在存在的各类病毒、操作系统以及加密和压缩二进制文件的种类太多，以至于不能指望防火墙逐个扫描每个文件查找病毒。

（3）不能防止数据驱动式攻击。当有些表面看来无害的数据被邮寄或复制到 Internet 主机上并被执行而发起攻击时，就会发生数据驱动式攻击。例如，一种数据驱动的攻击可能使某台主机修改与安全性有关的文件，从而使入侵者下一次更容易入侵该系统。

（4）难以避免来自内部的攻击。俗话说"家贼难防"，内部人员的攻击根本就不经过防火墙。

再次指出，防火墙只是网络安全防范策略的一部分，而不是解决所有网络安全问题的灵丹妙药。网络安全策略必须包括全面的安全准则，即网络访问、当地和远程用户认证、拨出拨入呼叫、磁盘和数据加密以及病毒防护等等有关的安全策略。网络易受攻击的各个结点必须以相同程度的安全措施加以保护，在没有全面的安全策略的情况下设立 Internet 防火墙，就如同在一顶帐篷上安装防盗门一样。

11.3.2　防火墙的类型和结构

一般来说，只有在 Intranet 与外部网络连接时才需要防火墙，当然，在 Intranet 内部不同的部门之间的网络有时也需要防火墙。不同的连接方式和功能对防火墙的要求也不一样，为了满足各种网络连接的要求，目前防火墙按照防护原理可以分为下列几种类型，每类防火墙保护 Intranet 的方法各不相同。

（1）网络级防火墙

网络级防火墙也称包过滤防火墙，通常由一台路由器或一台充当路由器的计算机组成。Internet/Intranet 上的所有信息都是以 IP 数据包的形式传输的，两个网络之间的数据传送都要经过防火墙。包过滤路由器对所接收的每个数据包进行审查，以便确定其是否与某一条包过滤规则匹配。包过滤规则基于可以提供给 IP 转发过程的包头信息。包头信息中包括 IP 源地址、IP 目标地址、内装协议（ICP，UDP，ICMP 或 IPTunnel）、TCP/UDP 目标端口、ICMP 消息类型、包的进入接口和送出接口。如果有匹配并且规则允许转发的数据包，那么该数据包就会按照路由表中的信息被转发。如果有匹配并且规则拒绝转发的数据包，那么该数据包就会被丢弃。如果没有匹配规则，用户配置的缺省参数会决定是转发还是丢弃数据包。到达路由器的数据包可以包含电子邮件传送、http 或 FTP 服务请求、Telnet 登录请求等，网络级路由器能够识别每种请求类型并执行相应的操作。例如可以配置自己的路由器，只允许 Internet 用户对 Intranet 进行 http 访问，而不允许 FTP。

包过滤防火墙是一种基于网络层的安全技术，对于应用层上的黑客行为无能为力。这一类的防火墙产品主要有防火墙路由器、在充当路由器的计算机上运行的防火墙软件等。

（2）应用级防火墙

应用级防火墙通常指运行代理（Proxy）服务器软件的一台计算机主机。采用应用级防火墙时，Intranet 与 Internet 间是通过代理服务器连接的，二者不存在直接的物理连接，一个网络的数据通信信息不会出现在另一个网络上。代理服务器的工作就是把一个独立的报文复制从一个网络传输到另一个网络。这种防火墙有效地隐藏了连接源的信息，防止 Internet 用户窥视 Intranet 内部的信息。由于代理服务器能够理解网络协议，因此，可以配置代理服务器控制内部网络需要的服务。例如可以指示代理服务器允许 FTP 文件上传，不允许文件下载。目前存在 HTTP, Telnet, FTP, POP3 和 Gopher 等代理服务器。这些服务只需要一个代理服务器就可以实现。

建立了应用级代理服务器后，用户必须利用支持代理操作的相应客户端软件。网络设计者开发的许多 TCP/IP 协议（如 http）都支持代理服务。大多数浏览器都可指定代理服务器。但有些协议本身并不直接支持代理服务，这时可以选用 SOCKS（一种代理协议，可在两个 TCP/IP 系统之间提供一个安全通道）代理。当然客户端最好配备支持代理服务的软件，幸运的是目前绝大多数客户端软件都支持代理服务。

这种方式的防火墙把 Intranet 与 Internet 物理隔开，能够满足高安全性的要求。但由于该软件必须分析网络数据包并作出访问控制决定，从而影响网络的性能。如果计划选用应用级防火墙，最好选用最快的计算机运行代理服务器。

（3）电路级防火墙

电路级防火墙也称电路层网关，是一个具有特殊功能的防火墙，可以由应用层网关来完成。电路层网关只依赖于 TCP 连接，并不进行任何附加的包处理或过滤。

例如通过防火墙进行的 Telnet 连接操作，电路级防火墙简单地中继 Telnet 连接，并不做任何审查、过滤或 Telnet 协议管理。电路层网关就像电线一样，只是在内部连接和外部连接之间来回复制字节。但是由于连接要穿过防火墙，其隐藏了受保护网络的有关信息。

电路层网关通常用于向外连接，内部用户访问 Internet 几乎感觉不到防火墙的存在。它与堡垒主机相配合可以被设置成混合网关，对于向内的连接支持应用层服务，而对于向外连接支持电路层功能。这种防火墙系统对于要访问 Internet 服务的内部用户来说使用起来很方便，同时又能提供保护内部网络免于外部攻击的防火墙功能。

与应用级防火墙相似，电路级防火墙也是代理服务器，只是它不需要用户配备专门的代理客户应用程序。另外，电路级防火墙在客户与服务器间创建了一条电路，双方应用程序都不知道有关代理服务的信息。

（4）状态监测防火墙

与上述防火墙技术相比，状态监测防火墙是新一代的防火墙技术。在网关上使用执行网络安全策略的监测模块，在不影响网络正常运行的前提下，采用抽取相关数据的方法，对网络通信的各层实时监测，提取状态信息作为执行安全策略的参考。一旦某个访问违反安全规则，就会被拒绝访问并记录之。检测模块支持多种协议和应用程序，可以方便地实现应用和服务的扩充。还可监测 RPC（远程过程调用）和 UDP 端口，而网络级和应用级网关都不支持此类端口监测。

状态监测防火墙的智能化程度较高，安全性较好，但会影响网络速度，配置也较复杂。

上述几种类型的防火墙是按照工作原理来进行划分的，但并不是说这几种类型的防火墙只能独立使用，相反，可以把两种以上类型的防火墙工作方式应用到一个防火墙方案中，以实现更好的安全性和可靠性。

　　构建防火墙系统的目的是为了最大程度地保护 Intranet 的安全，前面提到的防火墙的几种类型也各有其优缺点。将它们正确地组合使用，形成了目前流行的防火墙结构。

　　（1）双宿主机网关

　　如图 11-5 所示，这种配置是用一台装有两个网络适配器的双宿主机做防火墙。这两个网络适配器中一个是网卡，另一个根据与 Internet 的连接方式可以是网卡、调制解调器或 ISDN 卡等。网卡与 Intranet 相连，而另一个适配器与 Internet 相连。双宿主机用两个网络适配器分别连接两个网络，又称堡垒主机。堡垒主机上运行着防火墙软件，可以转发应用程序，提供服务等。双宿主机网关的一个致命弱点是，一旦入侵者攻入堡垒主机并使其具有路由功能，则外网用户均可以自由地访问内网。

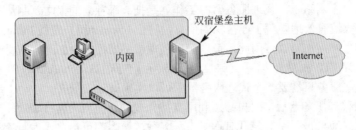

图 11-5　双宿堡垒主机

　　（2）屏蔽主机网关

　　屏蔽主机网关易于实现也很安全，因此应用广泛。它有单宿堡垒主机和双宿堡垒主机两种类型。

　　如图 11-6 所示描述了单宿堡垒主机的连接方式。在此方式下，一个包过滤路由器连接外部网络，同时一个单宿堡垒主机安装在内部网络上。单宿堡垒主机只有一个网卡，并与内部网络连接。通常在路由器上设立过滤规则，并使这个单宿堡垒主机成为可以从 Internet 上访问的唯一主机，这样就确保了内部网络不受未被授权的外部用户的攻击。而 Intranet 内部的客户机，可以受控地通过屏蔽主机和路由器访问 Internet。

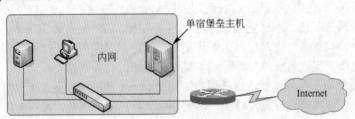

图 11-6　屏蔽主机网关（单宿堡垒主机）

　　双宿堡垒主机型与单宿堡垒主机型的区别是，双宿堡垒主机有两块网卡，一块连接内部网络，另一块连接路由器，如图 11-7 所示。双宿堡垒主机在应用层提供代理服务，与单宿型相比更加安全。

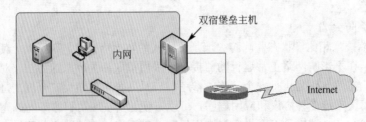

图 11-7　屏蔽主机网关（双宿堡垒主机）

　　（3）屏蔽子网

　　这种方法是在内部网络与外部网络之间建立一个起隔离作用的子网。该子网通过两个包过滤路由器分别与内部网络和外部网络相连，如图 11-8 所示。内部网络和外部网络均可访问屏蔽子网，但不能直接通信，可根据需要在屏蔽子网中安装堡垒主机，以为内部网络和外部网络之间的互访提供代理服务。向外部网络均公开的服务器，如 WWW、FTP、Email 等，可安装在屏蔽子网内，这样无论是外部用户，还是内部用户都可访问。这种结构的防火墙安全性能高，具有很强的抗攻击能力，但需要的设备多，造价高。

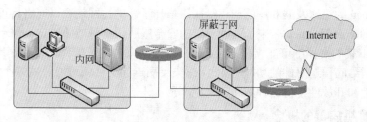

图 11-8　屏蔽子网防火墙

前面介绍了几种防火墙结构，在实际应用中，可根据需求选用合适的方式。目前见诸市场的防火墙产品种类很多，既有软件产品，也有硬件产品，还有软、硬件结合产品。可根据 Intranet 的规模和业务量选用合适的产品，来构建自己的防火墙系统。

11.3.3　入侵检测系统

入侵检测系统（Intrusion Detection System，IDS）是一种对网络传输进行即时监视，在发现可疑传输时发出警报或者采取主动反应措施的网络安全设备。它与其他网络安全设备的不同之处便在于，IDS 是一种积极主动的安全防护技术。IDS 最早出现在 1980 年 4 月。1980 年中期，IDS 逐渐发展成为入侵检测专家系统（IDES）。1990 年，IDS 分化为基于网络的 IDS 和基于主机的 IDS。后又出现分布式 IDS。目前，IDS 的发展十分迅速，已有人宣称 IDS 可以完全取代防火墙。

假如防火墙是一幢大楼的门卫，那么 IDS 就是这幢大楼里的监视系统。一旦小偷爬窗进入大楼，或内部人员有越界行为，只有实时监视系统才能发现情况并发出警告。IDS 入侵检测系统以信息来源的不同和检测方法的差异分为几类。根据信息来源可分为基于主机 IDS 和基于网络的 IDS，根据检测方法又可分为异常入侵检测和滥用入侵检测。

IDS 是计算机的监视系统，它通过实时监视系统，一旦发现异常情况就发出警告。IDS 入侵检测系统以信息来源的不同和检测方法的差异分为几类：根据信息来源可分为基于主机 IDS 和基于网络的 IDS，根据检测方法又可分为异常入侵检测和滥用入侵检测。不同于防火墙，IDS 是一个监听设备，没有跨接在任何链路上，无须网络流量流经它便可以工作。因此，对 IDS 的部署，唯一的要求是，IDS 应当挂接在所有所关注流量都必须流经的链路上。在这里，"所关注流量"指的是来自高危网络区域的访问流量和需要进行统计、监视的网络报文。在如今的网络拓扑结构中，已经很难找到以前的 HUB 式的共享介质冲突域的网络，绝大部分的网络区域都已经全面升级到交换式的网络结构。因此，IDS 在交换式网络中的位置一般选择在尽可能靠近攻击源或者尽可能靠近受保护资源的位置。这些位置通常是：服务器区域的交换机上；Internet 接入路由器之后的第一台交换机上；重点保护网段的局域网交换机上。由于入侵检测系统的市场在近几年中飞速发展，许多公司投入到这一领域上来。Venustech（启明星辰）、Internet Security System（ISS）、思科、赛门铁克等公司都推出了自己的产品。

IETF 将一个入侵检测系统分为以下 4 个组件。

① 事件产生器，它的目的是从整个计算环境中获得事件，并向系统的其他部分提供此事件。

② 事件分析器，它经过分析得到数据，并产生分析结果。

③ 响应单元，它是对分析结果作出反应的功能单元，可以作出切断连接、改变文件属性等强烈反应，也可以只是简单的报警。

④ 事件数据库，它是存放各种中间和最终数据的地方的统称，可以是复杂的数据库，也可以

是简单的文本文件。

11.4 网络病毒与防范

Internet/Intranet 的迅速发展和广泛应用给病毒增加了新的传播途径，网络将正逐渐成为病毒的第一传播途径。Internet/Intranet 带来了两种不同的安全威胁，一种威胁来自文件下载，这些被浏览的或是通过 FTP 下载的文件中可能存在病毒；另一种威胁来自电子邮件。大多数 Internet/Intranet 邮件系统提供了在网络间传送附件的功能。因此，感染了病毒的文件就可能通过邮件服务器进入网络，网络使用的简易性和开放性使得这种威胁越来越严重。

11.4.1 计算机病毒的概念

计算机病毒是指进入计算机数据处理系统中的一段程序或一组指令，它们能在计算机内反复地自我繁殖和扩散，危及计算机系统或网络的正常工作，造成种种不良后果，最终使计算机系统或网络发生故障甚至瘫痪。这种现象与自然界病毒在生物体内部繁殖、相互传染、最终引起生物体致病的过程极为相似，所以人们形象地称之为"计算机病毒"。

计算机病毒对网络的危害主要有以下几方面。

（1）计算机病毒通过"自我复制"传染其他程序，并与正常程序争夺网络系统资源；

（2）计算机病毒可破坏存储器中的大量数据，致使网络用户的信息蒙受损失；

（3）在网络环境下，病毒不仅侵害所使用的计算机系统，而且还可以通过网络迅速传染网络上的其他计算机系统。

网络病毒感染一般是从用户工作站开始，而网络服务器是病毒主要的攻击目标，也是网络病毒潜藏的重要场所。网络服务器在网络病毒传播中起着两个作用：一是它可能被感染，造成服务器瘫痪；二是它可以成为病毒传播的代理人，在工作站之间迅速传播与蔓延病毒。

网络病毒的传染与发作过程与单机基本相同，它将本身复制覆盖在宿主程序上。当宿主程序执行时，病毒也被启动，然后再继续传染给其他程序。如果病毒不发作，宿主程序还能照常运行；如果病毒发作，将破坏程序与数据。

11.4.2 网络病毒特点

在网络环境中，计算机病毒具有如下特点。

（1）传染方式多。病毒入侵网络的主要途径是通过工作站传播到服务器硬盘，再由服务器的共享目录传播到其他工作站。但病毒传染方式比较复杂，常见的传染方式有：引导型病毒对工作站或服务器的硬盘引导区进行传染；通过在有盘工作站上执行带毒程序，传染服务器镜像盘上的文件。服务器上的程序若被病毒感染，则所有使用该带毒程序的工作站都将被感染；混合型病毒有可能感染工作站上的引导区；病毒通过工作站的复制操作进入服务器，进而在网上传染。

（2）传染速度快。在单机上，病毒只能通过磁盘、光盘等从一台计算机传播到另一台计算机，而在网络中病毒则可通过网络通信机制迅速扩散。由于病毒在网络中传染速度非常快，故其扩展范围很大，不但能迅速传染局域网内所有计算机，还能通过远程工作站将病毒在瞬间传播到千里之外。

（3）清除难度大。在单机上，再顽固的病毒也可通过删除带病毒文件，低级格式化硬盘等措施将病毒清除，而网络中只要一台工作站未完全消毒就可使整个网络全部被病毒重新感染，甚至刚刚完成消毒的一台工作站也可能很快又被网上另一台工作站的带病毒程序感染。

（4）破坏性强。网络上的病毒将直接影响网络的工作状况，轻则降低速度，影响工作效率，重则造成网络瘫痪，破坏服务系统的资源，使多年工作成果毁于一旦。

（5）激发形式多样。可用于激发网络病毒的条件较多，可以是内部时钟，系统的日期和用户名，也可以是网络的一次通信等。病毒程序可以按照设计者的要求，在某个工作站上激活并发出攻击。

（6）潜在性。网络一旦感染了病毒，即使病毒已被清除，其潜在的危险也是巨大的。有研究表明，在病毒被消除后，85%的网络在 30 天内会被再次感染。

11.4.3 常见的网络病毒

计算机网络的主要特点是资源共享。一旦共享资源感染病毒，网络各结点间信息的频繁传输会把病毒传染到所有使用该共享资源的机器上，这样一台机器可能被多个病毒交叉感染。网络病毒的传播、再生、发作将造成比单机病毒更大的危害。

常见的网络病毒有以下几种。

（1）电子邮件病毒。有毒的通常不是邮件本身，而是其附件，例如扩展名为.EXE 的可执行文件，或者是 Word、Excel 等可携带宏程序的文档。

（2）Java 程序病毒。Java 因为具有良好的安全性和跨平台执行的能力，成为网页上最流行的程序设计语言，由于它可以跨平台执行，因此不论是 Windows 9X/NT 还是 Unix 工作站，甚至是 CRAY 超级计算机，都可被 Java 病毒感染。

（3）ActiveX 病毒。ActiveX 是微软为 Internet 环境所设计的插件，其所扮演的角色与 Java 颇为类似，也是在浏览器中实现交互。当使用者浏览含有病毒的网页时，就可能通过 ActiveX 控件将病毒下载至本地计算机上。

（4）网页病毒。上面介绍过 Java 及 ActiveX 病毒，它们大部分都保存在网页中，所以网页当然也能传染病毒。但是，对这种类型的病毒而言，当用户浏览含有病毒程序的网页时，并不会受到感染；但如果用户将网页储存到磁盘中，使用浏览器浏览这些网页时就有可能受到感染。

（5）手机病毒。这是一种具有传染性、破坏性的手机程序。其可利用发送短信、彩信，电子邮件，浏览网站，下载铃声，蓝牙等方式进行传播，会导致用户手机死机、关机、个人资料被删、向外发送垃圾邮件泄露个人信息、自动拨打电话、发短（彩）信等进行恶意扣费，甚至会损毁 SIM 卡、芯片等硬件，导致使用者无法正常使用手机。

11.4.4 病毒的防范

防止病毒的侵入要比病毒入侵后再去发现和消除它更重要。引起网络病毒感染的主要原因在于用户没有遵守网络使用制度，擅自下载未经检查的网络内容。网络病毒问题的解决，只能从采用先进的防病毒技术与制定严格的用户使用网络的管理制度两方面入手。网络防病毒措施重点在于预防病毒、避免病毒的侵袭。

为了将病毒拒之门外，就要做好以下预防措施。

（1）树立病毒防范意识，从思想上重视计算机病毒要从思想上重视计算机病毒可能会给计算机安全运行带来的危害。对于计算机病毒，有病毒防护意识的人和没有病毒防护意识的人对待病毒的态度完全不同。例如对于反病毒研究人员，机器内存储的上千种病毒不会随意进行破坏，所采取的防护措施也并不复杂。而对于病毒毫无警惕意识的人员，可能连计算机显示屏上出现的病毒信息都不去仔细观察，任其在磁盘中进行破坏。其实，只要稍有警惕，病毒在传染时和传染后留下的蛛丝马迹总是能被发现的。

（2）安装正版的杀毒软件和防火墙，并及时升级到最新版本。另外还要及时升级杀毒软件病毒库，这样才能防范新病毒，为系统提供真正安全环境。

（3）及时对系统和应用程序进行升级及时更新操作系统，安装相应补丁程序，从根源上杜绝黑客利用系统漏洞攻击用户的计算机。可以利用系统自带的自动更新功能或者开启有些软件的"系统漏洞检查"功能，全面扫描操作系统漏洞，要尽量使用正版软件，并及时将计算机中所安装的各种应用软件升级到最新版本，其中包括各种即时通信工具、下载工具、播放器软件、搜索工具等，避免病毒利用应用软件的漏洞进行木马病毒传播。

（4）把好入口关很多病毒都是因为使用了含有病毒的盗版光盘，复制了隐藏病毒的 U 盘资料等而感染的，所以必须把好计算机的"入口"关，在使用这些光盘、U 盘以及从网络上下载的程序之前必须使用杀毒工具进行扫描，查看是否带有病毒，确认无病毒后，再使用。

（5）不要随便登录不明网站、黑客网站或色情网站用户不要随便登录不明网站或者黄色网站，不要随便点击打开 QQ、MSN 等聊天工具上发来的链接信息，不要随便打开或运行陌生、可疑文件和程序，如邮件中的陌生附件，外挂程序等，这样可以避免网络上的恶意软件插件进入计算机。

（6）养成经常备份重要数据的习惯要定期与不定期地对磁盘文件进行备份，特别是一些比较重要的数据资料，以便在感染病毒导致系统崩溃时可以最大限度地恢复数据，尽量减少可能造成的损失。

（7）养成使用计算机的良好习惯，在日常使用计算机的过程中，应该养成定期查毒、杀毒的习惯。因为很多病毒在感染后会在后台运行，用肉眼是无法看到的；而有的病毒会存在潜伏期，在特定的时间会自动发作，所以要定期对自己的计算机进行检查，一旦发现感染了病毒，要及时清除。

（8）要学习和掌握一些必备的相关知识，无论是只使用家用计算机的发烧友，还是每天上班都要面对屏幕工作的计算机一族，都将无一例外地、毫无疑问地会受到病毒的攻击和感染，只是或早或晚而已。因此，一定要学习和掌握一些必备的相关知识，才能及时发现新病毒并采取相应的措施，在关键时刻减少病毒对计算机造成的危害。

（9）合理地分配用户访问权限。病毒的作用范围在一定程度上与用户对网络的使用权限有关。用户的权限越大，病毒的破坏范围和破坏性也越大。网络管理员及超级用户在网络上的权限最大，因此在上网前必须认真检查本工作站的内存及磁盘，在确认无病毒后再登录入网。为防止非法用户冒充网络管理员和超级用户身份，应限制此类用户的入网工作站地址，增加口令长度，只有在必要时才授予某个用户有超级用户存取控制的权力。另外，除用户个人单独使用的目录和文件外，尽量不要分配修改等权限，只读文件可以避免病毒的侵入。

（10）合理组织网络文件，做好网络备份工作。网络上的文件可以分为 3 类，即网络系统文件、用户使用的系统文件或应用程序、用户的数据文件。若有条件，将这 3 类不同的文件分别放在不同的卷上，不同的目录中。网络备份是减少病毒危害的有效方法，也是网络管理的一项重要内容。没有绝对安全的系统，如果系统遭到破坏，就需要使用备份文件恢复系统，尽量减少损失。备份网络文件就是将网络中所需要的文件复制到光盘、磁带或磁盘等存储介质上，并将它们保存在远离服务器的安全的地方。

11.4.5　病毒的清除

一旦发现网络上有病毒，要立即进行清除。可按照如下步骤进行。

（1）发现病毒后，立即通知系统管理员，通知所有用户退网，关闭网络服务器。

（2）用干净的、无病毒的系统盘启动系统管理员的工作站，并清除该机上的病毒。

（3）用干净的、无病毒的系统盘启动网络服务器，并禁止其他用户登录。

（4）清除网络服务器上所有的病毒，恢复或删除被感染文件。

（5）重新安装那些不能恢复的系统文件。

（6）扫描并清除备份文件和所有可能染上病毒的存储介质上的病毒。

（7）确认病毒已彻底清除并进行备份后，才可以恢复网络的正常工作。

11.5　知识扩展

11.5.1　网络安全发展趋势

从技术层面来看，目前网络安全产品在发展过程中面临的主要问题是，以往人们主要关心系统与网络基础层面的防护问题，而现在人们更加关注应用层面的安全防护问题，安全防护已经从底层或简单数据层面上升到了应用层面，这种应用防护问题已经深入到业务行为的相关性和信息内容的语义范畴，越来越多的安全技术已经与应用相结合。

谈及网络安全技术，就必须提到网络安全技术的三大主流——防火墙技术、入侵检测技术以及防病毒技术。

任何一个用户，在刚刚开始面对安全问题时，考虑的往往就是这"老三样"。可以说，这三种网络安全技术为整个网络安全建设起到了功不可没的作用，但是传统的安全"老三样"或者说是以其为主的安全产品正面临着许多新的问题。

首先，从用户角度来看，虽然系统中安装了防火墙，但是仍避免不了蠕虫泛滥、垃圾邮件、病毒传播以及拒绝服务的侵扰。

其次，未经大规模部署的入侵检测单个产品在提前预警方面存在着先天不足，且在精确定位和全局管理方面还有很大的空间。

再次，虽然很多用户在单机、终端上都安装了防病毒产品，但是内网的安全并不仅仅是防病毒的问题，还包括安全策略的执行、外来非法侵入、补丁管理以及合规管理等方面。

所以说，虽然"老三样"已经立下了赫赫战功，且仍然发挥着重要作用，但是用户已渐渐感觉到其不足之处。其次，从网络安全的整体技术框架来看，网络安全技术同样面临着很大的问题，"老三样"基本上还是针对数据、单个系统、软硬件以及程序本身安全的保障。应用层面的安全，需要将侧重点集中在信息语义范畴的"内容"和网络虚拟世界的"行为"上。

1) 防火墙技术发展趋势

在混合攻击肆虐的时代，单一功能的防火墙远不能满足业务的需要，而具备多种安全功能，基于应用协议层防御、低误报率检测、高可靠高性能平台和统一组件化管理的技术，优势将得到越来越多的体现，统一威胁管理（Unified Threat Management，UTM）技术应运而生。

从概念的定义上看，UTM 既提出了具体产品的形态，又涵盖了更加深远的逻辑范畴。从定义的前半部分来看，很多厂商提出的多功能安全网关、综合安全网关、一体化安全设备都符合 UTM 的概念；而从后半部分来看，UTM 的概念还体现了经过多年发展之后，信息安全行业对安全管理的深刻理解以及对安全产品可用性、联动能力的深入研究。由于 UTM 设备是串联接入的安全设备，因此 UTM 设备本身必须具备良好的性能和高可靠性，同时，UTM 在统一的产品管理平台下，集防火墙、VPN、网关防病毒、IPS、拒绝服务攻击等众多产品功能于一体，实现了多种防御功能，因此，向 UTM 方向演进将是防火墙的发展趋势。UTM 设备应具备以下特点。

（1）网络安全协议层防御。防火墙作为简单的第二到第四层的防护，主要针对像 IP、端口等静态的信息进行防护和控制，但是真正的安全不能只停留在底层，需要构建一个更高、更强、更可靠的防火墙，除了传统的访问控制之外，还需要对垃圾邮件、拒绝服务、黑客攻击等外部威胁起到综合检测和治理的作用，实现七层协议的保护，而不仅限于第二到第四层。

（2）通过分类检测技术降低误报率。串联接入的网关设备一旦误报过高，将会对用户带来灾难性的后果。IPS 理念在 20 世纪 90 年代就已经被提出，但是目前全世界对 IPS 的部署非常有限，影响其部署的一个重要问题就是误报率。分类检测技术可以大幅度降低误报率，针对不同的攻击，采取不同的检测技术，比如防拒绝服务攻击、防蠕虫和黑客攻击、防垃圾邮件攻击、防违规短信攻击等，从而显著降低误报率。

（3）有高可靠性、高性能的硬件平台支撑。

（4）一体化的统一管理。由于 UTM 设备集多种功能于一身，因此，它必须具有能够统一控制和管理的平台，使用户能够有效地管理。这样，设备平台可以实现标准化并具有可扩展性，用户可在统一的平台上进行组件管理，同时，一体化管理也能消除信息产品之间由于无法沟通而带来的信息孤岛，从而在应对各种各样攻击威胁的时候，能够更好地保障用户的网络安全。

2) 入侵检测技术发展趋势

入侵检测技术将从简单的事件报警逐步向趋势预测和深入的行为分析方向过渡。入侵管理系统（Intrusion Management System，IMS）具有大规模部署、入侵预警、精确定位以及监管结合四大典型特征，将逐步成为安全检测技术的发展方向。IMS 的一个核心技术就是对漏洞生命周期和机理的研究，这将是决定 IMS 能否实现大规模应用的一个前提条件。从理论上说，在配合安全域良好划分和规模化部署的条件下，IMS 将可以实现快速的入侵检测和预警，进行精确定位和快速响应，从而建立起完整的安全监管体系，实现更快、更准、更全面的安全检测和事件预防。

3）防病毒技术发展趋势

内网安全未来的趋势是安全合规性管理（Security Compliance Management，SCM）。从被动响应到主动合规、从日志协议到业务行为审计、从单一系统到异构平台、从各自为政到整体运维是 SCM 的四大特点，精细化的内网管理可以使现有的内网安全达到真正的"可信"。

目前，内网安全的需求有两大趋势：一是终端的合规性管理，即终端安全策略、文件策略和系统补丁的统一管理；二是内网的业务行为审计，即从传统的安全审计或网络审计，向对业务行为审计的发展，这两个方面都非常重要。

（1）从被动响应到主动合规。通过规范终端行为，避免未知行为造成的损害，使 IT 管理部门将精力放在策略的制定和维护上，避免被动响应造成人力、物力的浪费和服务质量的下降。

（2）从日志协议审计到业务行为审计。传统的审计概念主要用于事后分析，而没有办法对业务行为的内容进行控制，SCM 审计要求在合规行为下实现对业务内容的控制，实现对业务行为的认证、控制和审计。

（3）对于内网来说，尽管 Windows 一统天下，但是随着业务的发展，Unix、Linux 等平台也越来越多地出现在企业的信息化解决方案中，这就要求内网安全管理实现从单一系统到异构平台的过渡，从而避免了由异构平台的不可管理引起的安全盲点的出现。

11.5.2　云安全

云计算（Cloud Computing），是一种基于互联网的计算方式，通过这种方式，共享的软硬件资源和信息可以按需求提供给计算机和其他设备，主要是基于互联网的相关服务的增加、使用和交付模式，通常涉及通过互联网来提供动态易扩展且经常是虚拟化的资源。云是网络、互联网的一种比喻说法。过去往往用云来表示电信网，后来也用来表示互联网和底层基础设施。狭义的云计算是指 IT 基础设施的交付和使用模式，指通过网络以按需、易扩展的方式获得所需资源；广义云计算指服务的交付和使用模式，指通过网络以按需、易扩展的方式获得所需服务。这种服务可以是 IT 和软件、互联网相关，也可是其他服务。它意味着计算能力也可作为一种商品通过互联网进行流通。

"云安全（Cloud Security）"计划是网络时代信息安全的最新体现，融合了并行处理、网格计算、未知病毒行为判断等新兴技术和概念，通过网状的大量客户端对网络中软件行为的异常监测，获取互联网中木马、恶意程序的最新信息，传送到 Server 端进行自动分析和处理，再把病毒和木马的解决方案分发到每一个客户端。

未来的杀毒软件将无法有效地处理日益增多的恶意程序。来自互联网的主要威胁正在由计算机病毒转向恶意程序及木马，在这样的情况下，采用的特征库判别法显然已经过时。云安全技术应用后，识别和查杀病毒不再仅仅依靠本地硬盘中的病毒库，而是依靠庞大的网络服务，实时进行采集、分析以及处理。整个互联网就是一个巨大的"杀毒软件"，参与者越多，每个参与者就越安全，整个互联网就会更安全。

云安全的概念提出后，曾引起了广泛的争议，许多人认为它是伪命题。但事实胜于雄辩，云安全的发展像一阵风，瑞星、趋势、卡巴斯基、MCAFEE、SYMANTEC、江民科技、PANDA、金山、360 安全卫士等公司都推出了云安全解决方案。我国安全企业金山，360，瑞星等公司都拥有相关的技术并投入使用。金山公司的云技术使得自己的产品资源占用得到极大的减少，在很多老机器上也能流畅运行。趋势科技公司的云安全已经在全球建立了 5 大数据中心，几万部在线服务器。据悉，云安全可以支持平均每天 55 亿条查询，每天收集分析 2.5 亿个样本，资料库第一次命中率就可以达到 99%。借助云安全，趋势科技现在每天阻断的病毒感染最高达 1000 万次。

要想建立"云安全"系统，并使之正常运行，需要解决以下四大问题。

（1）需要海量的客户端（云安全探针）。只有拥有海量的客户端，才能对互联网上出现的恶意程序、危险网站有最灵敏的感知能力。一般而言安全厂商的产品使用率越高，反映应当越快，最终应当能够实现无论哪个网民中毒、访问什么网页，都能在第一时间做出反应。

（2）需要专业的反病毒技术和经验。发现的恶意程序被探测到，应当在尽量短的时间内被分析，这需要安全厂商具有过硬的技术，否则容易造成样本的堆积，使云安全的快速探测的结果大打折扣。

（3）需要大量的资金和技术投入。"云安全"系统在服务器、带宽等硬件需要极大的投入，同时要求安全厂商应当具有相应的顶尖技术团队、持续的研究花费。

（4）可以是开放的系统，允许合作伙伴的加入。"云安全"可以是个开放性的系统，其"探针"应当与其他软件相兼容，即使用户使用不同的杀毒软件，也可以享受"云安全"系统带来的成果。

思考与练习

一、选择题

1．假设使用一种加密算法，它的加密方法很简单：将每一个字母加 5，即 a 加密成 f，b 加密成 g。这种算法的密钥就是 5，那么它属于（　　）。

　　A．对称密码技术　　　　B．分组密码技术　　　　C．公钥密码技术　　　　D．单向函数密码技术

2．有关对称密钥加密技术的说法，下面哪个更准确（　　）。

　　A．又称秘密密钥加密技术，收信方和发信方使用相同的密钥

　　B．又称公开密钥加密，收信方和发信方使用的密钥互不相同

　　C．又称秘密密钥加密技术，收信方和发信方使用不同的密钥

　　D．又称公开密钥加密，收信方和发信方使用相同的密钥

3．防火墙（firewall）是指（　　）。

　　A．防止一切用户进入的硬件

　　B．使之与不同网络安全域之间的一系列部件的组合，是不同网络安全域间通信流的唯一通道，能根据企业有关安全政策控制进出网络的访问行为

　　C．记录所有访问信息的服务器

　　D．处理出入主机的邮件的服务器

4．有一主机专门被用作内部网和外部网的分界线。该主机里插有两块网卡，分别连接到两个网络。防火墙里面的系统可以与这台主机进行通信，防火墙外面的系统也可以与这台主机进行通信，但防火墙两边的系统之间不能直接进行通信，这是（　　）的防火墙。

　　A．屏蔽主机式体系结构　　　　　　　　B．筛选路由式体系结构

　　C．双网主机式体系结构　　　　　　　　D．屏蔽子网式体系结构

5．以下对于计算机病毒概念的描述正确的是（　　）。

　　A．计算机病毒只在单机上运行　　　　　B．计算机病毒是一个程序

　　C．计算机病毒不一定具有恶意性　　　　D．计算机病毒是一个文件

6．计算机病毒的特征是（　　）。

　　A．隐蔽性　　　　　　　　　　　　　　B．潜伏性，传染性

　　C．破坏性　　　　　　　　　　　　　　D．可触发性

　　E．以上都正确

二、填空题

1．按照计算机病毒的寄生方式和传染途径可分为（　　　　）。

2．现在密码学主要有两种基于密钥的加密算法是（　　　　）。

3．常见的防火墙体系结构有三种，分别是（　　　　）、（　　　　）和（　　　　）。

三、问答题

1．简述网络安全的概念。

2．网络安全的主要威胁有哪些？

3．什么是防火墙？它有哪几种结构？

4．简述对称秘钥加密技术。

5．什么是计算机病毒？试举出几种常见的计算机病毒并说明其危害。

第四篇 技 能 篇

第 12 章 实践技能训练

12.1 认识网络互连设备及常用的网络命令

【实训目的】

（1）依据计算机网络基础知识，从理论与实践相结合的角度，进一步了解和认识常见互连设备和网络传输介质。

（2）了解常见互连设备的型号、品牌及主要性能特点。

（3）了解 Windows 系统的网络命令，会使用网络命令。

【背景描述】

您刚来到我校在计算机网络技术专业学习。为了增强您对网络的整体宏观认识，教师带领去参观网络中心，认识网络互连设备，综合布线等，了解网络常用命令，便于故障的诊断与排除。

【实验过程】

1）认识常见网络互连设备

网络互连设备包括集线器、中继器、modem、交换机、路由器、防火墙等，可以从以下几方面认识。

① 认识网络互连设备的外观、型号和品牌；

② 查看网络互连设备的端口类型及端口数量；

③ 查看网络互连设备的连接方式；

④ 查看网络互连设备的特性，如交换机的传输速率。

2）认识网络传输介质

网络传输介质包括双绞线，同轴电缆，光纤等，观察认识传输介质，网络接口及常用工具。了解传输介质的外观、特性及适用场合。如图 12-1 所示为常见的一些网络传输介质及相关工具。

（a）双绞线

（b）10Base2 细同轴电缆

（c）10Base5 粗同轴电缆

（d）RJ—45 和 AUI

（e）FC/PC—SC/PC 型光尾纤外形图

（f）SC—PC 型光尾纤接头外形图

（g）双绞线卡线钳

（h）测试仪

图 12-1 常见传输介质及相关工具

3）IP 地址配置

右击"网上邻居"，在弹出的快捷菜单中选择"属性→本地连接→属性"，双击"TCP/IP 协议"，进入"TCP/IP 属性"对话框，如图 12-2 所示。

该对话框中记录当前主机的 IP 地址相关信息，以备恢复。配置之后可以通过 ipcongfig/all 命令查看当前的网络配置信息。

4）利用系统网络命令查看网络运行状态

（1）ping

① ping 命令的功能及基本格式。ping 验证与远程计算机的连接。该命令只有在安装了 TCP/IP 协议后才可以使用。ping 命令有助于验证 IP 级的连通性。发现和解决问题时，可以使用 ping 向目标主机名或目标 IP 地址发送 ICMP 回应请求。需要验证主机能否连接到 TCP/IP 网络和网络资源时，请使用 ping 命令。也可以使用 ping 命令隔离网络硬件问题和不兼容配置。通常最好先用 ping 命令验证本地计算机和网络主机之间的路由是否存在，以及要连接的网络主机的 IP 地址。

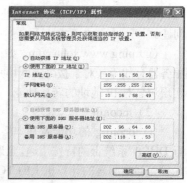

图 12-2　IP 地址配置

其基本格式与参数如图 12-3 所示。

```
C:\Users\Administrator.123-PC>ping /?

用法: ping [-t] [-a] [-n count] [-l size] [-f] [-i TTL] [-υ TOS]
           [-r count] [-s count] [[-j host-list] | [-k host-list]]
           [-w timeout] [-R] [-S srcaddr] [-4] [-6] target_name

选项:
    -t              Ping 指定的主机，直到停止。
                    若要查看统计信息并继续操作 - 请键入 Control-Break；
                    若要停止 - 请键入 Control-C。
    -a              将地址解析成主机名。
    -n count        要发送的回显请求数。
    -l size         发送缓冲区大小。
    -f              在数据包中设置"不分段"标志(仅适用于 IPυ4)。
    -i TTL          生存时间。
    -υ TOS          服务类型(仅适用于 IPυ4。该设置已不赞成使用，且
                    对 IP 标头中的服务字段类型没有任何影响)。
    -r count        记录计数跃点的路由(仅适用于 IPυ4)。
    -s count        计数跃点的时间戳(仅适用于 IPυ4)。
    -j host-list    与主机列表一起的松散源路由(仅适用于 IPυ4)。
    -k host-list    与主机列表一起的严格源路由(仅适用于 IPυ4)。
    -w timeout      等待每次回复的超时时间(毫秒)。
    -R              同样使用路由标头测试反向路由(仅适用于 IPυ6)。
    -S srcaddr      要使用的源地址。
    -4              强制使用 IPυ4。
    -6              强制使用 IPυ6。
```

图 12-3　ping 基本格式与参数

② 使用 ping 命令测试网络的连通性。分别在主机插网线和不插网线的情况下 ping 目标地址。

（a）ping 127.0.0.1：这个 ping 命令被送到本地计算机的 IP 软件，该命令永不退出该计算机。如果没有做到这一点，就表示 TCP/IP 的安装或运行存在某些最基本的问题。

（b）ping 本机 IP 地址：这个命令被送到计算机所配置的 IP 地址，计算机始终都应该对该 ping 命令作出应答，如果没有，则表示本地配置或安装存在问题。出现此问题时，局域网用户请断开网络电缆，然后重新发送该命令。如果网线断开后本命令正确，则表示另一台计算机可能配置了相同的 IP 地址。

（c）ping 局域网内其他 IP 地址：这个命令应该离开你的计算机，经过网卡及网络电缆到达其他计算机，再返回。收到回送应答表明本地网络中的网卡和载体运行正确。但如果收到 0 个回送应答，那么表示子网掩码（进行子网分割时，将 IP 地址的网络部分与主机部分分开的代码）不正确或网卡配置错误或电缆系统有问题。

（d）ping 网关 IP 地址：这个命令如果应答正确，表示局域网中的网关路由器正在运行并能够作出应答。

（e）ping 远程 IP 地址：如果收到 4 个应答，表示成功的使用了缺省网关。对于拨号上网用户则表示能够成功的访问 Internet（但不排除 ISP 的 DNS 会有问题）。

（f）ping localhost：localhost 是个作系统的网络保留名，它是 127.0.0.1 的别名，每台计算机都应该能够将该名字转换成该地址。如果没有做到这点，则表示主机文件（/Windows/host）中存在问题。

（g）ping www.sohu.com：如果这里出现故障，则表示 DNS 服务器的 IP 地址配置不正确或 DNS 服务器有故障（对于拨号上网用户，某些 ISP 已经不需要设置 DNS 服务器了）。也可以利用该命令实现域名对 IP 地址的转换功能。

（2）ipconfig

① ipconfig 的功能及基本格式。该诊断命令显示所有当前的 TCP/IP 网络配置值。该命令在运行 DHCP 系统上的特殊用途，允许用户决定 DHCP 配置的 TCP/IP 配置值。解决 TCP/IP 网络问题时，先检查遇到问题的计算机上的 TCP/IP 配置。如果计算机启用 DHCP 并使用 DHCP 服务器获得配置，请使用 ipconfig /renew 命令开始刷新租约。使用 ipconfig /renew 时，使用 DHCP 的计算机上的所有网卡（除了那些手动配置的适配器）都尽量连接到 DHCP 服务器，更新现有配置或者获得新配置。也可以使用带/release 选项的 ipconfig 命令立即释放主机的当前 DHCP 配置。有关 DHCP 和租用过程的详细信息，请参阅客户机如何获得配置。

其基本格式与参数如图 12-4 所示。

图 12-4　ipconfig 基本格式与参数

② 使用 ipconfig 命令查看主机配置信息。在命令提示符模式下分别输入下列命令，查看主机 TCP/IP 配置信息。

（a）使用 ipconfig 显示本主机基本信息；

（b）使用 ipconfig /all 显示本主机详细信息；

（c）使用 ipconfig /renew 更新所有适配器。

（3）arp

① arp 的功能及基本格式。显示和修改 arp 缓存，即 IP 地址与 MAC 地址之间的转换表。"地址解析协议(ARP)"允许主机查找同一物理网络上的主机的媒体访问控制地址，如果给出后者的 IP 地址。为使 arp 更加有效，每个计算机缓存 IP 到媒体访问控制地址映射消除重复的 arp 广播请求。可以使用 arp 命令查看和修改本地计算机上的 arp 表项。arp 命令对于查看 arp 缓存和解决地址解析问题非常有用。

其基本格式与参数，如图 12-5 所示。

② arp 命令的使用

（a）arp –a。显示当前 arp cache 中的内容，记录下来。

（b）arp –d。删除 arp cache 中的内容。

（c）使用 ping 和 arp 命令获取远程主机的 MAC 地址。

（d）在远程主机下使用 ipconfig/all 命令获取实际的 MAC 地址。

（e）对比（c）与（d）步获得的结果并进行记录，分析原理。

（f）使用 arp –s 参数进行静态 ARP 映射，防范 ARP 欺骗。

（g）使用 arp –s 参数将默认网关的 IP 地址与错误的 MAC 地址进行静态 ARP 映射，记录并分析此时的现象。

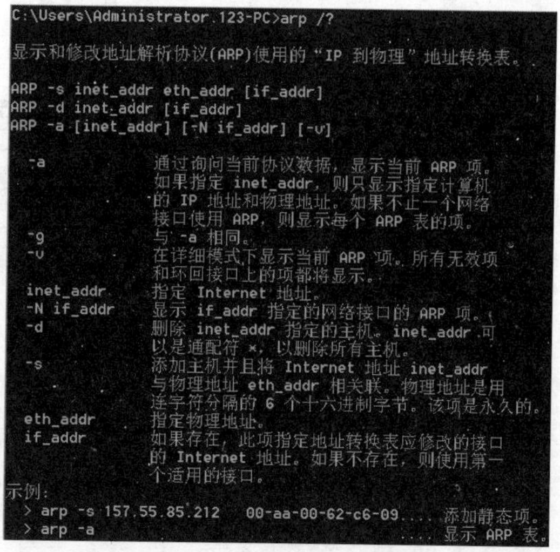

图 12-5　arp 基本格式与参数

【实验思考与分析】

1. 127.0.0.1 是什么地址？

2. arp 命令和 ping 命令如何结合使用，查看网络故障点？

3. 通过观察家庭用网络互连设备，学校计算机房或校园网建设中使用的网络互连设备，体会它们之间的不同。

12.2　双绞线的制作与测试

【实训目的】

（1）了解传输介质的分类。

（2）掌握 UTP 线缆的直通线、交叉线的制作方法。

（3）掌握 UTP 线缆测试的主要指标，并掌握网线测试仪的使用方法。

（4）了解直通线和交叉线的应用范围。

【背景描述】

假设某公司为了业务的需要，将两台计算机通过双绞线连接起来，实现数据通信，请制作双绞线，并调试。

【预备知识】

要使双绞线能够与网卡、HUB、交换机、路由器等网络设备互连，还需要制作 RJ—45 接头（俗称水晶头）。RJ—45 水晶头由金属片和塑料构成，特别需要注意的是引脚序号，面对金属片从左至右引脚序号是 1～8，这组序号用于网线的线序。按照双绞线两端线序的不同，一般划分两类双绞线：一类两端线序排列一致，通常采用 EIA/TIA—568B 线序，称为直通线；另一类是改变线的排列顺序，通常一端采用 EIA/TIA—568B 线序，另一端采用 EIA/TIA—568A 线序，称为交叉线。

1）直通线的线序标准

A 端（采用 EIA/TIA—568B）：橙白，橙，绿白，蓝，蓝白，绿，棕白，棕；

B 端（采用 EIA/TIA—568B）：橙白，橙，绿白，蓝，蓝白，绿，棕白，棕。

直通线的线序标准如图 12-6 所示。

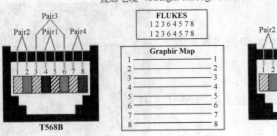

图 12-6　直通电缆的线序

2）交叉线的线序标准

A 端（采用 EIA/TIA—568B）：橙白，橙，绿白，蓝，蓝白，绿，棕白，棕；

B 端（采用 EIA/TIA—568A）：绿白，绿，橙白，蓝，蓝白，橙，棕白，棕。

交叉线的线序标准如图 12-7 所示。

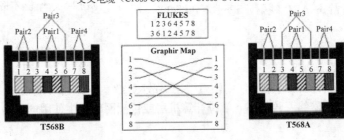

图 12-7　交叉电缆的线序

3）直通线和交叉线使用场合

直通线一般用于计算机与交换机、计算机与集线器、路由器与交换机之间的互连。

交叉线一般用于计算机与路由器、计算机与计算机、路由器与路由器、交换机与交换机、集线器与集线器之间的互连。

【实验环境及设备】

（1）长度为 1 米左右的 UTP 线缆一段，RJ—45 水晶头 4 只。

（2）压线钳 1 台，网线测试仪 1 台。

（3）PC 机 2 台，交换机 1 台。

（4）实验拓扑如图 12-8 所示。

图 12-8　实验拓扑图

【实验过程】

1）直通线的制作过程

（1）剪下一段适当长度的双绞线。

（2）剥线：用压线钳刀口在线缆的一端剥去约 2cm 护套，如图 12-9 所示。

图 12-9　剥线

（3）理线：分离 4 对线缆，按照直通线缆的线序标准（EIA/TIA—568B）排列整齐，并将线弄平直。如图 12-10 所示。

图 12-10　理线

（4）剪线：维持线缆的线序和平整性，用压线钳上的剪刀将线头剪齐，保证不绞合电缆的长度最大为 1.2cm。如图 12-11 所示。

（5）插线：将有序的线头顺着 RJ—45 接头的插口轻轻插入，插到底，并确保护套也被插入。如图 12-12 所示。

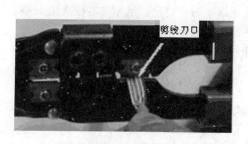

图 12-11　剪线

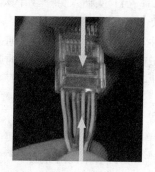

图 12-12　插线

（6）压线：再将 RJ—45 接头塞到压线钳里，用力按下手柄，一个接头就做好了，如图 12-13 所示。

图 12-13　压线

（7）用同样的方法制作另一个接头。制作好的网线 RJ—45 效果，如图 12-14 所示。

图 12-14　制作完成后网线两端水晶头

2）交叉线的制作过程

交叉线的制作过程和直通线制作过程相似，只是一端按照 EIA/TIA—568A 线序，另一端采用 EIA/TIA—568B 线序。

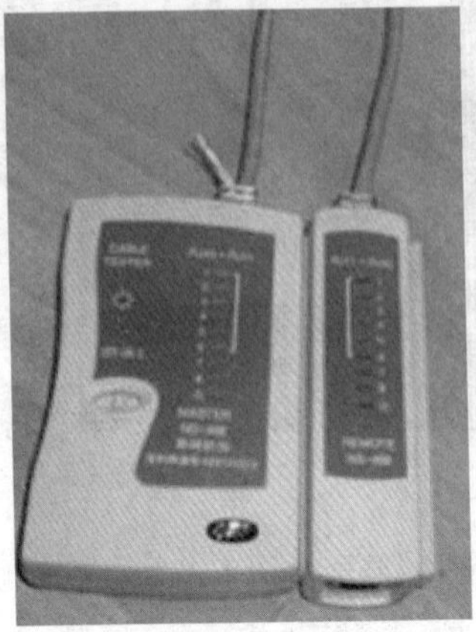

3）测试及连接

利用网线测线仪来测试上述网线，可以测试接线是否连通和线序是否正确。如图 12-15 所示，如果对应到灯依次亮起，说明网络制作成功，否则需要重新制作，原因是水晶头的使用是一次性的。

直通线按 1~8 依次点亮；交叉线按 1-3、2-6、3-1、4-4、5-5、6-2、7-7、8-8 顺序点亮。如果某些灯不亮表示有网线不通，如果灯亮顺序不合上述标准说明线序有错。如果没有测线仪，可以使用以下方法测试。

使用直通电缆连接 PC 和交换机，把直通电缆一头插入计算机网卡的 RJ—45 接口，另一头插入交换机的任意一个口。如连接正常，则网卡后面的指示灯会亮。

图 12-15　测试网线的连通性

使用交叉电缆连接 PC 和 PC，把交叉电缆一头插入计算机网卡的 RJ—45 接口，另一头插入另一台计算机网卡的 RJ—45。如连接正常，则网卡后面的指示灯会亮。

【注意事项】

（1）注意线序，手拿着水晶头朝上，铜片一端正对着自己，从左向右依次是 1~8；

（2）双绞线制作完毕，双绞线的最外层的绝缘套管要牢固；

（3）水晶头是　次性的，当把剪齐的线插入后，一定要先检查线序是否正确，正确后再使用压线钳压制。

【项目拓展】

（1）注意哪些环节以提高水晶头制作的成功率？

（2）查阅相关书籍说出屏蔽双绞线和非屏蔽双绞线之间的区别。

（3）分析如图 12-16 所示的情况中，哪些地方用直通线？哪些地方用交叉线？

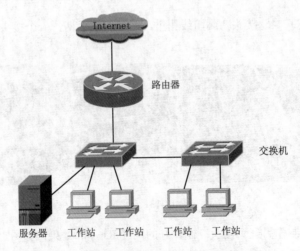

图 12-16　小型网络拓扑图

12.3　对等网络的配置与调试

【实训目的】

（1）掌握客户端、协议和服务等网络组件的安装配置，实现对等网的配置。

（2）熟悉网卡、掌握如何在 Windows 下察看网卡的型号、MAC 地址、IP 地址等参数。

（3）掌握共享资源的设置使用。

（4）掌握对等网建立的方法。

【背景描述】

最近小张新开了一家只有 10 多人的小公司，公司位于某大厦的 12 楼的两个办公室内，请组建一个小型办公网络，实现资源共享和文件传输和打印。

【预备知识】

对等网也称工作组网，那是因为它不像企业专业网络中那样是通过域来控制的，在对等网中没有域，只有工作组，很显然，工作组的概念远没有域那么广，所以对等网所能随的用户数也是非常有限的。在对等网络中，计算机的数量通常不会超过 20 台，所以对等网络相对比较简单。在对等网络中，对等网上各台计算机的有相同的功能，无主从之分，网上任意节点 计算机既可以作为网络服务器，为其他计算机提供资源；也可以作为工作站，以分享其他服务器的资源；任一台计算机均可同时兼作服务器和工作站，也可只作其中之一。同时，对等网除了共享文件之外，还可以共享打印机，对等网上的打印机可被网络上的任一节点使用，如同使用本地打印机一样方便。因为对等网不需要专门的服务器来做网络支持，也不需要其他组件来提高网络的性能，因而对等网络的价格相对要便宜很多。

建立一个基于 Windows 的对等网，物理拓扑结构为 100Base—T。

本实验是用双绞线实现两台（或多台）计算机通过网卡（交换机）互连，正确地配置网络组件及各参数，最终实现两台（或多台）计算机的各种资源共享。通过 ping 命令了解网络的连通情况。

1）对等网

每台计算机的地位平等，都允许使用其他计算机内部的资源，这种网就称为对等局域网，简称对等网。对等网，又称点对点网络（Peer To Peer)，指不使用专门的服务器，各终端机既是服务提供者（服务器），又是网络服务申请者。组建对等网的重要元件之一是网卡，各联网机均需配置一块网卡。

2）网络适配器

网络适配器又称网卡，是构成网络的基本部件，其主要作用是，实验网络数据格式与计算机数据格式的转换，控制数据流。

3）网络协议

Windows Win 7 中常见的网络协议有 IPX/SPX、NetBEUI 和 TCP/IP。

IPX/SPX（网际包交换/序列包交换协议），是 NetWare 客户机/服务器（C/S）的协议群组，用于与 NetWare 网络操作系统通信，速度快，在复杂的网络环境中有较强的适应能力，可以用于大型局域网。

NetBEUI（NetBIOS 增强用户接口）：它是为由 20～200 台计算机组成局域网而设计的协议，是一种小巧、快速和高效的通信协议，只需配置计算机名称，不适合在 WAN 环境中使用。

TCP/IP（传输控制协议/网际协议）：是连接进入 Internet 所必需的协议，速度较慢，但它是在大范围内的复杂网络环境里进行路由选择，主要用于各种大型的网络。

【实验拓扑】

一般对等网的组建分为两种形式，一种是不通过交换机连接组建对等网，简称双机互联，网络拓扑结构如图 12-17 所示，如果是三台计算机，则可以通过将其中一台机器上装上两张网卡的方法来解决；另外一种是通过交换机连接组建对等网，如果多于 3 台计算机，则对等网络网络拓扑结构如图 12-18 所示。

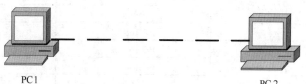

PC1　　　　　　　　　　　　　　　　　　　　PC 2

图 12-17　使用交叉线实现双机互连

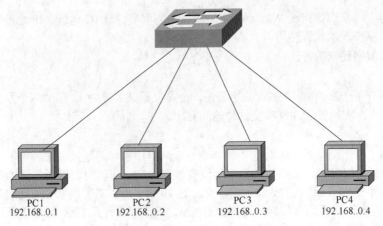

PC1　　　　　　　　PC2　　　　　　　　PC3　　　　　　　　PC4
192.168..0.1　　　192.168..0.2　　　192.168..0.3　　　192.168..0.4

图 12-18　对等网络拓扑结构图

【实验过程】

1）双机互联

（1）安装网卡。与安装其他任何硬件卡一样，将网卡插入 PC 的对应插槽中，固定好，重新启动计算机，如重启后计算机没有自动识别网卡则需要安装驱动程序。

（2）双绞线的制作与连接。如果是两台计算机通过网卡直接相连组建对等网，双绞线就要制作成交叉线，然后将双绞线的两头分别插入两台计算机的网卡上，这样一个简单的双机互联的对等网就组建成功了。

（3）利用 Windows 下 ipconfig /all 命令查看网卡的基本参数。执行"开始→运行"命令，在弹出的对框中，输入 CMD，按 Enter 键，进入命令提示符。在"命令提示符"下输入 ipconfig/all（可以连续输入）将显示出本机网卡的基本参数。

请记录所用计算机的主机名（Host Name）、网卡型号（Description）、网卡物理地址（Physical Address）、IP 地址（IP Address）、子网掩码（Subnet Mask）、网关（Default Gateway）。

（4）双机互联的计算机设置及测试。若实现两台计算机的通信，还要对操作系统进行相应的设置和安装网络通信协议。

① 计算机的设置。将两台计算机分别配置计算机名及网络协议。配置的 IP 地址分别为 192.168.1.1 和 192.168.1.2，并设为同一个工作组即可，若两台计算机不是同一个网段，则需要将对方的 IP 地址设为网关。

② 双机互联的测试。双机互联的对等网建立之后，两台计算机进行网络测试。

第一步，网上邻居的工作组中查看该工作组的计算机。

第二步，用 ping 命令互相测试，查看 ping 的结果，是否可以进行数据交换。

2）通过交换机连接组建对等网

（1）安装网卡。方法与双机互联组建对等网相同。

（2）双绞线的制作与连接。采用星型结构，将双绞线的一端插入计算机的网卡，另一端插入交换机的接口，这样通过交换机的连接组建了对等网络。各个计算机的连法都相同。

（3）正确安装网卡驱动程序。配置 Windows 网络组件参数，协议参数见表 12-1。

表 12-1　主机配置信息

项目	名称	工作组	TCP/IP 协议	
			IP 地址	子网掩码
PC1	student01		192.168.0.1	255.255.255.0
PC2	student02		192.168.0.2	255.255.255.0
PC3	student03	workgroup	192.168.0.3	255.255.255.0
PC4	student04		192.168.0.4	255.255.255.0
……	……		……	……

（4）查看与测试。通过交换机连接的方式组建等网之后，工作组中的计算机进行网络测试。

第一步，网上邻居的工作组中查看该工作组的计算机。

第二步，用 ping 命令互相测试，查看 ping 的结果，是否进行数据交换。测试要求见表 12-2。

表 12-2　ping 命令测试项目

项目	名称	TCP/IP 协议		测试	
		IP 地址	子网掩码	测试项目	测试结果
PC1	student01	192.168.0.1	255.255.255.0	分别 ping PC2，PC3，PC4	
PC2	student02	192.168.0.2	255.255.255.0	分别 ping PC1，PC3，PC4	
PC3	student03	192.168.0.3	255.255.255.0	分别 ping PC1，PC2，PC4	
PC4	student04	192.168.0.4	255.255.255.0	分别 ping PC1，PC2，PC3	
……	……	……	……	……	

（5）将 PC1 和 PC3 的 IP 地址更改为如下 IP 地址，然后再进行 ping 命令测试，见表 12-3。

表 12-3　更改配置后的 ping 命令测试项目

项目	名称	TCP/IP 协议		测试	
		IP 地址	子网掩码	测试项目	测试结果
PC1	student01	192.168.100.1	255.255.255.0	分别 ping PC2，PC3，PC4	
PC2	student02	192.168.0.2	255.255.255.0	分别 ping PC1，PC3，PC4	
PC3	student03	192.168.100.3	255.255.255.0	分别 ping PC1，PC2，PC4	
PC4	student04	192.168.0.4	255.255.255.0	分别 ping PC1，PC2，PC3	
……	……	……	……	……	

3）在对等网中共享文件

（1）在 Windows 7 操作系统下，首先，选择要共享的文件，右击，在弹出的快捷菜单中选择"属性"，弹出如图 12-19 所示的窗口，选择"共享"标签。

（2）单击"共享（S）"按钮，弹出对话框，添加"Guest"（选择"Guest"是为了降低权限，以方便所有用户都能访问），可以设置访问权限，然后单击"共享"按钮，如图 12-20 所示。

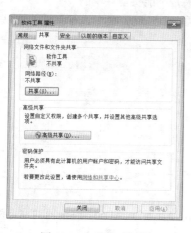

图 12-19　共享对话框

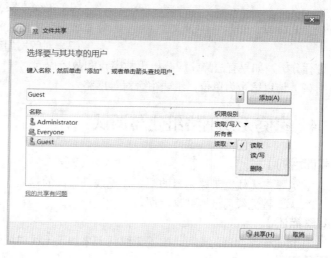

图 12-20　选择要与其共享的用户对话框

（3）单击"高级共享"按钮，在弹出的对话框中选中"共享此文件夹"，同时可以添加和删除共享名，设置"将同时共享的用户数量限制为"，设置"权限"。单击"确定"按钮，共享文件夹就完成了，如图 12-21 所示。

为了提高共享的安全性，可以通过"权限"设置，指定用户访问以及访问权限是什么，如图 12-22 所示。

图 12-21　高级共享设置

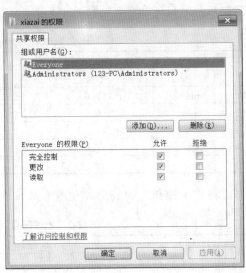

图 12-22　访问权限设置

其他用户就可通过执行"开始→运行"命令，在"运行"对话框中输入"\\共享主机 IP 地址"，就可快速访问共享文件资源了，如图 12-23 所示。

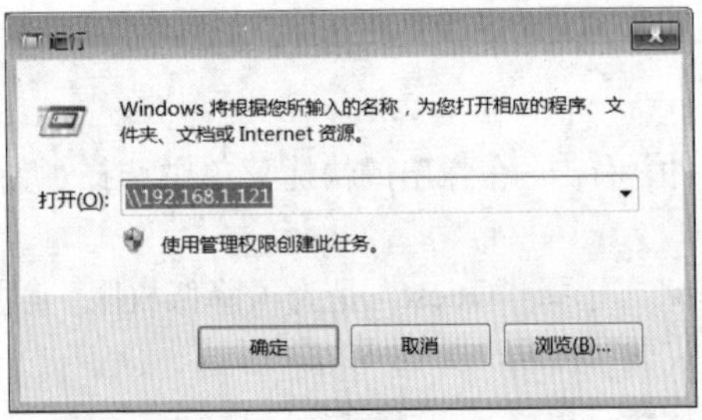

图 12-23　快速访问共享文件

【注意事项】

（1）文件共享时，需要开启 Guest 来宾账户，或者访问文件资源的指定账户。

（2）必须在"高级共享设置"中，打开"启用文件和打印机共享"服务。

【项目拓展】

（1）提交本实验所实现的共享文件的结果，并指出操作系统中有哪些文件夹是不能实现共享的？

（2）对等网组建后，用 ping 命令进行测试的结果，并进行分析，如果有故障，应分析出故障点和故障原因。

（3）请以宿舍为单位，组建宿舍对等网络。

12.4　家庭无线网络组建与调试

【实训目的】

（1）掌握无线宽带路由器的配置，无线局域网的建立。

（2）掌握无线局域网共享上网。

【背景描述】

无线宽带路由器的配置，配置无线网卡来加入无线局域网，并且通过 ADSL 路由器共享上网。

【预备知识】

组建无线网络时可以使用 AP 和无线宽带路由器两种组网设备，随着无线宽带路由器价格的日益走低及技术的日趋成熟，因其具有更多的功能、更高的管理控制能力以及无线与有线网络的无缝连接等优势，正在成为用户日益青睐的无线组网设备，大有完全取代 AP 的势头。无线局域网如果要连接互联网，其中最主要的是要有一个连接互联网的终端，这个终端就是无线路由器或 AP。两者最大的区别就是无线路由器不仅有 1 个 WAN 口，一般都有 4 个 LAN 口，去除了无线的功能，它就是有线的四口路由器，而 AP 则是只有 1 个 WAN 口，只是个单纯的无线覆盖。现在的无线路由器，或者 AP 的 WAN 口都有了自动翻转的功能，也就是说使用两种线交叉线或者平行线都可以。

　　在工作范围内选择一个合适的地点（使各个终端笼罩在无线路由器的无线范围内）放置好无线路由器后接通其电源，拉出其后端的天线，再用网线将其与 ADSL Modem 相连

　　在配置无线局域网时，一般需要配置无线宽带路由器、无线网卡及共享上网 3 个步骤。

【实验拓扑】

　　本实验所用拓扑结构如图 12-24 所示。

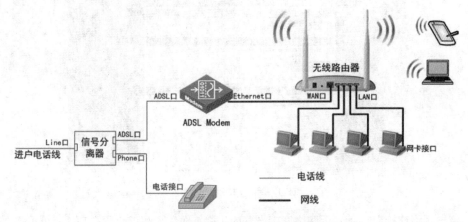

图 12-24　无线网络组建与调试实验拓扑结构

【实验过程】

　　1）无线宽带路由器的配置

　　（1）打开浏览器，以 D-Link 的 DI-524M 无线路由器为例，在浏览器的地址栏输入 192.168.0.1，按 Enter 键（在未连接至 Internet 的情况下，只要使用网线将 PC 和路由器的 LAN 端口中的一个连接起来或者通过无线连接即可打开路由器配置界面，但在进行路由器的配置时使用有线连接），如图 12-25 所示。

　　（2）在出现的界面中，用户名填写 admin，密码默认为空，然后单击"登录"按钮进入下面的配置界面，如图 12-26 所示。

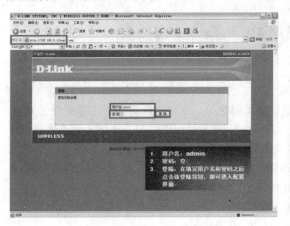

图 12-25　使用浏览器连接无线路由器

图 12-26　无线路由器配置界面

　　从这个界面可以看到，能够通过两种方法对路由器进行网络连接的设置：一种是使用配置向导，另一种是使用手动配置。如果只需要进行 WAN 端口配置，那么使用设置向导即可。下面针对配置

向导的使用进行说明。

（3）在图 12-26 所示的界面中单击"配置向导"按钮，进入网络连接向导窗口，如图 12-27 所示。

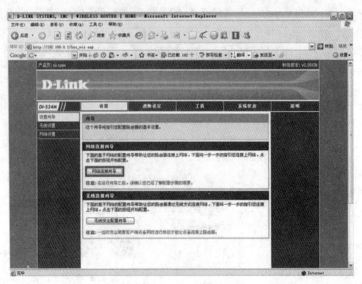

图 12-27　网络连接向导

（4）单击网络连接向导后显示网络连接设置的步骤，你在了解该步骤之后，即可单击"下一步"按钮，进行设置。单击"下一步"按钮之后，在下面的窗口中进行管理密码的设定。密码设置界面如图 12-28 所示。

图 12-28　管理密码设定

默认状况下，进入路由器配置界面的管理密码为空，为了保证该设备的安全，可以设置一个密码，以防止别人更改路由器的配置；请将所设置的登录密码记下，否则日后可能无法登录设置界面；如果忘记登录密码的话，将路由器进行复位操作，具体方法请参见相应说明。在填入两遍密码后，单击"下一步"按钮，进入时区的设置。也可以不设置密码，那么直接单击"下一步"按钮，进行时区设置，如果在中国地区，可以在下拉菜单中选择"GMT＋8：00 时区"，然后单击"下一步"按钮，进入网络连接的设置。确定网络连接如图 12-29 所示。

总共有三种方式的选择，包括 DHCP 连接（动态 IP 地址）、用户名/密码 连接（PPPoE 方式）、固定 IP 地址连接方式。默认状态下为 DHCP 连接（动态 IP 地址）。

如果不清楚要选择何种类型可参考以下类型。

① 若计算机直接接上 ADSL 或 Cable Modem 时，不需要做任何连接相关设置即可连至网络的话，请选择 DHCP 连接；

图 12-29 网络连接设置

② 若计算机直接接上 ADSL Modem 时，需要设定 ADSL 账户/密码后，而且需要进行连接动作后才可以连接至网络的话，请选择 PPPoE；

③ 若计算机直接接上 ADSL 或 Cable Modem 时，需要另外指定一个固定的 IP 地址后才可以连接至网络的话，请选择固定 IP 地址；

④ 或者也可以与网络服务供应商（ISP）联系。

下面分别以动态 IP 地址、PPPoE 方式和静态 IP 地址方式为例进行分别说明。

（1）DHCP 连接（动态 IP 地址）。首先在上图中选择 DHCP 连接，然后单击"下一步"按钮。如图 12-30 所示为配置 MAC 地址克隆界面。

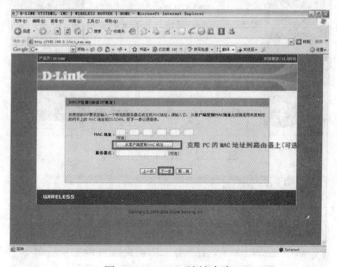

图 12-30 MAC 地址克隆

在这里可以选择是否将 PC 的 MAC 地址克隆到路由器中，也可以选择是否填入主机名。然后单击"下一步"按钮。

系统提示网络连接已经设置完成，单击"下一步"按钮以保存设置并重启路由器。如图 12-31 所示。

在系统状态界面中，可以看到在 WAN 端的 IP 地址已经出现数值，说明 DHCP 联机已经成功，如图 12-32 所示。

（2）用户名/密码。连接（PPPoE）：PPPoE 方式连接，接入 Internet。如图 12-33 所示，选择用户名/密码连接，然后单击"下一步"按钮。

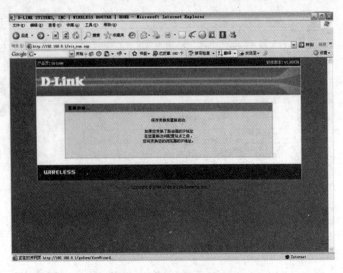

图 12-31　重启路由器提示

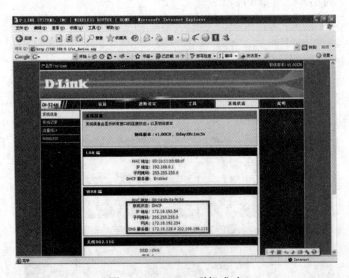

图 12-32　DHCP 联机成功

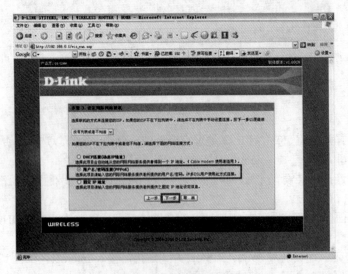

图 12-33　选择 PPPoE

如图 12-34 所示，需要在如下的界面中输入用户名、密码、确认密码。

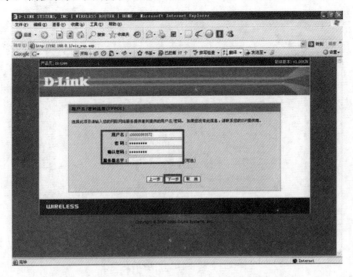

图 12-34 填写 PPPoE 用户名与密码

填好后单击"下一步"按钮。系统提示网络连接已经设置完成，单击"下一步"按钮以保存设置并重启路由器。

如图 12-35 所示，然后可以在系统状态界面中看到 PPPoE 已经连接上。如果是每月限时上网的用户，请注意还要在手动配置界面中查看联机方式的选择，联机方式一般默认状态下为自动联机，即只要路由器开启就会自动侦测网络，如果此时与网络连接正常，便会自动连接到 Internet，而不管是否开启计算机上网，因此还请在不使用路由器的情况下将其断电，以免造成高昂的网络费用。

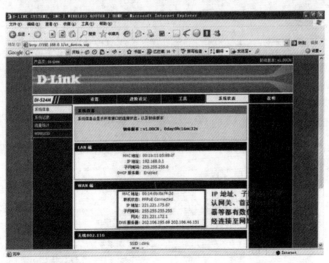

图 12-35 PPPoE 连接成功

（3）固定 IP 地址连接。如图 12-36 所示，勾选固定 IP 地址连接，然后单击"下一步"按钮。

单击"下一步"按钮后，在配置界面输入 ISP 提供给的 IP 地址、子网掩码、默认网关、首选 DNS 服务器地址等信息。如图 12-37 所示。

系统提示网络连接已经设置完成，单击"下一步"按钮以保存设置并重启路由器。

至此，按照设置向导所进行的网络连接部分的配置就已经完成。

下面介绍 DI—524M 无线网络的设置。如果不想修改默认配置，也可以跳过此步骤（默认 SSID

为 dlink，无加密）。如果设置请参考如下步骤。

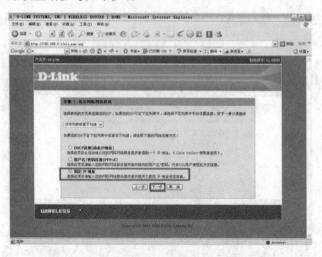

图 12-36　固定 IP 地址选择

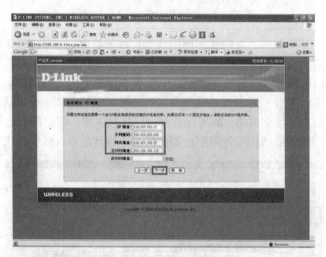

图 12-37　填写 IP 地址

如图 12-38 所示，在 D-Link 配置向导中，单击"无线安全配置向导"按钮。

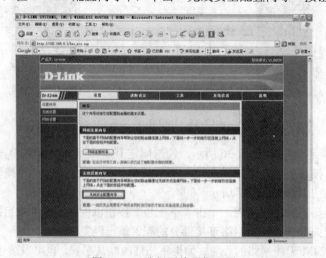

图 12-38　选择无线网络配置

确认设置步骤后，单击"下一步"按钮。设置无线网络的 SSID，以标识所使用的无线网络，默认状态下 SSID 为 dlink，设置完之后单击"下一步"按钮。如图 12-39 所示。

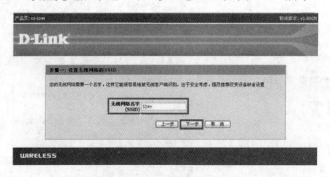

图 12-39 设置无线网络 SSID

如图 12-40 所示，为是否启用加密选择，这里推荐使用 WEP 加密方式。设置安全密钥，单击"下一步"按钮（注意，WEP 密钥请填 13 位字符）。

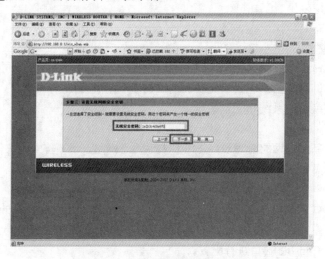

图 12-40 设置无线连接安全秘钥

这时会弹出所设置的无线网络情况，请务必记住这些信息，日后无线网卡无法连接时会用到这些信息。在该设置下，WEP 密钥长度是 128bits，使用的是 ASCII 方式，如果需要设置其他长度或方式的密钥，可以在无线设置中去手动更改。对以下信息确认无误后单击"保存"按钮，至此完成无线网络安全的相关设置。

2）无线网卡设置

以 Win XP OS 为例，计算机自带无线网卡。

（1）如图 12-41 所示，打开"网络连接"，右击无线网络连接以启用无线网络。

（2）无线网卡启用后，单击查看可用的无线网络。

（3）当找到无线网络时（该无线连接的名称即为在 DI—524M 设定中所填写的无线网络 SSID），单击"连接"按钮；无加密的情况下，会自动连接至无线网络。如果之前路由器有做过加密方式和密钥的设置，可以根据提示输入密钥，单击"确定"按钮后即可连接到无线网络中。当出现如图 12-42 所示的界面时，表明无线网络已连接成功。

由于之前已经做过加密，则此时弹出无线连接需要输入网络密钥的对话框，这时只要输入在路由器中设置的密钥即可，密钥正确输入两遍。填好之后，单击"连接"按钮，就会连接到无线网络中。

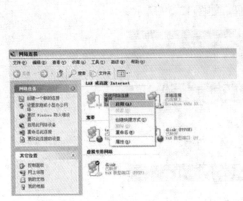

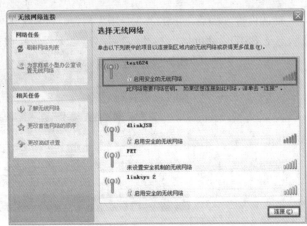

图 12-41　启用无线网卡　　　　　　　图 12-42　无线网络连接成功提示

12.5　交换机的基本配置

【实训目的】

（1）掌握交换机命令行各种操作模式的区别以及模式之间的切换。

（2）掌握交换机的全局基本配置，交换机端口的基本配置方法。

（3）学会查看交换机的系统和配置信息。

【背景描述】

假设你是某公司新进的网络管理员，公司要求你熟悉网络产品，首先要求你登录交换机，了解、掌握交换机的命令行操作。

【预备知识】

交换机的管理方式基本分为 2 种，即带内管理和带外管理。通过交换机的 Console 口管理交换机属于带外管理，不占用交换机的网络接口，其特点是需要使用配置线缆，近距离配置。第一次配置交换机时必须利用 Console 端口进行配置。

交换机的命令行操作模式，主要包括用户模式、特权模式、全局配置模式、端口模式等几种。

（1）用户模式：进入交换机后得到的第一个操作模式，该模式下可以简单查看交换机的软、硬件版本信息，并进行简单的测试。用户模式提示符为 switch＞。

（2）特权模式：由用户模式进入的下一级模式，该模式下可以对交换机的配置文件进行管理，查看交换机的配置信息，进行网络的测试和调试等。特权模式提示符为 switch#。

（3）全局配置模式：属于特权模式的下一级模式，该模式下可以配置交换机的全局性参数（如主机名、登录信息等）。在该模式下可以进入下一级的配置模式，对交换机具体的功能进行配置。全局模式提示符为 switch(config)#。

（4）端口模式：属于全局模式的下一级模式，该模式下可以对交换机的端口进行参数配置。端口模式提示符为 switch(config-if)#。

Exit 命令是退回到上一级操作模式。

End 命令是指用户从特权模式以下级别直接返回到特权模式。

交换机命令行支持获取帮助信息、命令的简写、命令的自动补齐、快捷键功能。

【实验拓扑】

交换机基本配置网络拓扑示意图如图 12-43 所示。

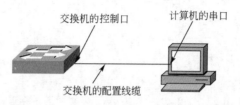

交换机的控制口　　　计算机的串口

交换机的配置线缆

图 12-43　交换机基本配置网络拓扑示意图

【实验过程】

1）交换机命令行操作模式的进入

```
switch>enable
(password: )                                 !进入特权模式
switch#
switch#configure terminal                    !进入全局配置模式
switch(config)#
switch(config)#interface fastethernet 0/5    !进入交换机 F0/5 的接口模式
switch(config-if)
switch(config-if)#exit                        !退回到上一级操作模式
switch(config)#
switch(config-if)#end                         !直接退回到特权模式
switch#
```

2）交换机命令行基本功能

（1）帮助信息

```
switch> ?                                  !显示当前模式下所有可执行的命令
  disable          Turn off privileged commands
  enable           Turn on privileged commands
  exit             Exit from the EXEC
  help             Description of the interactive help system
  ping             Send echo messages
  rcommand         Run command on remote switch
  show             Show running system information
  telnet           Open a telnet connection
traceroute         Trace route to destination
switch#co?                                 !显示当前模式下所有以 co 开头的命令
configure      copy
switch#copy ?                              !显示 copy 命令后可执行的参数
flash:           Copy from flash: file system
  running-config    Copy from current system configuration
  startup-config    Copy from startup configuration
  tftp:           Copy from tftp: file system
  xmodem          Copy from xmodem file syste
```

（2）命令的简写

```
switch#conf ter   !交换机命令行支持命令的简写，该命令代表 configure terminal
switch(config)#
```

（3）命令的自动补齐

```
switch#con  (按 Tab 键自动补齐 configure)   !交换机支持命令的自动补齐
```

```
switch#configure
```
（4）命令的快捷键功能
```
switch(config-if)# ^Z                            !Ctrl+Z 退回到特权模式
switch#
switch#ping 1.1.1.1
sending 5, 100-byte ICMP Echos to 1.1.1.1
timeout is 2000 milliseconds.
switch#
```
例如上文中在交换机特权模式下执行 ping 1.1.1.1 命令，发现不能 ping 通目标 IP 地址，交换机默认情况下需要发送 5 个数据包，如不想等到 5 个数据包均不能 ping 通目标地址的反馈出现，可在数据包未发出 5 个数据包之前通过按 Ctrl+C 键终止当前操作。

3）交换机命名
```
switch(config)#hostname S2126G                 !将交换机命名为 "S2328 "
```
4）交换机端口参数的配置
```
switch> enable
switch# configure terminal
switch(config)#
switch(config)#interface fastethernet 0/3 !F0/3 的端口模式
switch(config-if)#speed 10                       !配置端口速率为 10M
switch(config-if)#duplex half                    !配置端口的双工模式为半双工
switch(config-if)#no shutdown                    !开启该端口，转发数据
```
配置端口速率参数有 100（100Mbps）、10（10Mbps）、auto(自适应)，默认是 auto；配置双工模式有 full(全双工)、half(半双工)、auto（自适应），默认是 auto。

5）显示交换机的状态
```
switch#show  version                    !查看交换机的版本信息
switch#show running-config              !查看交换机的运行配置文件
switch#show ip interfaces               !查看交换机 IP 接口信息
switch#show interfaces vlan 1           !查看交换机管理 IP 地址的配置
switch#show ip interface brief          !查看交换机接口状态
switch#show mac-address-table           !查看交换机当前的 MAC 地址表的信息
```

【注意事项】
　　（1）命令行操作进行自动补齐或命令简写时，要求所简写的字母必须能够惟一区别该命令。如 switch# conf 可以代表 configure，但 switch#co 无法代表 configure，因为 co 开头的命令有两个 copy 和 configure，设备无法区别。
　　（2）注意区别每个操作模式下可执行的命令种类。交换机不可以跨模式执行命令。

12.6　单交换机 VLAN 划分

【实训目的】
　　（1）掌握 VLAN 的划分原则。
　　（2）理解 Port Vlan 的配置。
　　（3）理解交换机管理 IP 地址的配置。

【背景描述】
　　假设此交换机是宽带小区城域网中的 1 台楼道交换机，住户的 PC1 连接在交换机的 0/5 口；住

户的 PC2 连接在交换机的 0/1 口。现要实现各家各户的端口隔离。

【预备知识】

（1）虚拟局域网（Virtual Local Area Network，VLAN）是指在一个物理网段内，进行逻辑的划分，划分成若干个虚拟局域网。VLAN 最大的特性是不受物理位置的限制，可以进行灵活的划分。VLAN 具备了一个物理网段所具备的特性。

（2）相同 VLAN 内的主机可以互相直接访问，不同 VLAN 间的主机之间互相访问必须经由路由设备进行转发。广播数据包只可以在本 VLAN 内进行传播，不能传输到其他 VLAN 中。

（3）Port Vlan 是实现 VLAN 的方式之一，Port Vlan 是利用交换机的端口进行 VLAN 的划分。

【实验拓扑】

实验网络拓扑结构如图 12-44 所示，需要说明的是进行网络的连接，注意主机和交换机连接的端口。

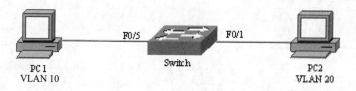

图 12-44　单交换机 VLAN 划分实验网络拓扑结构

【实验过程】

1）配置 IP 地址，并测试 PC1 和 PC2 的连通性

设置 PC1 和 PC2 的 IP 地址分别为 192.168.1.100 和 192.168.101，通过 ping 命令，测试在未划 VLAN 前两台 PC 可以互相 ping 通。

2）创建 VLAN

```
switch#configure terminal                ! 进入交换机全局配置模式
switch(config)# vlan 10                  ! 创建 VLAN 10
switch(config-vlan)# name test10         ! 将 VLAN 10 命名为 test10
switch(config)# vlan 20                  ! 创建 VLAN 20
switch(config-vlan)# name test20         ! 将 VLAN 20 命名为 test20
```

3）验证测试

```
switch#show vlan                         !查看已配置的 VLAN 信息
VLAN Name                    Status   Ports
-----------------------------------------------------------
1    default                 static   Fa0/1 ,Fa0/2 ,Fa0/3
                                      Fa0/4 ,Fa0/5 ,Fa0/6
                                      Fa0/7 ,Fa0/8 ,Fa0/9
                                      Fa0/10,Fa0/11,Fa0/12
                                      Fa0/13,Fa0/14,Fa0/15
                                      Fa0/16,Fa0/17,Fa0/18
                                      Fa0/19,Fa0/20,Fa0/21
                                      Fa0/22,Fa0/23,Fa0/24
                                      !默认情况下所有接口都属于 VLAN1
10   test10                  static   !创建的 VLAN10,没有端口属于 VLAN10
20   test20                  static   !创建的 VLAN20,没有端口属于 VLAN20
```

4）将接口分配到 VLAN

```
switch# configure terminal
switch(config)# interface fastethernet0/5
switch(config-if)#switchport mode access
switch(config-if)# switchport access vlan 10
                            ! 将 fastethernet 0/5 端口加入 vlan 10 中
switch(config-if)# interface fastethernet0/1
switch(config-if)#switchport mode access
switch(config-if)# switchport access vlan 20
                            ! 将 fastethernet 0/1 端口加入 vlan 20 中
```

5）查看配置结果

```
switch#show vlan
VLAN Name                     Status    Ports
----------------------------------------------------------------
1    default                  static    Fa0/2 ,Fa0/3 ,Fa0/4
                                        Fa0/6 ,Fa0/7 ,Fa0/8
                                        Fa0/9 ,Fa0/10, Fa0/11
                                        Fa0/12,Fa0/13,Fa0/14
                                        Fa0/15,Fa0/16,Fa0/17
                                        Fa0/18,Fa0/19,Fa0/20
                                        Fa0/21,Fa0/22,Fa0/23
                                        Fa0/24
10   test10                   static    Fa0/5
20   test20                   static    Fa0/1
```

6）验证测试

通过 ping 命令再次测试 PC1 和 PC2 是否可以 ping 通，结果应该是不同的。

7）配置交换机管理 IP 地址

```
switch(config)#interface vlan 1              !进入交换机管理接口配置模式
switch(config-if)#ip address192.168.1.1  255.255.255.0
                                             !配置交换机管理 IP 地址
switch(config-if)#no shutdown                !开启交换机管理接口
switch(config-if)#end                        !结束并退出

switch#show ip interface        !查看交换机管理 IP 地址已经配置，管理接口已开启
```

也可以用如下的方式查看：

```
switch#show interface vlan 1    !查看交换机管理 IP 地址配置，管理接口已开启
```

　　交换机的管理接口缺省是关闭的（shutdown），因此在配置管理接口 interface vlan 1 的 IP 地址后须执行 no shutdown 命令开启该接口。

　　VLAN1 默认是交换机管理中心，交换机所有的接口都处于此下，配置地址可连通到所有的接口。交换机管理 IP 只能有一个生效。默认情况下给 VLAN1 配置 IP 地址，因为交换机所有接口默认都属于 VLAN1。

【注意事项】

　　（1）交换机所有的端口在默认情况下属于 ACCESS 端口，可直接将端口加入某一 VLAN。利用 switchport mode access/trunk 命令可以更改端口的 VLAN 模式。

（2）VLAN1 属于系统的默认 VLAN，不可以被删除。

（3）删除某个 VLAN，执行 no 命令。例如 switch(config)#no vlan 10。

（4）删除当前某个 VLAN 时，注意先将属于该 VLAN 的端口加入别的 VLAN，再删除 VLAN。

12.7　子网的划分与规划

【实训目的】

（1）了解 IP 地址的类型、分配方法。

（2）掌握子网掩码的作用及其设置。

（3）掌握子网规划与划分的方法。

【背景描述】

某公司在一个网络号下有大量的计算机，这样并不方便管理，而且随着计算机的增加，网络性能在急剧下降，为了解决这种问题，可以根据单位的所属部门及其地理分布位置等划分子网，把一个大的网络划分成若干个子网，便于管理，提高网络性能。

【预备知识】

进行子网划分，实际上就是将 IP 地址的主机号中的前若干位（bit）划分出来作为子网号，如图 12-45 所示。

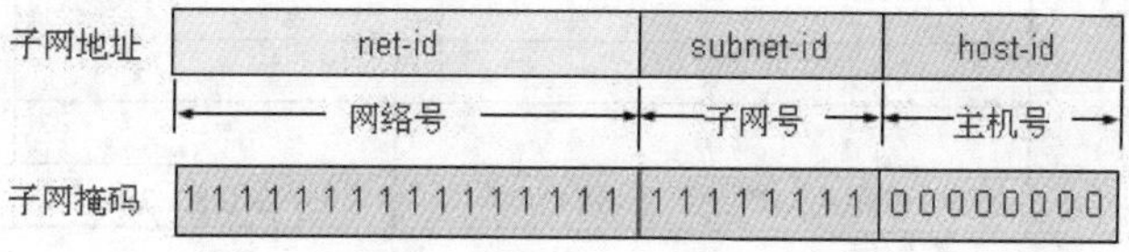

子网地址	net-id	subnet-id	host-id
	◄──── 网络号 ────►	◄── 子网号 ──►	◄── 主机号 ──►
子网掩码	11111111 11111111	11111111	00000000

图 12-45　子网划分

子网的划分，实际上就是设计子网掩码的过程。子网掩码主要是用来区分 IP 地址中的网络号、子网号和主机号。子网掩码中的"1"对应 IP 地址的网络号或子网号部分，为"0"对应 IP 地址的主机号部分，可将 IP 地址与子网掩码进行"与"操作得出网络号或子网号。

进行子网划分，在选择子网号和主机号时，应使子网号部分产生足够的子网，而主机号部分能容纳足够的主机。

子网编址的初衷是为了避免小型或微型网络浪费 IP 地址，将一个大规模的物理网络划分成几个小规模的子网。各个子网在逻辑上独立，没有路由器的转发，子网之间的主机不能相互直接通信。

【实验拓扑】

某公司有 14 个部门，每个部门计算机不超过 14 台。以其中两个部门为例，划分的子网 1 和子网 2，构成的网络拓扑结构如图 12-46 所示。

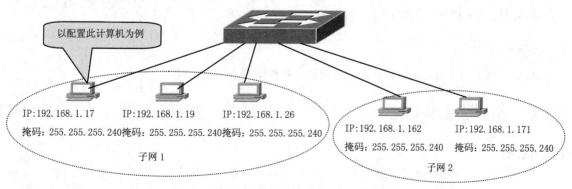

图 12-46　子网 1 和子网 2 拓扑结构图

【实验过程】

1）子网规划

通过以下 4 个问题填空，说明子网划分的过程。

① 需要划分（　　　　）个子网，需要从主机位中借（　　　　）位充当子网位。

② 每个子网中有（　　　　　　）个主机数。

③ 每个子网的子网掩码、网络地址、广播地址和 IP 地址的有效范围，见表 12-4，请填写。

表 12-4　子网地址分配表

子网	子网掩码	IP 地址范围	子网地址	直接广播地址
1		192.168.1.17～192.168.1.30	192.168.1.16	192.168.1.31
2				
3				
4				
5				
6				
7				
8				
9				
10				
11				
12				
13				
14		192.168.1.225～192.168.1.238	192.168.1.224	192.168.1.239

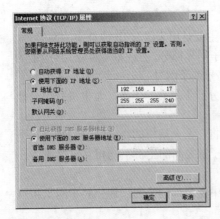

图 12-47　配置 IP 和子网掩码

2）配置计算机的 IP 地址和子网掩码。

用同样的方法，配置其他计算机的 IP 地址和子网掩码，如图 12-47 所示。

3）测试子网划分、IP 分配和计算机配置是否正确

（1）处于同一子网的计算机是否能够通信？

利用 ping 命令（如 IP 地址为 192.168.1.17 的计算机去 ping IP 地址为 192.168.1.26 的计算机）。观察 ping 命令的输出结果。

（2）处于不同子网的计算机是否能够通信？

利用 ping 命令（如 IP 地址为 192.168.1.17 的计算机去 ping IP 地址为 192.168.1.162 的计算机）。观察 ping 命令的输出结果。

【注意事项】

（1）IP 地址和子网掩码配合使用，必须保证子网掩码配置正确。

（2）广播地址和网络地址不可作为计算机 IP 地址。

【项目拓展】

根据子网 1 和子网 2 网络拓扑图，画出该公司整个网络拓扑结构。

12.8　路由器基本配置

【实训目的】

（1）掌握路由器命令行各种操作模式的区别以及模式之间的切换。

（2）掌握路由器的全局基本配置，路由器端口的常用配置参数。

（3）学会查看路由器系统和配置信息，掌握路由器的当前工作状态。

【背景描述】

假设某公司新到了路由器，则首先需要用计算机连接路由器 Console 口进行设定，这样设备才能进行正常工作。后续管理往往通过远程进行，这样更为方便快捷，为此，需要为路由器配置 Telnet 服务。

【预备知识】

路由器（Router）作为一种重要的网络设备，属于典型的三层网络设备，工作在 OSI 参考模型的第三层，即网络层。路由器会根据信道的情况自动选择和设定路由，以最佳路径，收发数据。路由器的每个端口，都可以配置一个 IP 地址，各个端口的 IP 地址必须属于不同的网段。

路由器的管理方式和交换机一样，分为带内管理和带外管理两种。通过路由器的 Console 口管理路由器，不占用路由器网络接口，属于带内管理。带内管理特点是需要使用专用的配置线，只能近距离操作。第一次配置路由器，必须使用 Console 端口进行配置。

路由器的命令行模式一般包括 4 种：用户模式、特权模式、全局配置模式和端口配置模式等。

（1）用户模式：进入路由器后看到的第一个操作界面，命令提示符通常类似于 Router>。在用户模式下，可以运行一些简单的测试。

（2）特权模式：用户模式进入的下一个模式是特权模式，特权模式命令提示符通常类似于 Router#。特权模式下可以运行更多的命令，可以进行网络的测试和调试等。

（3）全局配置模式：特权模式的下一级模式。可以进行全局配置，如配置主机名。该模式下命令提示符通常类似于 Router(config)#。

（4）端口配置模式：全局配置模式的下一级模式。可以对路由器的各个端口进行详细配置，如 IP 地址，子网掩码等。该模式下命令提示符通常类似于 Router(config-if)#。

路由器的 Fastethernet 接口默认情况下是传输速率为 10Mbps 或 100Mbps 自适应端口，双工模式也是自适应模式，并且在默认情况下路由器物理端口处于关闭状态。路由器提供广域网接口（serial 高速同步串口），使用 V35 线缆连接广域网接口链路。在广域网连接时一端为 DCE（数据通信设备），另一端为 DTE（数据终端设备）。要求必须在 DCE 端配置时钟频率（clock rate）才能保证链路的连通。在路由器的物理端口可以灵活配置带宽，最大值为该端口的实际物理带宽。

【实验拓扑】

实验拓扑结构如图 12-48 所示。

【实验过程】

（1）实验准备。需要思科 2811 一台，带以太网适配器和 Com 口的计算机两台，双绞线 1 条，串口线一条。

按照实验拓扑图，连接网络设备和计算机，并打开设备电源。

（2）打开 ComputerA 的超级终端，参数配置如图 12-49 所示。

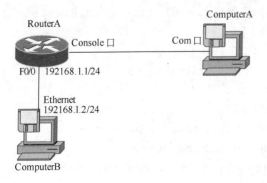
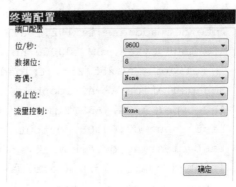

图 12-48　路由器基本配置实验拓扑结构　　　　图 12-49　超级终端参数设置界面

（3）单击"确定"按钮后，出现如下的显示信息，表示路由器已经成功进入用户模式。

```
Press RETURN to get started.
Router>
```

观察设备的硬件和软件参数信息。

（4）分别输入 enable 和 config terminal，并按 Enter 键，依次进入路由器特权配置模式和全局配置模式。

```
Router>enable
Router#config terminal
```

这里的 enable 命令只需要是输入 en 即可，或者输完 en 按 Tab 键，系统会自动把剩余的字符补充完整。config terminal 用户也只需要输入 config t 即可，该完整命令应该是 configure terminal。

（5）在全局配置模式下，修改路由器的名称为 RouterA。

```
Router(config)#hostname RouterA
RouterA(config)#
```

（6）在全局配置模式下，输入 interface fastEthernet 0/0 进入以太网端口 0/0 的接口配置模式。

```
RouterA(config)# interface fastEthernet 0/0
RouterA(config-if)#
```

该命令也可以简写为 int f 0/0。其中 int 是 interface 命令的缩写，第一个 0 代表 0 号模块板，第二个 0 代表 0 号端口，f 代表快速以太网端口。

输入 end 命令或者按 Ctrl+Z 键可以直接退回到特权模式，输入 exit 返回到上一级模式。

```
RouterA(config-if)#end
RouterA#
```

（7）在特权模式下，运行 show version 命令，查看路由器版本信息。

```
RouterA#show version
```

（8）在接口配置模式下，按网络拓扑结构配置路由器 f0/0 接口 IP 地址。

① 配置接口 IP 地址。

```
RouterA#conf t
RouterA(config)#int f0/0
RouterA(config-if)#ip address 192.168.1.1 255.255.255.0
RouterA(config-if)#no shut
%LINK-5-CHANGED: Interface FastEthernet0/0, changed state to up
```

② 查看接口状态。

```
RouterA#show interfaces f0/0
FastEthernet0/0 is up, line protocol is up (connected)
  Hardware is Lance, address is 00e0.8f7a.e901 (bia 00e0.8f7a.e901)
  Internet address is 192.168.1.1/24
  MTU 1500 bytes, BW 100000 Kbit, DLY 100 usec,
     reliability 255/255, txload 1/255, rxload 1/255
  Encapsulation ARPA, loopback not set
  ARP type: ARPA, ARP Timeout 04:00:00,
  Last input 00:00:08, output 00:00:05, output hang never
  Last clearing of "show interface" counters never
  Input queue: 0/75/0 (size/max/drops); Total output drops: 0
  Queueing strategy: fifo
  Output queue :0/40 (size/max)
```

```
5 minute input rate 0 bits/sec, 0 packets/sec
5 minute output rate 0 bits/sec, 0 packets/sec
    0 packets input, 0 bytes, 0 no buffer
    Received 0 broadcasts, 0 runts, 0 giants, 0 throttles
    0 input errors, 0 CRC, 0 frame, 0 overrun, 0 ignored, 0 abort
    0 input packets with dribble condition detected
    0 packets output, 0 bytes, 0 underruns
    0 output errors, 0 collisions, 1 interface resets
    0 babbles, 0 late collision, 0 deferred
    0 lost carrier, 0 no carrier
    0 output buffer failures, 0 output buffers swapped out
```

（9）配置 ComputerB 的以太网接口 IP 地址为 192.168.1.2，子网掩码为 255.255.255.0，这样使得计算机和路由器接口 f0/0 同处于 192.168.1.0/24 网段，这两点之间可以互相进行通信。测试连通性，ping 路由器 f0/0 端口 IP 地址。测试结果如图 12-50 所示。

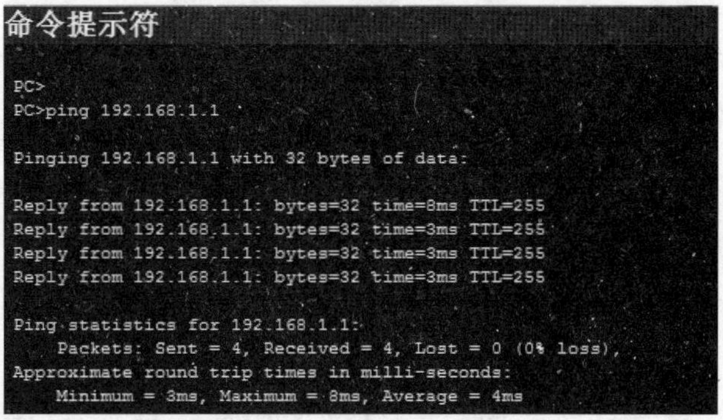

图 12-50　连通性测试

（10）在 RouterA 路由器上，配置 Telnet 服务。

第一步，配置特权模式密码，使用命令 enable password star（密码为 star）；

第二部，进入线程配置模式，使用命令 line vty 0 4;

第三部，配置 telnet 密码，使用命令 password star（密码为 star），不设置密码无法 telnet 登录；

第四步，让配置生效，使用命令 login。

```
RouterA#configure terminal
Enter configuration commands, one per line. End with CNTL/Z.
RouterA(config)#enable password star
RouterA(config)#line vty 0 4
RouterA(config-line)#password star
RouterA(config-line)#login
```

（11）在计算机 ComputerB 上启动命令提示符，进行 telnet 登录。

```
PC>telnet 192.168.1.1
Trying 192.168.1.1 ...Open
User Access Verification
Password: <回车>
RouterA>
```

输入登录密码 *star*，并按 Enter 键后，顺利进入路由器的用户模式。

```
RouterA>enable
Password:
RouterA#conf t
Enter configuration commands, one per line.  End with CNTL/Z.
RouterA(config)#end
RouterA#
```

在 telnet 客户端中，运行 enable 输入设定的特权用户模式密码 star，进入特权模式。

（12）在 telnet 客户端，运行 show running-config，查看运行配置文件内容。

```
Building configuration...
Current configuration : 502 bytes
!
version 12.4
no service timestamps log datetime msec
no service timestamps debug datetime msec
no service password-encryption
!
hostname RouterA
!
enable password star
!
!
interface FastEthernet0/0
 ip address 192.168.1.1 255.255.255.0
 duplex auto
 speed auto
!
interface FastEthernet0/1
 no ip address
 duplex auto
 speed auto
 shutdown
!
interface Vlan1
 no ip address
 shutdown
!
ip classless
!
line con 0
line vty 0 4
 password star
 login
!
end
```

【注意事项】

（1）Console 口连接线不同于网线，是特殊的连接线，一般购买路由器的时候，会随机附送；请不要用以太网双绞线连接 Console 口。

（2）ComputerB 的以太网端口和 RouterA 的 f0/0 端口，都要配置 IP 地址和子网掩码，并且必须处于同一个网段，否则不能直接通信。

（3）配置以思科路由器为例，如果用于其他厂商设备，代码可能有一些区别，本节代码在思科和锐捷公司的设备上调试通过。

（4）telnet 客户端除了 Windows 自带的客户端外，还可以使用第三方软件，如 SecureCRT 等。

【项目拓展】

按如图 12-51 所示进行连接，设置对应端口的网络参数，配置路由器 A 和路由器 B 的 telnet 服务，进行连通性测试。

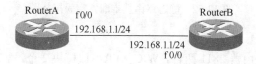

图 12-51　路由器基本配置实验拓展项目拓扑图

12.9　静态路由基本配置

【实训目的】

（1）了解生成路由表的方法。

（2）掌握静态路由的设置方法。

（3）通过静态路由使不同网段用户互联互通。

【背景描述】

假设某公司分为销售部、技术部、客服部 3 个部门，这三个部门的计算机各自位于不同的网段内，并分别由 2 台路由器构成的网络互联。这是一个简单的网络，要实现各个部门之间的相互通信，可以为路由器设置必要的静态路由，告诉路由器包的转发路径。

【预备知识】

路由器属于网络层设备，能够根据 IP 包头的信息选择一条最佳路径，将数据包转发出去，实现不同网段的主机之间的互相访问。

路由器选择转发路径的依据是存放在内存中的路由表，是表格状的二维数据信息。这个表格每一行记录了一个通向特定目的网络的路径信息，如目的地址、指向目的地址的指针等。

一般情况下，路由表的产生方式有以下 3 种。

（1）直连路由：当给路由器的某个接口配置了一个 IP 地址以后，路由器自动产生一个路由条目，该路由条目把该接口 IP 地址所在的网络同该接口相对应。

（2）静态路由：在拓扑结构比较简单的网络中，网路管理员可以用手工方式设置未知网段的路由信息，这种路由称为静态路由。

（3）动态路由：由动态路由协议（如 OSPF、RIP 等）学习产生的路由，适用于大规模的网络中。因为在大规模的网络拓扑结构中，由网络管理员进行手工配置过于繁琐，工作量太大，而且一旦某个路由节点发生了变化，整个网络需要重新配置。在动态路由协议的帮助下，路由器之间可以自动学习和协商数据包的路由，不需要网络管理员过多的参与。

【实验拓扑】

实验拓扑结构如图 12-52 所示。

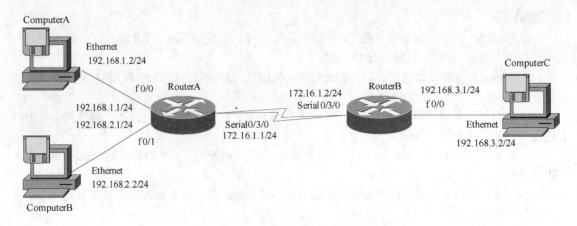

图 12-52　静态路由基本配置实验拓扑图

【实验过程】

（1）实验准备。思科路由器 2811 两台，WIC—1T 串口模块 2 个，V.35 DCE/DTE 线缆一条，计算机 3 台，做好 RJ—45 接头的双绞线 3 条。WIC—1T 模块外观如图 12-53 所示。

把 WIC—1T 模块分别装入 2811 后面拓展槽中。把以上设备按拓扑结构进行连接，并开启各设备电源。V.35 两端一端是 DCE 接口一端是 DTE 接口，务必进行区分，本实验把 DCE 端接 RouterA 的串口，需要对 RouterA 的串口进行频率设定。

（2）配置 ComputerA、ComputerB、ComputerC 的 IP 地址和子网掩码如图 12-52 所示。设置他们各自的网关为所连接的路由器端口 IP。ComputerA 网络参数如图 12-54 所示。

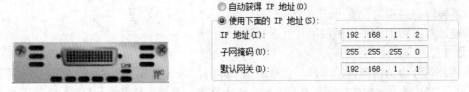

图 12-53　WIC—1T 模块外观　　　　图 12-54　ComputerA 网络参数

ComputerB 网络参数如图 12-55 所示。

ComputerC 网络参数如图 12-56 所示。

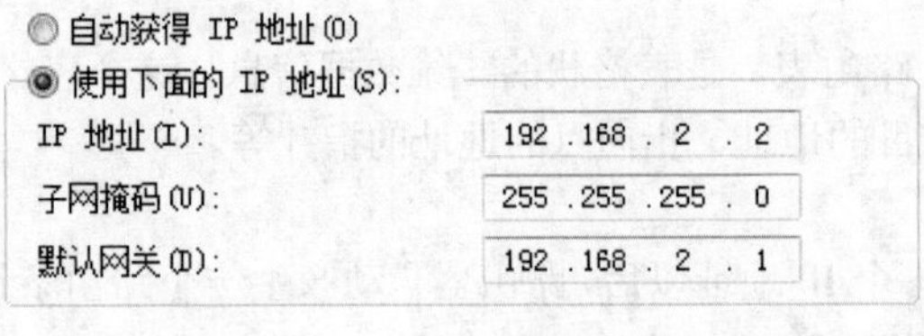

图 12-55　ComputerB 网络参数 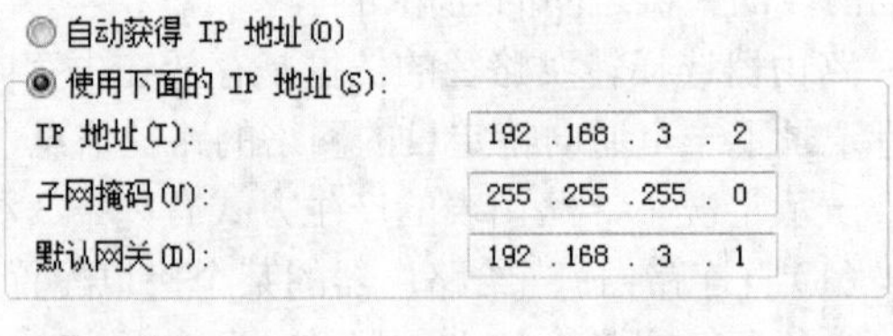　　　　图 12-56　ComputerC 网络参数

各计算机网关一定要设置成各自连接的路由器接口的 IP 地址。

（3）设置路由器 RouterA 的参数

① S0/3/0 串口（以实际实验时候的设备串口编号为准）参数设置。

首先进入 S0/3/0 接口设置模式，并设置路由名称为 RouterA。

```
Router>en
Router#conf t
Enter configuration commands, one per line.  End with CNTL/Z.
```

```
Router(config)#hostname RouterA
RouterA(config)#int s0/3/0
RouterA(config-if)#
RouterA(config-if)#clock rate 9600        !设置串口的时钟。
```

上面列出了所有设备支持的时钟频率，随便选择一个，这里选择了 9600。

然后按拓扑图配置如下 IP 地址。

```
RouterA(config-if)#ip addr 172.16.1.1 255.255.255.0
RouterA(config-if)#no shut
```

② F0/0 快速以太网接口设置，参数参照拓扑图。

```
RouterA(config)#int f0/0
RouterA(config-if)#ip addr 192.168.1.1 255.255.255.0
RouterA(config-if)#no shut
```

当配置完后，输入 no shut 让配置生效，系统会提示接口 FastEthernet0/0 已经激活。

③ 相同的方法设置 F0/1 接口参数。

```
RouterA(config-if)#exit
RouterA(config)#int f0/1
RouterA(config-if)#ip addr 192.168.2.1 255.255.255.0
RouterA(config-if)#no shut
```

（4）设置路由器 RouterB 的参数，跟 RouterA 设置方法一样，只是这里串口并不需要设置工作频率，设置如下。

```
Router#en
Router#conf t
Enter configuration commands, one per line.  End with CNTL/Z.
Router(config)#hostname RouterB
RouterB(config)#int s0/3/0
RouterB(config-if)#ip addr 172.16.1.2 255.255.255.0
RouterB(config-if)#no shut
RouterB(config-if)#exit
RouterB(config)#int f0/0
RouterB(config-if)#ip addr 192.168.3.1 255.255.255.0
RouterB(config-if)#no shut
```

（5）测试设备的连通性

① ComputerA 和其网关的连通性测试。启动"命令提示符"，然后进行如下操作。

```
PC>ping 192.168.1.1

Pinging 192.168.1.1 with 32 bytes of data:
Reply from 192.168.1.1: bytes=32 time=9ms TTL=255
Reply from 192.168.1.1: bytes=32 time=2ms TTL=255
Reply from 192.168.1.1: bytes=32 time=5ms TTL=255
Reply from 192.168.1.1: bytes=32 time=2ms TTL=255
Ping statistics for 192.168.1.1:
    Packets: Sent = 4, Received = 4, Lost = 0 (0% loss),
Approximate round trip times in milli-seconds:
    Minimum = 2ms, Maximum = 9ms, Average = 4ms
```

可见他们是可以相互通信的。

② ComputerA 和 ComputerB 的连通性。用 ComputerA 去 ping ComputerB 的 IP 地址。

```
PC>ping 192.168.2.2
```

可以相互通信。

③ ComputerA 和 ComputerC 的连通性。

从 ComputerA ping ComputerC：

```
PC>ping 192.168.3.2
```

相同的方法，从 ComputerC 到 ComputerA 则无法 ping 通，原因是 RouterB 中并没有相应的路由条目告诉路由器到 ComputerA 的包由哪个端口转发，下面为两个路由添加必要的静态路由。

（6）在特权模式下，查看两个路由器的路由表状态。

```
RouterA>en
RouterA#show ip route
Codes: C - connected, S - static, I - IGRP, R - RIP, M - mobile, B - BGP
       D - EIGRP, EX - EIGRP external, O - OSPF, IA - OSPF inter area
       N1 - OSPF NSSA external type 1, N2 - OSPF NSSA external type 2
       E1 - OSPF external type 1, E2 - OSPF external type 2, E - EGP
       i - IS-IS, L1 - IS-IS level-1, L2 - IS-IS level-2, ia - IS-IS inter area
       * - candidate default, U - per-user static route, o - ODR
       P - periodic downloaded static route
Gateway of last resort is not set
     172.16.0.0/24 is subnetted, 1 subnets
C       172.16.1.0 is directly connected, Serial0/3/0
C    192.168.1.0/24 is directly connected, FastEthernet0/0
C    192.168.2.0/24 is directly connected, FastEthernet0/1
S    192.168.3.0/24 is directly connected, Serial0/3/0


RouterB>en
RouterB#show ip route
Codes: C - connected, S - static, I - IGRP, R - RIP, M - mobile, B - BGP
       D - EIGRP, EX - EIGRP external, O - OSPF, IA - OSPF inter area
       N1 - OSPF NSSA external type 1, N2 - OSPF NSSA external type 2
       E1 - OSPF external type 1, E2 - OSPF external type 2, E - EGP
       i - IS-IS, L1 - IS-IS level-1, L2 - IS-IS level-2, ia - IS-IS inter area
       * - candidate default, U - per-user static route, o - ODR
       P - periodic downloaded static route
Gateway of last resort is not set
     172.16.0.0/24 is subnetted, 1 subnets
C       172.16.1.0 is directly connected, Serial0/3/0
S    192.168.1.0/24 is directly connected, Serial0/3/0
S    192.168.2.0/24 is directly connected, Serial0/3/0
C    192.168.3.0/24 is directly connected, FastEthernet0/0
```

只有几条以 C 开头的路由条目，这都是直连路由，这表示这两台路由器只能识别跟他直接相连的网络。如果想让 ComputerA 和 ComputerC 进行通信，还需要进行其他的设置。

（7）在全局配置模式下，可配置两个路由器的静态路由。

① 为 RouterA 配置到 192.168.3.0/24 网络的静态路由。

```
RouterA(config)#ip route 192.168.3.0 255.255.255.0 s0/3/0
```

回到特权模式，查看 RouterA 路由表。

```
RouterA(config)#exit
RouterA#show ip route
Codes: C - connected, S - static, I - IGRP, R - RIP, M - mobile, B - BGP
       D - EIGRP, EX - EIGRP external, O - OSPF, IA - OSPF inter area
       N1 - OSPF NSSA external type 1, N2 - OSPF NSSA external type 2
       E1 - OSPF external type 1, E2 - OSPF external type 2, E - EGP
       i - IS-IS, L1 - IS-IS level-1, L2 - IS-IS level-2, ia - IS-IS inter area
       * - candidate default, U - per-user static route, o - ODR
       P - periodic downloaded static route
Gateway of last resort is not set
     172.16.0.0/24 is subnetted, 1 subnets
C       172.16.1.0 is directly connected, Serial0/3/0
C     192.168.1.0/24 is directly connected, FastEthernet0/0
C     192.168.2.0/24 is directly connected, FastEthernet0/1
S     192.168.3.0/24 is directly connected, Serial0/3/0
```

跟配置前相比，路由表多了最后一行 S 开头的路由，S 表示这条路由是静态路由。

② 为 RouterB 配置到 192.168.1.0/24 网络和 192.168.2.0/24 网络的静态路由。

```
RouterB(config)#ip route 192.168.1.0 255.255.255.0 s0/3/0
RouterB(config)#ip route 192.168.2.0 255.255.255.0 s0/3/0
```

回到特权模式，查看 RouterB 路由表。

```
RouterB(config)#end
RouterB#show ip route
Codes: C - connected, S - static, I - IGRP, R - RIP, M - mobile, B - BGP
       D - EIGRP, EX - EIGRP external, O - OSPF, IA - OSPF inter area
       N1 - OSPF NSSA external type 1, N2 - OSPF NSSA external type 2
       E1 - OSPF external type 1, E2 - OSPF external type 2, E - EGP
       i - IS-IS, L1 - IS-IS level-1, L2 - IS-IS level-2, ia - IS-IS inter area
       * - candidate default, U - per-user static route, o - ODR
       P - periodic downloaded static route
Gateway of last resort is not set
     172.16.0.0/24 is subnetted, 1 subnets
C       172.16.1.0 is directly connected, Serial0/3/0
S     192.168.1.0/24 is directly connected, Serial0/3/0
S     192.168.2.0/24 is directly connected, Serial0/3/0
C     192.168.3.0/24 is directly connected, FastEthernet0/0
```

比配置前多了两条静态路由条目：

```
S     192.168.1.0/24 is directly connected, Serial0/3/0
S     192.168.2.0/24 is directly connected, Serial0/3/0
```

（8）测试静态路由的有效性。刚才 ComputerA 和 ComputerC 是相互 ping 不通的，现在再来测试。

① 从 ComputerA ping ComputerC：

PC>ping 192.168.3.2

② 从 ComputerC ping ComputerA 和 ComputerB：

PC>ping 192.168.1.2

PC>ping 192.168.2.2

由上面测试结果应该连通，所以，ComputerA，ComputerB 虽然和 ComputerC 跨越不同的网段，但是只要设置了正确的静态路由，并且在计算机上行设置了各自正确的网关，也是可以相互通信的。

【注意事项】

（1）注意 V.35 线缆，一端是 DCE 一端是 DTE，要正确连接不能接反，并且需要在 DCE 端设置时钟频率进行广域网串行通信模拟；

（2）如果按照步骤配置后，仍然不通，需要逐步排除故障，首先检查各个接口的 IP 地址是否正确，计算机网卡是否设置了同网段不同的 IP 地址，是否设置了网关，如果这些都对，每台计算机去直接 ping 自己的网关，看是否是网线故障，如果有测线仪，检查双绞线是否接触良好。

【项目拓展】

默认路由是特殊的静态路由，本实验拓扑结构是否可以通过配置默认路由，达到本实验的预期效果。

12.10 Internet 连接共享

【实训目的】

熟练配置 Internet 连接共享。

【背景描述】

将办公室中的多个计算机利用 Internet 连接实现共享功能。

【预备知识】

共享上网其中最主要的功能，是针对内部已经实现连网的局域网，让局域网中的计算机一起共享上网账号和线路，既满足工作需要又大幅度节约经费。

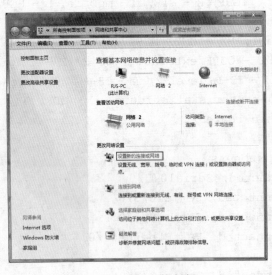

图 12-57 网络和共享中心

【实验过程】

在 Windows 7 操作系统下，配置 ICS，前提条件是本计算机通过拨号可以上网，实现与其他计算机共享上网的步骤如下。

1）建立拨号连接

（1）打开"网络和共享中心"窗口

方法 1：右击桌面上的"网上邻居"，在弹出快捷菜单中选择"属性"，打开"网络和共享中心"窗口。

方法 2：单击桌面"开始→设置→控制面板"，打开"控制面板"窗口，单击"网络和共享中心"，打开"网络和共享中心"窗口，如图 12-57 所示。

（2）设置新的连接网络。在"网络和共享中心"窗口中，单击"设置新的连接网络或风格"。选择"连接到 Internet"，单击"下一步"按钮，如图 12-58 所示。

（3）选择"宽带"连接方式。选择"宽带(PPPoE)(R)"，如图 12-59 所示。

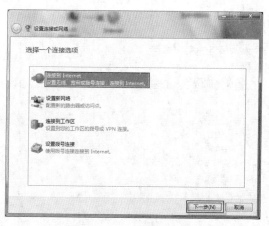

图 12-58　设置连接或网络

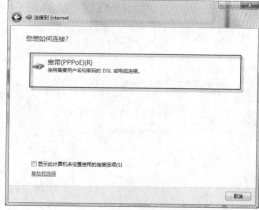

图 12-59　选择"宽带(PPPoE)(R)"

（4）输入 ISP 提供的"用户名"和密码，如图 12-60 所示。

（5）完成建立拨号连接。至此拨号连接建立完成，并接入了 Internet。如图 12-61 所示。

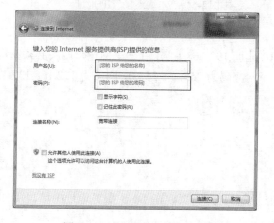

图 12-60　输入用户名和密码

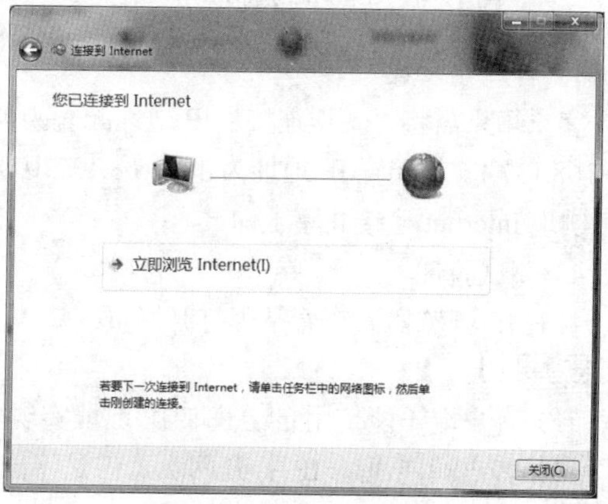

图 12-61　连接到 Internet

在计算机上打开 IE 浏览器，输入网址，如 http://www.baidu.com，如能正确显示，则说明成功建立了拨号连接

2）配置 Internet 连接共享

（1）打开"控制面板→网络和 Internet→网络连接"，如图 12-62 所示。

图 12-62　打开网络连接

（2）在已建立的"宽带连接"上右击在弹出的快捷菜单中选择"属性"，选择"共享"，选中"运行其他网络用户通过此计算机连接来连接（N）"，单击"确定"按钮，如图 12-63 所示。至此 Internet 共享连接配置完成。

单击"确定"按钮后，Internet 自动为本地计算机的网络"本地连接"设置一个 IP 地址，此计算机设置的 IP 地址为 192.168.137.1，如图 12-64 所示。

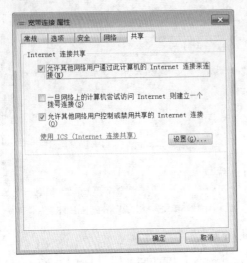

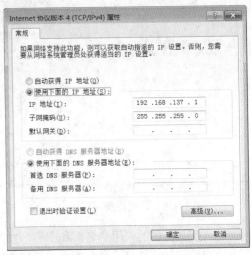

图 12-63　Internet 连接共享　　　　　　　图 12-64　"本地连接"IP 地址

3）客户端设置

客户端只需将"本地连接"IP 地址配置为与 IP 地址 192.168.137.1 在一个网段，网关必须指向 192.168.137.1。如配置 IP 地址为 192.168.137.100，子网掩码为 255.255.255.0，网关为 192.168.137.1。就可实现 Internet 连接共享上网。

4）测试验证

打开 IE 浏览器，查看是否打开网页。

【注意事项】

（1）客户端不能使用自动获取 IP 地址实现。

（2）客户端能通过 IP 打开网页，但是不能通过域名打开网页，在 DNS 服务地址中填写 DNS 服务器地址即可。

【项目拓展】

（1）利用代理软件，如 SyGate 实现共享上网。

（2）WiFi 共享上网配置。如今人们身边通过使用 WiFi 上网的设备越来越多，当遇上只有有线网络或者没有无线路由器的情况，如何将笔记本计算机或手机变成无线路由器，就可以通过 WiFi 共享把网络分享给其他设备实现无线上网。请查找相关软件实现 WiFi 共享上网。

12.11　应用服务器配置技术

12.11.1　文件共享与用户配置

【实训目的】

熟练掌握 Windows Server 2003 的文件共享和客户端访问的方法，了解用户和组的类型，学会创建和管理 Windows 的用户和组。

【背景描述】

假设某公司分为市场部、技术部两个部门，这两个部门内部需要在文件服务器上各自共享一些文件，但是为了安全起见，彼此又不能访问对方的共享文件，这时需要对文件服务器的共享文件权限和用户组进行一些必要的设置。

【预备知识】

文件服务器是局域网中古老而又经常用到的设备之一，主要用于提供网络资源共享、网络文件的权限保护、大容量磁盘存储等服务。配置了高速磁盘阵列的 Windows Server 2003 服务器，可以非常方便高效地在多个用户之间进行文件共享。

一般来说，当 Windows Server 2003 安装好后，就可以做文件服务器使用了。如果没有，则需要自己在"管理您的服务器"界面，配置"文件服务器"角色。

对共享文件夹的安全性进行保护的有效手段是用户、组和权限。

组是一组用户的集合，也可像用户一样作为安全实体，用于某些资源的授权访问。Windows Server 2003 的本地组分为两大类：内置工作组和用户自定义工作组。主要的内置工作组有以下 6 个。

（1）Administrator 组——管理员组，该组成员对本地计算机具有完全的控制权，是系统中唯一被赋予所有内置权限和能力的组；

（2）Backup Operators 组——备份操作员组，该组成员可以备份或恢复计算机中的文件，它可以登录或关闭系统，但不能更改任何安全设置；

（3）Power Users 组——即标准用户组，该组用户可以更改计算机设置和安装程序，但不能查看由其他用户创建的文档；

（4）Users 组——即受限用户组，该组用户可以运行程序并保存文档，但不能更改计算机的设置、安装程序以及查看由其他用户创建的文档；

（5）Guests 组——来宾工作组，该组允许临时用户使用 Guests 账号登录计算机，该组被赋予极小的权限。Guests 组中的用户可以关闭系统；

（6）Replicator 组——该组支持目录复制功能，只有 Replicator 组中的成员才能使用域用户账号登录到域控制器的备份服务器中。

除了系统内置的工作组外，用户根据实际需要，可以自己创建专用的工作组，然后对其进行必要的授权，并添加用户到这些工作组。

工作组中添加了用户后，这些用户也就同时拥有了这些组的权限。对组进行授权，就等于对组内用户进行批量授权。

内置的系统管理员用户 Administrator 为默认管理员属于 Administrators 管理员组，该账户不可删除，但可以改名。

用户如果想访问文件服务器共享的文件夹，需要有足够的权限。这些权限分为两类：文件权限和共享权限。用户能不能访问共享资源取决于这两种权限的交集。常用的文件权限和共享权限有读取、写入和完全控制三种。管理员可以具体设置哪些用户拥有这些权限，或者设置他们各自拥有哪些权限。每一种权限都分为允许的权限和拒绝的权限，比如，读权限，既存在允许读的权限也存在拒绝读的权限，并且拒绝的权限优先级高于允许的权限。

客户端访问文件服务器的共享文件夹时，可以通过浏览网上邻居、按计算机名或者 IP 地址搜索局域网计算机来进行访问。如果经常要对某文件服务器的共享文件夹进行读写，还可以映射为本地驱动器。

虚拟机（Virtual Machine）指通过软件模拟的具有完整硬件系统功能的、运行在一个完全隔离环境中的完整计算机系统。常见的虚拟机软件有 VMware Workstation 和免费的 Oracle VM VirtualBox，两者的功能差别不大。

【实验拓扑】

实验拓扑图如图 12-65 所示。

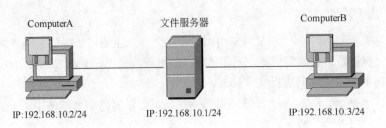

图 12-65　文件共享与用户配置实验拓扑图

ComputerA 用来模拟市场部计算机，ComputerB 用来模拟技术部电脑。在文件服务器的 C 盘根目录建立如图 12-66 所示的目录结构。

各个部门的用户只能访问自己部门的共享文件夹。

【实验过程】

（1）实验准备。一台安装了 Windows XP 专业版或者 Windows 7 高级家庭版及以上的计算机，安装虚拟机软件，如 VMware。推荐 2G 以上物理内存，2.4GHz 以上的 CPU。因为虚拟机启动多个系统，非常占用系统资源。

虚拟机中安装了 1 套 Windows Server 2003 企业版或者标准版系统，2 套 Windows XP 专业版系统。

如果条件允许，可以用 3 台计算机为一组，1 台安装 Windows Server 2003 企业版，2 台安装 Windows XP 专业版。

本书所用 VMware 版本如图 12-67 所示。其他虚拟机，如 VirtualBox 也可以。

图 12-66　目录结构图　　　　　　　　　　　　图 12-67　VMware 版本信息

（2）启动虚拟机，并启动 Windows Server 2003（以下简称 Win2003）和两个 Windows XP 系统（以下简称 XP1 和 XP2）。按如下要求设置 3 个虚拟机的网络环境。

切换到 Win2003，找到 VMware 的菜单栏，依次打开"虚拟机"→"设置"。

虚拟机网络适配器设置如图 12-68 所示，设置为"NAT 模式"。因为下面的实验并不需要虚拟机连接外网。如果想连接外网，则需要设置为"桥接模式"。

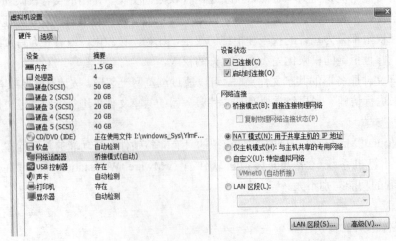

图 12-68　虚拟机网络适配器设置

依次切换到另外两个 Windows XP 系统，即 XP1 和 XP2，进行同样的网络设置，全部设置为"NAT 模式"。

（3）把 Win2003 的 IP 地址和子网掩码分别按拓扑图设置为 192.168.10.1 和 255.255.255.0；XP1 和 XP2 的 IP 地址分别设置为 192.168.10.2 和 192.168.10.3，子网掩码全部为 255.255.255.0。

① 打开"控制面板"，双击"网络连接"，打开网络连接对话框；

② 右击"本地连接"，在弹出的快捷菜单中选择"属性"，打开属性对话框；

③ 找到"Internet 协议（TCP/IP）"，点属性按钮，在打开的对话框中进行 IP 地址和子网掩码设置。

（4）用户和组的建立和修改

① Win2003 中，找到"我的电脑"图标，右击，在弹出的快捷菜单中选择"管理"，打开"计算机管理"控制台。

② 展开"本地用户和组"，选中"组"，在右侧窗口空白处右击，弹出的快捷菜单中选择"新建组"。建立"市场部"和"技术部"两个组。左侧窗口选中"用户"，右面空白处右击，建立"UserA"和"UserB"两个用户，密码 123。建立方法如图 12-69 所示。

③ 双击刚刚建立的 UserA 用户，打开用户属性对话框，把用户加入到"市场部"组，设置界面如图 12-70 所示；同样方法，把 UserB 用户加入到"技术部"组。

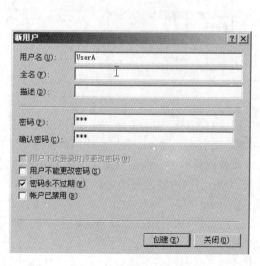

图 12-69　新建用户界面

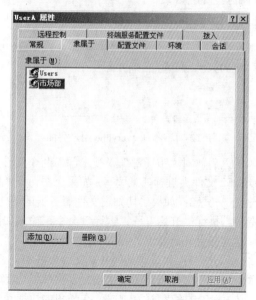

图 12-70　UserA 用户组设置

（5）XP1 和 XP2 两台虚拟机的计算机管理中，把各自的 administrator 用户，分别改名为"UserA"和"UserB"，密码全部设置为"123"。注销当前登录，用新用户名登录系统。

用户改名和重设密码操作，位于"计算机管理"中的 "本地用户和组"管理。

（6）为共享文件夹设置文件权限

① 设置最上层"共享文件夹"权限。

右击目录"C:\共享文件夹"，在弹出的快捷菜单中选择"属性"。切换到"安全"选项卡。单击"添加"按钮，添加用户"everyone"，并赋予完全控制权限。单击"添加"按钮，在弹出窗口中输入"everyone"后确定，如图 12-71 所示。"everyone"使用默认权限即可。

② 设置"市场部"文件夹权限。去掉"Users"组和"everyone"用户的访问权限，添加"市场部"组的完全控制权限。

在删除"Users"组时，操作会被拒绝，这是因为权限继承造成的，去掉权限继承即可，具体操作方法如下。

在"市场部"文件属性对话框中，"安全"选项卡下，单击"高级"按钮。在弹出的对话框中，去掉下面"允许父项的继承权限……"复选框前面的对勾，单击"确定"按钮，弹出对话框选择"复制"。这样"Users"组和"everyone"用户的访问权限就可以去掉了。

最后添加"市场部"组的完全访问权限。方法和添加用户类似。

③ 设置"技术部"文件夹权限。去掉"Users"组和"everyone"用户的访问权限，添加"技术部"组的完全控制权限。

（7）对"C:\共享文件夹"进行共享。右击该文件夹，在弹出的快捷菜单中选择"共享和安全"。选择"共享此文件夹"单选按钮，单击"权限"按钮，"everyone"用户选择"完全控制"，单击两次"确定"按钮，完成共享。

共享后，文件夹图标发生了变化，下面出现了一只手。

（8）客户端 XP1 和 XP2 对共享文件夹进行访问测试。

① 方式 1：在 XP1，打开"网上邻居"，左侧窗口单击"查看工作组计算机"。在右侧找到 Win2003 的图标，双击后可以看到如图 12-72 所示的共享文件夹。

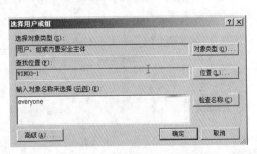

图 12-71　添加 everyone 用户界面

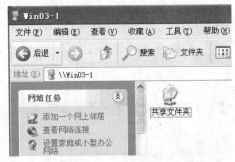

图 12-72　查看共享文件

进入后，对"市场部"、"技术部"两个文件夹进行读写测试。作为市场部用户，UserA 可以对"市场部"文件夹进行任意读写，如果企图访问"技术部"文件夹，就会出现拒绝访问的提示对话框。

② 方式 2：如果确切知道文件服务器的 IP 地址或者计算机名，也可以使用下面的方式访问共享资源。执行"开始"→"运行"命令，输入如图 12-73 所示的内容，对指定计算机进行访问。

也可以使用计算名，格式为"\\计算机名"，如"\\Win03-1"。

③ 方式 3：如果对某些共享文件夹的访问经常进行，可以映射网络驱动器。因为 XP1 经常访问"市场部"文件夹，所以把该文件夹映射成驱动器 K。

右击 XP1 的"我的电脑"，在弹出的快捷菜单中选择"映射网络驱动器"，设置界面如图 12-74 所示。

图 12-73　访问指定计算机

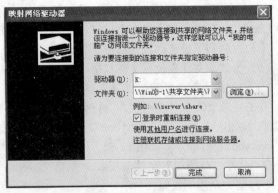

图 12-74　映射网络驱动器

单击"浏览"按钮，依次展开对应的工作组、win2003、共享文件夹，选中"市场部"，单击"确定"按钮。

再单击"确定"按钮后，进入"我的电脑"，会出现一个网络驱动器盘符 K 盘，可以对该盘进行直接读写，就像操作本地磁盘一样，但是实际存储位置在远程文件服务器上。

【注意事项】

（1）文件服务器和客户机的 IP 地址需要位于一个网段内。

（2）Windows XP 也可以做文件服务器，但是作为个人版操作系统，同时只允许 10 个网络连接。

（3）Windows Server 2003 的文件权限有继承性，不能从访问列表中直接删掉它从父目录中继承的用户或者组的访问权限，必须首先在高级选项卡中去掉权限继承。

【项目拓展】

如图 12-75 所示，在上面的基础上增加一个总经理计算机，该计算机可以任意访问每个共享文件夹，拥有完全控制权限。

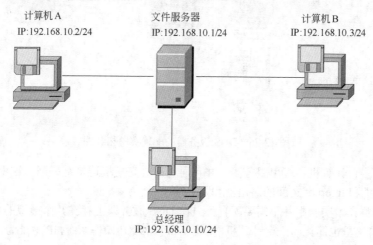

图 12-75　文件共享与用户配置实验项目拓展拓扑图

12.11.2　DNS 服务器的配置

【实训目的】

（1）了解 DNS 服务器的工作原理。

（2）熟练掌握 Windows Server 2003 的 DNS 服务器的安装与配置方法。

【背景描述】

假设某企业已经向国际域名中心注册一个 DNS 域名（比如 abc.com），并且拥有外网静态 IP 地址。那么公司需要在企业内部架设自己的 DNS 服务器，用于解析本地域的各台主机。

【预备知识】

DNS 是域名系统的缩写，该系统是一种组织成域层次结构的计算机和网络服务命令系统。在 Internet 上域名与 IP 地址之间是一对一（或者多对一）的，域名虽然便于人们记忆，但机器之间只能互相认识 IP 地址，它们之间的域名解析需要由专门的域名解析服务器来完成，DNS 就是进行域名解析的服务器。

DNS 的解析过程如下。

（1）客户机提出域名解析请求，并将该请求发送给本地的域名服务器。

（2）当本地的域名服务器收到请求后，就先查询本地的缓存，如果有该纪录项，则本地的域名服务器就直接把查询的结果返回。

（3）如果本地的缓存中没有该纪录，则本地域名服务器就直接把请求发给根域名服务器，然后根域名服务器再返回给本地域名服务器一个所查询域（根的子域）的主域名服务器的地址。

（4）本地服务器再向上一步返回的域名服务器发送请求，然后接受请求的服务器查询自己的缓存，如果没有该纪录，则返回相关的下级的域名服务器的地址，直到找到正确的纪录。

（5）本地域名服务器把返回的结果保存到缓存，以备下一次使用，同时还将结果返回给客户机。

nslookup 命令，是 Windows 下用于测试 DNS 解析是否正常的常用工具。

【实验拓扑】

实验拓扑图如图 12-76 所示。

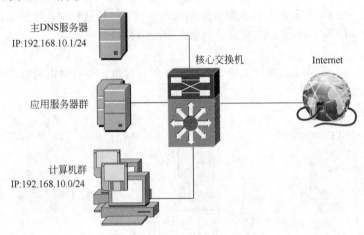

图 12-76 DNS 服务器的配置实验拓扑图

企业内部有多台计算机和应用服务器，并且通过核心交换机连接互联网。这里把结构最简化，去除了核心交换机和 Internet 之间的路由器和防火墙。

应用服务器群在本实验中并不需要配置，只在 DNS 服务器上存在几个虚拟的域名和 IP 地址用于测试。计算机群这里也简化为一台计算机，安装 Windows XP 操作系统，IP 地址为：192.168.10.2/24，各计算机的网关 IP 地址为 192.168.10.254/24。

在虚拟机中，多个系统之间自动组成局域网，可以相互通信，所以实验中并不需要物理交换机，这是一个封闭的小型网络。

【实验过程】

（1）实验准备。一台安装了 Windows XP 专业版或者 Windows 7 高级家庭版及以上的计算机。安装虚拟机软件，如 VMware。推荐 2G 以上物理内存，2.4GHz 以上的 CPU。

虚拟机中安装了一套 Windows Server 2003 企业版或者标准版操作系统（以下简称 Win2003），一套 Windows XP 专业版操作系统（以下简称 XP）。网络模式全部设置为 NAT 方式，方法参考上节实验。

以下实验过程在虚拟机 VMware10 下进行，其他虚拟机，如 VirtualBox 也可以。

启动 Win2003 和 XP 系统。

（2）在 Win2003 下安装 DNS 服务器组件。单击"开始"菜单，依次查找"程序"→"管理工具"→"DNS"。如果不存在"DNS"，则可能 DNS 服务器组件未安装，需要添加。

① 打开"控制面板"，双击"添加或删除程序"，单击左侧的"添加/删除 Windows 组件。选中"网络服务"，单击"详细信息"。

② 勾选"域名系统（DNS）"前面的勾，然后确定。单击"下一步"按钮后按向导提示操作即可，过程中可能要求插入安装光盘，直接把安装光盘插入主机光驱即可，虚拟机会自动获得控制权。另一种比较便捷的方式，如果手里有安装光盘的镜像（*.ISO）文件，则可以使用虚拟机加载它，和主机插入光盘效果一样，操作方法如下。

③ 单击"虚拟机"菜单，下拉菜单选择"设置"，设置界面如图 12-77 所示。

图 12-77　虚拟机装载 ISO 镜像

④ 在弹出的对话框左侧选择"CD/DVD"，右侧选择"使用 ISO 映像文件"，然后单击"浏览"按钮，选择本地存放的 ISO 文件，确定。这时在 Win2003 下打开"我的电脑"，会看到"虚拟光驱"中已经有"安装光盘"了。

如果 DNS 服务组件已经安装，则继续步骤（3）。

（3）启动 DNS 服务器配置窗口，添加第一个区域。依次单击"开始"菜单→"程序"→"管理工具"→"DNS"。

① 添加正向区域。右击左侧窗口中的"正向查找区域"，在弹出的快捷菜单中选择"新建区域"。操作界面如图 12-78 所示。

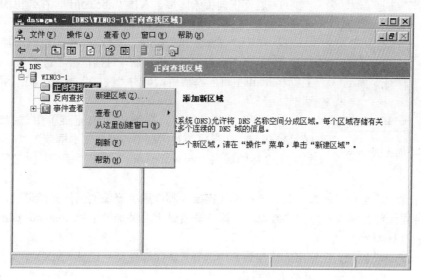

图 12-78　添加正向查找区域

② 按向导提示单击"下一步"按钮，选择"主要区域"。

选择第一个"主要区域"，下一步后区域名称填写本地域名"abc.com"。

③ 单击"下一步"按钮，选择"区域文件"，选用默认设置，直接单击"下一步"按钮。

④ 更新方式选择如图 12-79 所示的"不允许动态更新"。

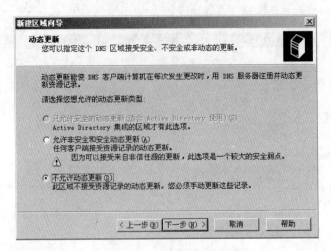

图 12-79　选择动态更新

⑤ 下面按提示操作，最后单击"完成"按钮即可。

（4）添加主机记录，见表 12-5。

表 12-5　主机记录

名　　称	IP 地址	类　　型
www	192.168.10.10	Web 服务器
ftp	192.168.10.20	FTP 服务器
mail	192.168.10.30	邮件服务器
news	192.168.10.10	主机 www 的别名

图 12-80　添加主机 www

添加主机记录的过程如下所示。

① 展开正向搜索区域，右击"abc.com"，在弹出的快捷菜单中选择"新建主机"，填写内容如图 12-80 所示。

② 单击"添加主机"按钮，完成 www 主机的添加。

③ 单击"添加主机"按钮后，对话框并不会消失，继续完成 ftp 主机和 mail 主机的添加后，单击"完成"按钮关闭"新建主机"对话框。

④ 右击"abc.com"，在弹出的快捷菜单中选择"新建别名（CNAME）"，在弹出的对话框中，别名文本框填入"news"，目标主机完全合格的域名"www.abc.com"。单击"确定"按钮后，完成 news 别名的添加。

（5）如果企业配有自己的邮件服务器，则还需要为邮件服务器添加邮件交换记录，简称 MX，否则邮件服务器无法正常收发邮件。假设邮件服务器就是上面添加的主机 mail.abc.com，则添加邮件交换记录的过程如下。

右击"abc.com"区域，在弹出的快捷菜单中选择"新建邮件交换记录（MX）"，弹出如图 12-81 所示的对话框。"主机或子域"可不用填写。

（6）建立反向解析区域的。反向解析区域的功能是让 DNS 服务器可以提供从 IP 地址到域名反向的查询服务。

① 右击"反向查找区域"，在弹出的快捷菜单中选择"新建区域"，进入新建反向查找区域向导。

② 单击"下一步"按钮后，选择区域类型一步，选择"主要区域"。

③ 单击"下一步"按钮后，进入区域名称设置界面，设置内容如图 12-82 所示。

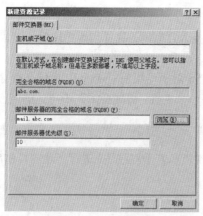
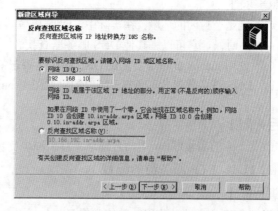

图 12-81　邮件交换器配置　　　　　　　　　图 12-82　添加反向查找区域

④ 按提示下一步，直到完成，这时候反向区域中多了一个区域 "192.168.10.x Subnet"。

（7）反向解析区域中增加反向解析记录，这些记录成为 "指针"。

添加一个指针：IP 地址是 192.168.10.10，域名是 www。

① 右击 "192.168.10.x Subnet"，在弹出的快捷菜单中选择 "新建指针（PTR）"；

② 弹出的对话框中主机 IP 号最后一位填入 "10"，主机名文本框填入 "www.abc.com"。单击 "确定" 按钮后，完成添加。

（8）在 Windows XP 下使用 nslookup 命令测试 DNS 服务器。

① 切换到虚拟机 XP 下，修改 XP 的 IP 地址为 192.168.10.2，子网掩码 255.255.255.0，DNS 服务器 192.168.10.1。

② 单击 "开始" 菜单，再单击 "运行"，输入 cmd 后，打开命令提示符窗口。在命令提示符下输入 nslookup 命令，并按 Enter 键。

③ 输入 nslookup 命令，按如图 12-83 所示，测试正向查找区域。

可以看出 www.abc.com 正常解析，对应 IP 为 192.168.10.10，news.abc.com 正常解析，对应的 IP 地址为 192.168.10.10，是 www.abc.com 的别名（Aliases，别名）。测试成功，正向查找区域工作正常。

④ 再次使用 nslookup 命令，按如图 12-84 所示测试反向查找区域。

图 12-83　测试正向查找区域　　　　　　　　　图 12-84　测试反向查找区域

反向查找区域测试中，输入 IP 地址 192.168.10.10，DNS 返回的域名是 www.abc.com，表明测试成功。

【注意事项】

（1）这是个封闭的环境，在实际中，DNS 服务器必须接入互联网，这样当客户端解析请求不在本地存储的时候，它可以去其他 DNS 服务器查找。

（2）使用 nslookup 命令只测试 DNS 解析是否正常，至于解析结果所对应的 IP 地址是否存在或者可达，DNS 服务器对此不负责。所以如果试图去 ping 某一个主机，可能会得到不可达的回应，这是正常的。

【项目拓展】

改变上面的实验过程，用两台物理计算机加上一台交换机和若干双绞线，进行上述同样的配置。

12.11.3　FTP 服务器的配置

【实训目的】

了解 FTP 服务器的作用，熟练掌握 Windows Server 2003 的 FTP 服务器的安装与配置方法。

【背景描述】

假设某企业经常性的需要向企业的内部员工或者远程的客户提供一些技术文档和其他文件，那么架设一个可供外网访问的 FTP 服务器是一种不错的选择。

【预备知识】

FTP 服务器，是在互联网上提供存储空间的计算机，它们依照 FTP 协议提供服务。FTP 的全称是 File Transfer Protocol（文件传输协议）。顾名思义，就是专门用来传输文件的协议。简单地说，支持 FTP 协议的服务器就是 FTP 服务器。文件传输是信息共享非常重要的一个作用。

与大多数 Internet 服务一样，FTP 也是一个客户机/服务器系统（C/S 架构）。用户通过一个支持 FTP 协议的客户机程序，连接到在远程主机上的 FTP 服务器程序。

为了安全起见，FTP 服务器使用了用户验证来保证数据的安全性，当然也有一些公用 FTP 服务器不需要特定的用户名密码，可以进行匿名访问。匿名访问 FTP 服务器固定使用用户名"anonymous"，密码为空。

在 FTP 的使用当中，用户经常遇到两个概念："下载"（Download）和"上传"（Upload）。"下载"文件就是从远程主机拷贝文件至自己的计算机上；"上传"文件就是将文件从自己的计算机中拷贝至远程主机上。

如果用户想进行所谓的"上传"，FTP 服务器需要对该用户开放"写"权限，否则不能上传。

Windows Server 2003 自带 FTP 服务组件，但是默认不安装，需要用户手动安装。

Windows XP 系统自带的 FTP 客户端主要有命令行模式的客户端、IE 浏览器和资源管理器。当然也有很多公司开发了商用需要付费的 FTP 客户端软件，比如 CuteFTP 等，这些软件的功能更为强大，可以非常方便地管理本地和远程文件，而且操作非常简单。

【实验拓扑】

如图 12-85 所示在虚拟机中，多个系统之间自动组成局域网，可以相互通信，所以实验中并不需要物理交换机，这是一个封闭的小型网络。

图 12-85　FTP 服务器的配置实验拓扑图

计算机群在实验中使用虚拟机中一台 Windows XP 计算机代替，IP 地址设置为 192.168.10.2/24。

【实验过程】

（1）实验准备。一台安装了 Windows XP 专业版或者 Windows 7 高级家庭版及以上的计算机。安装虚拟机软件，如 VMware。推荐 2G 以上物理内存，2.4GHz 以上的 CPU。

虚拟机中安装了一套 Windows Server 2003 企业版或者标准版操作系统（以下简称 Win2003），一套 Windows XP 专业版操作系统（以下简称 XP）。网络模式全部设置为 NAT 方式，方法参考上节实验。

以下实验过程在虚拟机 VMware10 下进行，其他虚拟机，如 VirtualBox 也可以。启动 Win2003 和 XP 系统。

设置 Win2003 的 IP 地址为 192.168.10.1，XP 的 IP 地址为 192.168.10.2，子网掩码都是 255.255.255.0。

（2）在 Win2003 下安装 FTP 服务器组件。单击"开始"菜单，依次单击"程序"→"管理工具"→"Internet 信息服务（IIS）管理器"。在打开的控制台中左侧列表中如果没有出现"FTP 站点"，则表明没有安装 FTP 服务器组件，需要安装。

打开"控制面板"，双击"添加或删除程序"，单击左侧的"添加/删除 Windows 组件。选中"应用程序服务器"，单击"详细信息"。继续选中"Internet 信息服务（IIS）"，然后单击"详细信息"。

勾选"文件传输协议（FTP）服务"后，单击两次"确定"按钮后，回到向导，按提示完成安装，如果需要插入光盘，方法参照上一个实验，这里不再赘述。

（3）配置默认 FTP 站点。单击"开始"菜单，依次单击"程序"→"管理工具"→"Internet 信息服务（IIS）管理器"，打开的窗口中，左侧展开"FTP 站点"节点，可以看到已经有一个默认的 FTP 站点存在了。

右击"默认的 FTP 站点"，在弹出的快捷菜单中选择"属性"，出现属性对话框。

① 如图 12-86 所示，配置"FTP 站点"选项卡。

"描述"文本框就是在控制台显示的站点的名字，可以修改。

"IP 地址"如果选择"（全部未分配）"，可以用以下方式访问这个服务器。

方式 1：如果是局域网，可以使用计算机的名字；

方式 2：计算机的所有 IP 地址；

方式 3：如果配置了 DNS 服务器，还可以使用服务器的域名进行访问；

方式 4：如果 FTP 服务器就是本机，还可以使用"localhost"，或者任何 127 开头的 IP 地址。

"TCP 端口"，默认是 21，这是标准 FTP 端口，如果使用别的非标准端口，客户端需要显示指定端口。

② 配置"安全账号"选项卡。勾选"允许匿名连接"复选框，允许客户端匿名连接。

③ 如图 12-87 所示，配置"主目录"选项卡。

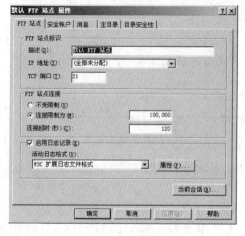

图 12-86　FTP 站点属性

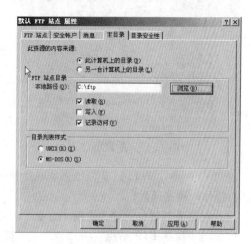

图 12-87　FTP 主目录配置

在本地 C 盘根目录建立一个目录 ftp，随便复制几个文件进去用于测试，并在文件属性对话框中设置该目录安全性为"everyone"完全控制。选择"此计算机上的目录"，"本地路径"设为"C:\ftp"，权限设置为"读取"。

（4）测试 FTP 服务器。切换到 XP，双击桌面上的"我的电脑"。在地址栏中输入 ftp://192.168.10.1 并按 Enter 键。显示如图 12-88 所示的内容，表示 FTP 服务器已经可以工作。

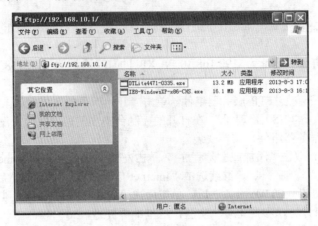

图 12-88　FTP 服务器访问测试

已经可以顺利访问 FTP 服务器。复制几个文件到本地进行测试，并试图进行上传，也就是"粘贴"，系统会提示拒绝写入。

说明：服务器是只读的，只能下载不能上传。

（5）配置可以上传的 FTP 服务器。切换到 Win 2003，在"计算机管理"控制台下，展开"本地用户和组"，单击"用户"，右侧空白处新建一个用户 test，密码为 123，设置如图 12-89 所示。

再次打开"默认 FTP 站点"的属性对话框。去掉"安全账户"选项卡下"允许匿名访问"复选框前的勾。切换到"主目录"选项卡，把"写入"复选框前的勾打上，最后确定。

（6）测试 FTP 服务器是否可写。切换到 XP，双击桌面上的"我的电脑"。在地址栏中输入 ftp://192.168.10.1，按 Enter 键后和上次不同的是，这次出现了如图 12-90 所示的"登录身份"对话框，要求输入用户名密码。这时输入用户名 test，密码 123。

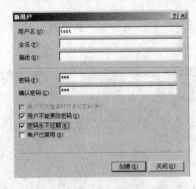

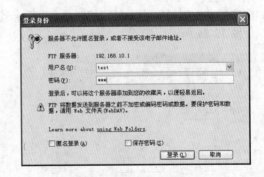

图 12-89　新建用户　　　　　　　　　　　　图 12-90　FTP 服务器登录

登录 FTP 服务器成功。再从 XP 本地复制一个文件到 FTP 客户端窗口进行粘贴，这次服务器接受了该操作，测试通过。

这次对服务器进行的修改有两个：第一，拒绝匿名登录；第二，用户可以上传文件。

（7）为"默认 FTP 站点"添加一个"虚拟目录"。FTP 服务器只能访问位于站点主目录下的文件和文件夹，如果想要访问其他位置的文件，必须将其添加为"虚拟目录"，虚拟目录是其他目录在主目录下的一个虚拟映射，看上去就像一个子文件夹一样，但是主目录下并不存在这样的子文件夹。虚拟目录还可以为其单独设置不同的访问限制，这也是虚拟目录的重要用处之一。

下面把 "C:\dir" 目录映射为 FTP 的虚拟目录，映射名为 "只读目录"。

① 在 "我的电脑" 中，给 "C:\dir" 目录增加 "everyone" 的完全控制权限；

② 右击 "默认 FTP 站点"，在弹出的快捷菜单中依次选择 "新建" → "虚拟目录"；

③ 在弹出的向导 "别名" 文本框输入 "只读目录"，"路径" 通过 "浏览" 选择 "C:\dir"，允许权限只勾选 "读取"。

（8）虚拟目录的访问测试。切换到 XP 系统，对刚刚设置的虚拟目录进行写测试。当试图去往 "只读目录" 中写文件时，会出现如图 12-91 所示的错误提示。

图 12-91　拒绝写入提示

写操作被拒绝，说明虚拟目录的访问限制不同于主目录。

【注意事项】

（1）FTP 服务器匿名访问，依赖于一个 Internet 来宾账户（一个以 "ISUR_" 开头的系统账户），请确保该账户处于启用状态。

（2）FTP 服务器主目录和虚拟目录所对应的真实目录的文件安全权限可能需要进行修改，一定要确保 Internet 来宾账户和其他 FTP 账户拥有相应的读写权限。

【项目拓展】

为上面的网络拓扑增加本地 DNS 服务器和远程 Internet 用户，拓扑如图 12-92 所示，要求在 FTP 服务器上建立设置 FTP 站点，该站点对本地特定用户和特定 IP 地址范围可读可写，一个针对本地内网和外网匿名用户只能下载。也可以把 DNS 服务器和 FTP 服务器都装在一台计算机上。

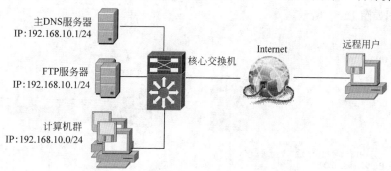

图 12-92　FTP 服务器配置实验项目拓展拓扑图

12.11.4　Web 服务器的配置

【实训目的】

了解 Internet 上 Web 服务器的作用，熟练掌握 Windows Server 2003 的 Web 服务器的安装与配置方法。

【背景描述】

假设某企业需要架设一个 Web 站点用于企业宣传，定期或不定期地向社会公布一些企业动态和企业新闻以及产品信息、招聘信息等。同时该企业也需要一个对内的 Web 站点，用于架设企业刚刚开发的基于.Net 技术的办公平台。由于企业规模并不是太大，网站访问量也不是很多，基于节约成本的考虑，企业计划利用一台安装有 Windows Server 2003 企业版的服务器完成两个网站的架设。

【预备知识】

Web 服务器也称 WWW（World Wide Web）服务器，主要功能是提供网上信息浏览服务。WWW

是 Internet 的多媒体信息查询工具，是 Internet 上近年才发展起来的服务，也是发展最快和目前用的最广泛的服务。

Web 服务器是可以向发出请求的浏览器提供文档的程序。Web 服务器不仅能够存储信息，提供给用户静态的文档，还能在用户通过 Web 浏览器请求特定格式文档后，通过运行脚本和程序对文档进行加工处理，从而把生成的加工处理过的包含动态数据的文档发送给用户。

Web 服务器的关键技术包括以下几种。

（1）应用层使用 HTTP 协议。

（2）提供给用户的文档采用 HTML 文档格式。这是一种标记语言，用于对文档中的文字、表格、图像等等多种元素进行格式化。

（3）浏览器地址栏输入的那串文本称为统一资源定位器（URL）。URL 一般包括协议、域名和文档位置三部分信息。

Microsoft 公司的 Web 服务器产品为 Internet Information Services（IIS），IIS 是允许在 Intranet 或 Internet 上发布信息的 Web 服务器。IIS 是目前最流行的 Web 服务器产品之一，很多著名的网站都是建立在 IIS 平台上。IIS 提供了一个图形界面的管理工具，称为 Internet 信息服务管理器，可用于监视配置和控制 Internet 服务。当然上节实验的 FTP 服务器也属于 IIS 的功能组件，这里只讨论 Web 服务组件。

一台 Windows Server 2003 上可以建立多个互相独立的 Web 服务器。各个 Web 服务器进行识别的方式有以下 3 种。

（1）利用不同的端口号；

（2）利用不同的 IP 地址；

（3）利用不同的主机头（需要 DNS 参与）。

【实验拓扑】

实验拓扑图如图 12-93 所示。

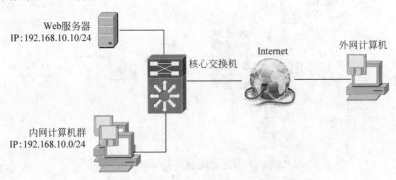

图 12-93　Web 服务器配置实验拓扑图

在虚拟机中，多个系统之间自动组成局域网，可以相互通信，所以实验中并不需要物理交换机。

计算机群在实验中使用虚拟机中一台 Windows XP 计算机代替，IP 地址设置为 192.168.10.2/24。

【实验过程】

（1）实验准备。一台安装了 Windows XP 专业版或者 Windows 7 高级家庭版及以上的计算机。安装虚拟机软件，如 VMware。推荐 2G 以上物理内存，2.4GHz 以上的 CPU。

虚拟机中安装了一套 Windows Server 2003 企业版或者标准版操作系统（以下简称 Win2003），一套 Windows XP 专业版操作系统（以下简称 XP）。网络模式全部设置为桥接方式，在这种方式下，每一台虚拟机都会直接暴露在局域网下，在别的计算机看来，虚拟机就是局域网中一台独立的计算机。因此如果局域网中存在多组同学正在做实验，则需要修改 XP 和 Win2003 为不同的计算机名和 IP 地址，避免相互冲突。

以下实验过程在虚拟机 VMware10 下进行，其他虚拟机，如 VirtualBox 也可以。启动 Win2003 和 XP 系统。

设置 Win2003 的 IP 地址为 192.168.10.1，XP 的 IP 地址为 192.168.10.2，子网掩码都是 255.255.255.0。

（2）在 Win2003 下安装 Web 服务器组件。单击"开始"菜单，依次单击"程序"→"管理工具"→"Internet 信息服务（IIS）管理器"。在打开的控制台中左侧列表中如果没有出现"网站"或者管理工具中没有"Internet 信息服务（IIS）管理器"，就表明没有安装 Web 服务器组件，需要安装。

打开"控制面板"，双击"添加或删除程序"，点击左侧的"添加/删除 Windows 组件。在弹出的快捷菜单中选择"应用程序服务器"，单击"详细信息"。继续选中"Internet 信息服务（IIS）"，然后单击"详细信息"。勾选"万维网服务"后，单击两次"确定"按钮后，回到向导，按提示完成安装，注意安装过程可能提示插入安装光盘。

（3）配置默认 Web 站点为外网服务器。单击"开始"菜单，依次单击"程序"→"管理工具"→"Internet 信息服务（IIS）管理器"，打开的窗口中，左侧展开"网站"节点，可以看到已经有一个默认网站存在了。

右击"默认网站"，在弹出的快捷菜单中选择"属性"，出现属性对话框。

① 配置站点属性对话框中的"网站"选项卡。如图 12-94 所示。

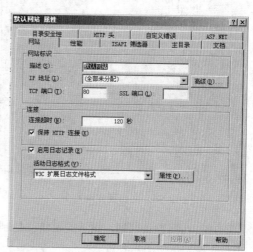

图 12-94　Web 站点属性对话框

"描述"文本框就是在控制台显示的站点的名字，可以修改。

"IP 地址"如果选择"（全部未分配）"，可以用以下方式访问这个服务器。

方式 1：如果是局域网，可以使用计算机的名字；

方式 2：计算机的所有 IP 地址；

方式 3：如果配置了 DNS 服务器，还可以使用服务器的域名进行访问；

方式 4：如果 Web 服务器就是本机，还可以使用"localhost"，或者任何 127 开头的 IP 地址。

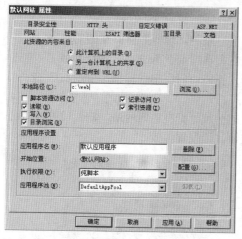

图 12-95　主目录属性选项卡

"TCP 端口"，默认是 80，这是标准 Web 服务端口，如果使用别的非标准端口，客户端浏览器访问时需要显示指定端口号。

② 配置"性能"选项卡。这里可以限制站点的最大带宽和最大连接数。把带宽设置为 4096KB，最大连接数设置为 200。

③ 如图 12-95 所示，配置"主目录"选项卡。在本地 C 盘根目录建立一个目录 web，并在文件属性对话框中设置该目录安全性为"everyone"完全控制。在 web 目录中新建一个文本文件，输入一行文本，如"欢迎来到我们的网站"，并更名此文件为"index.htm"，用于后面测试。

选择"此计算机上的目录"，"本地路径"设为"C:\web"，其他参数参考图 12-95 设置。

④ 如图 12-96 所示，配置"文档"选项卡。单击右上角的"添加"按钮，输入"index.htm"，使"index.htm"成为默认文档。

⑤ 配置"目录安全性"选项卡。编辑"身份验证和访问控制"，勾选"启用匿名访问"复选框。

（4）测试默认网站。切换到 XP，启动浏览器，地址栏输入 http://192.168.10.10 并按 Enter 键，如图 12-97 所示，正确显示了一个页面的内容，表示站点已经可以工作了。

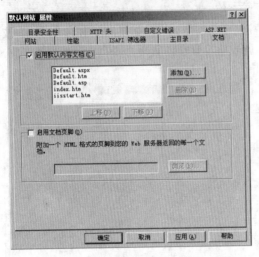

图 12-96　文档属性选项卡

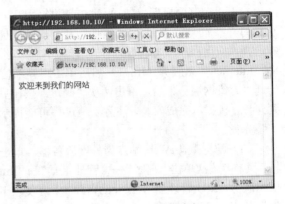

图 12-97　网站测试

成功访问默认网站，剩下的工作就是制作一个漂亮的网站，并放在"C:\web"目录下即可。这不是本实验探讨的内容。

（5）建立服务于内网办公系统的内网 web 站点。切换回 Win2003 系统，建立目录"C:\office"，并添加"everyone"用户的完全访问权限。在 office 文件夹中新建个文本文件，输入内容"这是内网办公系统"，随后把它更名为"office.htm"，备后面测试用。

右击"IIS 信息服务管理器"窗口左侧的"网站"，在弹出的快捷菜单中选择"新建"→"网站"，打开新建网站向导。

① "描述"中输入"办公系统"；

② IP 地址选择"（全部未分配）"，端口号 8080，主机头留空；

③ 主目录设置为"C:\office"；

④ 网站访问权限选择"读取"和"运行脚本"。

（6）进一步设置内网办公系统的安全性。右击"IIS 信息服务管理器"窗口左侧的"网站"下的"办公系统"命令，打开"属性"窗口。在"目录安全性"选项卡下单击"IP 地址和域名限制"栏的"编辑"按钮，弹出如图 12-98 所示的对话框，选择"拒绝访问"单选按钮，单击右侧的"添加"按钮，进行具体配置。

这里为了实验方便，只授权了 IP 地址为 192.168.10.2 的一台计算机访问网站，如图 12-99 所示。实际当中往往是整个网段进行添加。多次单击"确定"按钮，让配置生效。

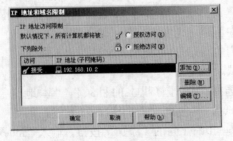

图 12-98　IP 地址和域名限制对话框

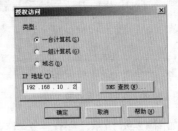

图 12-99　授权访问对话框

（7）内网网站安全性测试。切换到 Win 7，打开浏览器，输入网址 http://192.168.10.10:8080，按 Enter 键后发现无法打开网页，原因是内网网站不允许对主目录进行浏览，而主目录中又不包括默认文档。

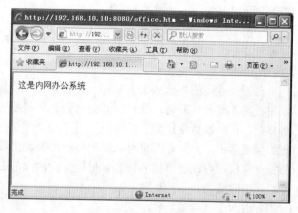

重新输入网址 http://192.168.10.10:8080/office.htm，并按 Enter 键，如图 12-100 所示，站点被成功访问。

修改 XP 的 IP 地址为 192.168.10.3，再次访问内网网站，进行测试，观察是否被允许访问。

因为客户机的 IP 地址未出现在被允许的范围内，所以出现了访问被服务器拒绝的情况。这样的安全机制，可以保护内部办公网络的敏

图 12-100　站点访问测试

感信息不会被外界窃取，当然如果想达到更高的安全性，还需要防火墙和其他多种安全措施。

在局域网中再找一台计算机，IP 地址设置为 192.168.10.x，打开浏览器访问刚刚配置的 Web 服务器。

【注意事项】

（1）Web 服务器匿名访问，依赖于一个 Internet 来宾账户（一个以 "ISUR_" 开头的系统账户），请确保该账户处于启用状态。

（2）Web 服务器主目录所对应的真实磁盘目录的文件安全权限可能需要进行修改，一定要确保 Internet 来宾账户拥有相应的访问权限。

（3）Web 服务器中也采用了类似于 FTP 服务器中那样的 "虚拟目录"，可以为每个不同的 "虚拟目录" 设置不同的属性和安全访问权限。

（4）如果服务器拥有多个 IP 地址，也可以为不同的站点设置不同的 IP 地址，这样每个站点都可以使用 80 默认端口。如果 IP 地址和端口号都相同，必须在 DNS 服务器的参与下，为不同的站点设置不同的主机头。

【项目拓展】

如图 12-101 所示，为上面的网络拓扑增加本地 DNS 服务器，在实验过程中是利用不同端口号进行站点区分，请配置新加入的本地 DNS 服务器，并且修改 Web 站点的配置，两个站点都有默认的 80 端口访问，利用 DNS 的帮助，使用主机头区分内网和外网服务器。这也是应用最多的单机多站的解决方案。假设外网主机头为 www.abc.com，内网办公系统的主机头为 office.abc.com。同样要求内网办公系统只能用内网 IP 段进行访问。

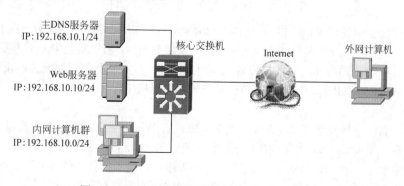

图 12-101　Web 服务器配置实验项目拓展拓扑图

12.11.5　DHCP 服务器的配置

【实训目的】

了解 DHCP 的功能和作用，熟悉 DHCP 的工作原理，熟练掌握 Windows Server 2003 的 DHCP 服务器的安装与配置方法。

【背景描述】

假设某企业有多台办公计算机，它们可以相互连通，可以访问自己的多种应用服务器，并且可以通过网关接入互联网，这样需要为每台计算机配置固定 IP 地址、网关地址、DNS 地址等多种网络参数。在机器数量比较多的情况下，手动分配这些参数，一方面要求每位计算机用户都需要有一定的网络常识，另一方面对网络管理员的负担也比较大，而且容易出现 IP 地址重复的情况，导致一部分计算机没办法正常接入网络。借助企业内部的 DHCP 服务器，可以自动分配网络参数给办公计算机，省时省力，节约成本。

【预备知识】

在大多数的民用计算机网络中，都使用 TCP/IP 协议进行通信。每台计算机都必须拥有一个唯一的 IP 地址才能与其他计算机通信。作为网络管理员，管理所在单位的众多 IP 地址是一件非常重要而又非常繁琐的工作，尤其是网络规模十分庞大的时候。

计算机需要设置的网络参数通常有：IP 地址、子网掩码、默认网关（一般用于接入互联网）和 DNS 服务器地址。

DHCP 是一种简化主机 IP 配置管理的 TCP/IP 标准。网络管理员可以使用动态主机配置协议（DHCP）来减轻工作负担。

DHCP 的工作过程：①IP 租约发现；②IP 租约提供；③IP 租约选择；④IP 租约确认。

【实验拓扑】

实验拓扑如图 12-102 所示。

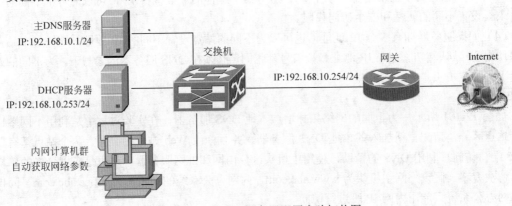

图 12-102　DHCP 服务器配置实验拓扑图

计算机群在实验中使用虚拟机中的一台 Windows XP 计算机代替，网络参数自动获取。

在虚拟机中，多个系统之间自动组成局域网，可以相互通信，所以实验中并不需要物理交换机。拓扑图中的网关和DNS服务器只是虚拟设备，表示有他们存在，在实验中需要配置的设备只有DHCP 服务器和一台 Windows XP 客户端。这些都已经安装在虚拟机中。

【实验过程】

（1）实验准备。一台安装了 Windows XP 专业版或者 Windows 7 高级家庭版及以上的计算机。安装虚拟机软件，如 VMware。推荐 2G 以上物理内存，2.4GHz 以上的 CPU。

虚拟机中安装了一套 Windows Server 2003 企业版或者标准版操作系统（以下简称 Win2003），一套 Windows XP 专业版操作系统（以下简称 XP）。网络模式全部设置为 NAT 方式，避免局域网中存在多台 DHCP 服务器，对实验结果造成干扰。

以下实验过程在虚拟机 VMware10 下进行，设置 Win2003 的 IP 地址为 192.168.10.253，XP 的 IP 地址自动获取。

（2）在 Win2003 下安装 Web 服务器组件。单击"开始"菜单，查看 DHCP 服务器的控制台是否存在，选择"程序"→"管理工具"→"DHCP"。如果没有，表明可能没有安装 DHCP 服务器组件，需要安装。

打开"控制面板"，双击"添加或删除程序"，单击左侧的"添加/删除 Windows 组件。选中"网络服务"，单击"详细信息"。勾选"动态主机配置协议（DHCP）"，确定后，按向导提示操作即可，安装过程可能提示插入安装光盘。

（3）单击"开始"菜单，依次展开"程序"→"管理工具"，单击"DHCP"启动 DHCP 服务器控制台。

如图 12-103 所示，在左侧窗口中，右击服务器图标，在弹出的快捷菜单中选择"新建作用域"，启动新建作用域向导。

（4）弹出新建作用域向导，"名称"随意填写，比如"网络实训室"。

（5）如图 12-104 所示，填写 IP 地址范围。

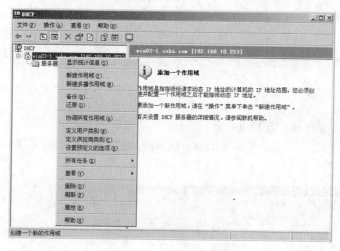

图 12-103　DHCP 配置界面

（6）添加排除。如果有一些 IP 地址有特殊用途，比如已经分配给了某些服务器和特殊主机，可以添加排除，这样这些地址就不会再随机分配给其他客户端了。

如果需要排除的是一个单个 IP 地址，比如 192.168.10.1，不是一个区间，只需要填写起始 IP 地址即可。可以如图 12-105 所示添加排除。

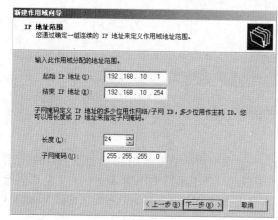 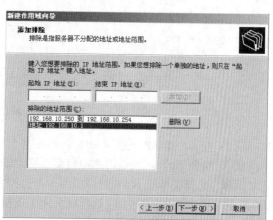

图 12-104　添加作用域 IP 地址范围　　　　　　　图 12-105　添加排除 IP 地址范围

（7）IP 租约期限指的是客户机从 DHCP 得到一个 IP 地址后，可以使用的期限。这个可以设置从几十分钟到几天都可以。不用担心租约时间不够，因为客户机在租约到期以前会自动连接 DHCP 服务器续约。这里租约设定为 12h。

（8）如图 12-106 所示，设置默认网关。

（9）如图 12-107 所示，DNS 服务器的 IP 地址设置为 192.168.10.1，其他地方留空。

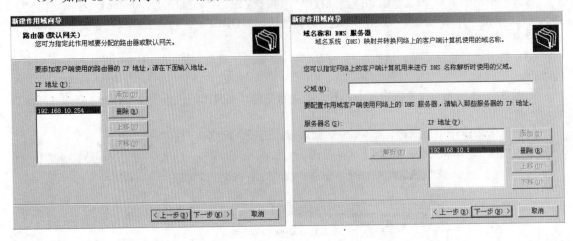

图 12-106　添加默认网关　　　　　　　图 12-107　添加 DNS 服务器 IP 地址

（10）WINS 服务器不填，直接进行下一步。

（11）选择激活作用域，完成作用域添加。向导完成后的 DHCP 服务器的地址池如图 12-108 所示。

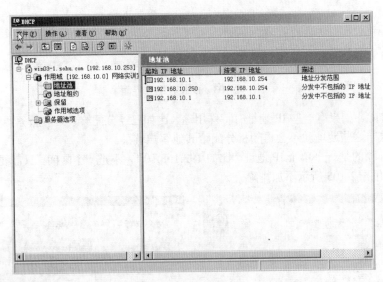

图 12-108　DHCP 服务器的地址池

（12）在客户端 XP 下测试 DHCP 服务器

① 切换到 XP，依次单击虚拟机菜单栏"编辑"→"虚拟网络编辑器"，弹出如图 12-109 所示的对话框，选择类型是 NAT 的虚拟网卡，去掉窗口下段的"使用本机 DHCP 服务……"复选框前的勾，然后单击"确定"按钮。这样就关闭了虚拟机本身提供的 DHCP 服务，否则无法测试 Win2003 的 DHCP 服务器。

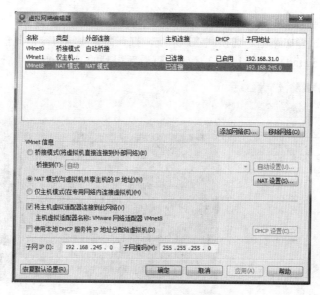

图 12-109　虚拟网络编辑器

② 打开命令提示符窗口。输入"ipconfig /release"并按 Enter 键，释放当前 IP 地址，再输入 ipconfig /renew 刷新本地 IP 地址，最后如图 12-110 所示，输入"ipconfig /all"查看本地网卡得到的网络参数信息。从图中可以看出，本地的 IP 地址是 192.168.10.2，子网掩码是 255.255.255.0，默认网关是 192.168.10.254，DHCP 服务器 IP 地址是 192.168.10.253，DNS 服务器 IP 地址是 192.168.10.1，网卡物理地址是 00-0C-29-E6-A2-53。

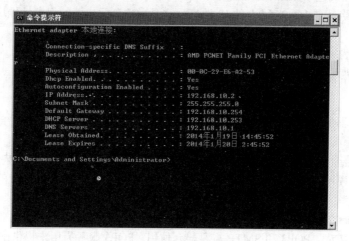

图 12-110　显示 IP 地址

（13）静态 DHCP。静态 DHCP 是指每次都为特定的 MAC 地址分配相同的 IP 地址，而不是把可用的 IP 地址池中的 IP 地址随机分配。

由上一步可以看出，XP 的 MAC 地址是 00-0C-29-E6-A2-53，如果想让它每次都分配到一个固定的 IP 地址，比如 192.168.10.251，则进行如下操作。

① 切换到 Win2003 系统。

② 打开 DHCP 控制台，并展开刚刚建立的作用域。

③ 右击"保留"，在弹出的快捷菜单中选择"新建保留"。

④ 如图 12-111 所示，添加保留地址。

名称随意填写，但是一般填写客户端的计算机名或者用户名等特征信息，这里填写"XP"；MAC

地址就是上面刚刚得到的 MAC 地址；在 IP 地址处填写 192.168.10.251。

（14）在 XP 下测试静态路由。切换回 XP 系统，打开命令提示符，以此输入 ipconfig /release，ipconfig /renew，ipconfig /all，如图 12-112 所示，查看新得到的 IP 地址。

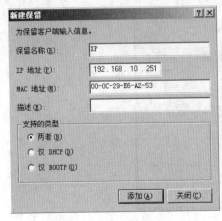

图 12-111　添加保留地址　　　　　图 12-112　显示新 IP 地址

多次执行以上命令，每次都得到了相同的 IP 地址，测试成功。

【注意事项】

（1）在配置了域控制的 Windows 网络，Windows Server 2003 的 DHCP 服务器需要进行授权，才可以正常工作。

（2）如果自动获取 IP 地址的客户机是 Windows 系统，当它联系不到任何 DHCP 服务器时，会从自身获得一个网络号是 169.254.0.0 的 IP 地址，这是微软公司申请的保留地址块。

【项目拓展】

分析家用无线路由器的 DHCP 功能。

12.11.6　邮件服务器的配置

【实训目的】

了解邮件服务器的功能和工作过程，掌握 Winindows Server 2003 邮件服务器的配置和管理方法。

【背景描述】

假设某企业已经申请了通用域名，现在需要架设自己的邮件服务器，进行内部邮件和外部邮件收发。对于用户规模不是很大的企业内部，可以使用 Windows Server 2003 自带的邮件服务器。

【预备知识】

Windows Server 2003 的邮件服务器系统由 POP3 服务、SMTP 服务（简单邮件传输协议）和邮件客户端 3 个部分组成。POP3 和 SMTP 需要配套使用，POP3 服务为用户提供邮件下载服务，也就是负责客户端的邮件"接收"；SMTP 服务为用户提供邮件发送和邮件在邮件服务器之间的传送；电子邮件客户端用于本地收发和管理电子邮件。

安装电子邮件服务后，Windows Server 2003 即可在局域网内进行邮件的发送和接收，如果想实现互联网内的邮件收发，需要企业首先向域名服务机构注册一个国内或者国际域名，并在 DNS 服务器上正确设置邮件交换记录（MX），把电子邮件服务解析为对应的邮件服务器 IP 地址。

一个邮件服务器可以管理多个邮件域，邮件域一般设置为申请到的国内或者国际域名，如 abc.com。

在创建邮件域的时候，必须选择一种身份验证模式，邮件服务器的身份验证模式有 3 种。

1）本地 Windows 账户身份验证

如果邮件服务器不是 Active Directory 成员服务器，用回规模又比较小，可以选择这种身份验证模式。在这种模式下邮件账户验证将集成到本地计算机安全账户管理器（SAM）中。所有的邮件账户都属于"Pop3 Users"组。

2）Active Directory 集成的身份验证

如果邮件服务器本身是域控制器或者是 Active Directory 成员服务器，可以选择这种身份验证模式，这时邮件服务器的账户信息集中存储在活动目录中，由域控制器统一管理。

3）加密密码文件身份验证

如果邮件服务器不是 Active Directory 成员服务器也不是域控制器，用户规模也比较大，可以使用这种验证模式。所有的邮件用户验证信息存储在加密的密码文件中，密码文件采用非可逆加密算法生成，无法从密文还原为明文，安全性较高。这种验证方式的好处是账户信息迁移非常方便。

每个域可以创建若干个电子邮箱。

【实验拓扑】

实验拓扑图如图 12-113 所示。

内网计算机群
IP：192.168.10.0/24

交换机

邮件服务器
IP：192.168.10.30/24

图 12-113 邮件服务器配置实验拓扑图

计算机群在实验中使用虚拟机中一台 Windows XP 计算机代替。

在虚拟机中，多个系统之间自动组成局域网，可以相互通信，所以实验中并不需要物理交换机。

【实验过程】

（1）实验准备。一台安装了 Windows XP 专业版或者 Windows 7 高级家庭版及以上的计算机。安装虚拟机软件，如 VMware。推荐 2G 以上物理内存，2.4GHz 以上的 CPU。

虚拟机中安装了一套 Windows Server 2003 企业版或者标准版操作系统（以下简称 Win2003），一套 Windows XP 专业版操作系统（以下简称 XP）。网络模式全部设置为桥接方式，这样局域网内任何一台计算机都可以把虚拟机里的 Win2003 作为邮件收发服务器。

以下实验过程在虚拟机 VMware10 下进行，设置 Win2003 的 IP 地址为 192.168.10.30，XP 的 IP 地址为 192.168.10.2，子网掩码全部是 255.255.255.0。

（2）在 Win2003 下安装邮件服务器组件。默认情况下 Windows Server 2003 企业版没有安装邮件服务器组件，需要用户自己添加。打开"控制面板"，双击"添加或删除程序"图标，单击弹出窗口左侧的"添加/删除 Windows 组件"。

勾选"电子邮件服务"并确定，按向导提示完成安装，安装过程可能提示插入安装光盘。

（3）设置 POP3 服务的账户验证方式和邮件存放位置。单击"开始"菜单，依次选择"程序"→"管理工具"→"Pop3 服务"，打开 Pop3 服务管理器。

右击左侧服务器节点，在弹出的快捷菜单中选择"属性"。

如图 12-114 所示，在邮件服务器属性对话框中，修改身份验证方法为"加密的密码文件"，根邮件目录为"C:\Mailbox"。

如果直接确定，系统会提示找不到指定文件，需要在"我的电脑"中首先创建目录"C:\Mailbox"。

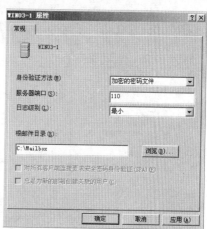

图 12-114 身份验证方式和根目录选择

如果一切正常，确定后系统提示需要重启"Pop3 服务"和"SMTP 服务"，单击"是"按钮后这两个服务会重启。

（4）新建邮件域 abc.com。在"Pop3 服务"控制台下，右击服务器图标，在弹出的快捷菜单中选择"新建"→"域"。在新建域对话框中输入 abc.com。

（5）新建两个用户 user1 和 user2，密码都是 123。右击 abc.com 域，在弹出的快捷菜单中选择"新建"→"邮箱"，如图 12-115 所示，添加用户 user1。

确定后如图 12-116 所示，提示添加邮箱成功。

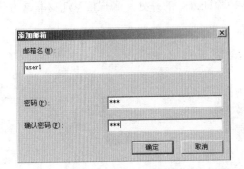

图 12-115　添加用户

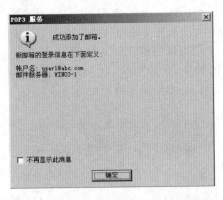

图 12-116　添加邮箱成功提示对话框

Pop3 服务配置完成，用户可以通过 Pop3 服务接收邮件服务器上的邮件，但是想要用户能够发送邮件，就需要 SMTP 服务了。

（6）设置 SMTP 服务。单击"开始"，依此选择"程序"→"管理工具"→"Internet 信息服务（IIS）管理器"，如图 12-117 所示，展开左侧"默认 SMTP 虚拟服务器"。

在对"pop3 服务"添加域 abc.com 的同时，该域也会自动添加到"SMTP 服务"的域中，需要特殊设置的地方并不多。

默认情况下，SMTP 服务和 POP3 服务一样，会利用主机所有的 IP 地址，为了便于管理，最好指定一个特定的 IP 地址。右击"默认 SMTP 虚拟服务器"，在弹出的快捷菜单中选择"属性"。配置如图 12-118 所示。

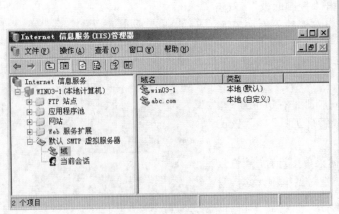

图 12-117　设置 SMTP 服务

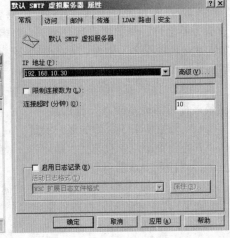

图 12-118　配置虚拟服务器属性

（7）发送邮件邮件测试。用最常用的 Outlook Express 邮件客户端进行收发邮件测试。切换到 XP 系统，从开始菜单启动 Outlook Express 电子邮件客户端，第一次启动可能要填写账号等，一律取消，直接进入主界面。

① 首先为 Outlook 添加邮件账户。单击 Outlook "工具" 菜单，选择 "账户"。单击右上角的 "添加" 按钮，选择 "邮件"；"显示名" 随意，比如 user1；"电子邮件地址输入 user1@abc.com。

② 如图 12-119 所示，接收邮件服务器和发送邮件服务器设置为 Win2003 的 IP 地址，即 192.168.10.30。

③ 用户名输入邮件地址全称 user1@abc.com，密码输入 123。

④ 回到 Outlook 主界面，单击工具栏中的 "创建邮件" 按钮，给 user2@abc.com 发送一封测试邮件。

（8）接收邮件测试。在局域网中随便找一台计算机，把 IP 地址设置为 192.168.10.x，同样的方法打开 Outlook Express，添加 user2@abc.com 邮件账户。单击工具栏中的 "发送/接收" 按钮后，如图 12-120 所示，观察邮件的收发情况。

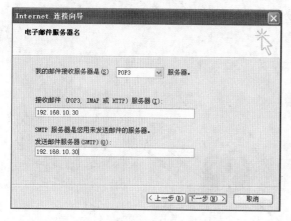

图 12-119　发送和接收邮件服务器地址设置

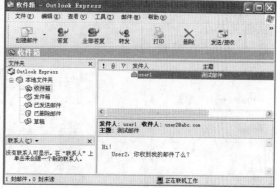

图 12-120　Outlook 收件测试

user2 已经收到了 user1 给他发送的电子邮件。说明邮件服务器收发功能正常。

【注意事项】

（1）SMTP 服务器负责邮件服务器之间邮件的传输和用户的邮件发送工作，为了增强安全性可以在它的属性对话框中进行更多的安全性设置。

（2）如果想让邮件服务器可以在整个互联网范围收发邮件，必须注册正式域名，并且在本地 DNS 服务器中增加相应的邮件交换记录 MX。

【项目拓展】

查阅资料，假设内网域名是 abc.com 已经正式注册，在 DNS 服务器中增加相应的邮件交换记录，使内网和互联网用户之间可以任意收发邮件。

12.12　中小型局域网络规划、设计、组建、配置与调试

【实训目的】

（1）掌握设计网络方案的基本技能和方法。

（2）用 visio 绘制网络拓扑图。

（3）用 packet tracer 完成设计任务。

【背景描述】

为新建的网络实验室设计局域网，进行网络实验室的网络需求分析（如 80 台计算机，每 40 一个 VLAN，每 10 台计算机连接到百兆交换机上，交换机之间互连。VLAN 之间的通信通过三层交换机，80 台计算机共享如下服务如 ftp/代理/www 服务等。通过三层交换机的上端千兆口连接到网络

中心，通过网络中心实现外网的连接）。

给出设计方案和 2 层、3 层交换机上的典型配置（如单臂路由、地址划分）。

【预备知识】

（1）三层交换机。具有部分路由器功能的交换机，三层交换机的最重要目的是加快大型局域网内部的数据交换，所具有的路由功能也是为这目的服务的，能够做到一次路由，多次转发。对于数据包转发等规律性的过程由硬件高速实现，而对于路由信息更新、路由表维护、路由计算、路由确定等功能，由软件实现。三层交换技术就是二层交换技术＋三层转发技术。传统交换技术是在 OSI 参考模型第二层——数据链路层进行操作的，而三层交换技术是在网络模型中的第三层实现了数据包的高速转发，既可实现网络路由功能，又可根据不同网络状况做到最优网络性能。

（2）代理服务器。在 Internet 上指 Proxy Server，即代理服务器，它是一个软件，运行于某台计算机上，使用代理服务器的计算机与 Internet 交换信息时都先将信息发给代理服务器，由其转发，并且将收到的应答回送给该计算机。使用代理服务器的目的有：出于安全考虑或局域网的 Internet 出口有限等。

【实验拓扑】

实验拓扑如图 12-121 所示。

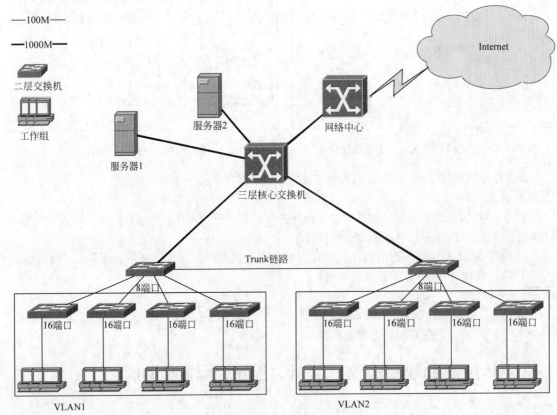

图 12-121　实验拓扑示意图

【实验过程】

1）需求分析

（1）提供一个安全、私密的无线网络用于访问园区网络和 Internet。

（2）提高安全性，保护 Internet 连接和内部网络，防止入侵。

（3）使用网络管理工具，提高 IT 部门的效率和效果。

（4）网络具有良好的可扩展性，可以在将来支持各种应用。

2）网络应用分析（表 12-6）

表 12-6　网络应用分析

应 用 名 称	应 用 类 型	新 应 用	重 要 性	备 注
电子邮件	电子邮件	否	√	师生间传输数据
主页	Web 浏览	否	√	对内提供教学材料
FTP	文件共享	否	√	方便维护维护
网络维护	网上报修	否		防止侵入
安全更新	安全	否		未来发展的趋势
无线网络	无线网络	是		域名服务
校内代理	代理服务	是		教师授课
域名解析	域名服务	否	√	管理方便

3）网络数据存储分析（表 12-7）

表 12-7　网络数据存储分析

数 据 存 储	位 置	应 用	团 体
Web 服务器	网络中心服务器集群	Web 站点主机	所有
E-mail 服务器	网络中心服务器集群	电子邮件	所有
FTP 服务器	网络中心服务器集群	文件下载	所有
DHCP 服务器	计算机中心服务群	编址	所有
网络管理服务器	计算机中心服务群	网络管理	管理部门
DNS 服务器	计算机中心服务群	命名	所有

4）网络拓扑分析

（1）每 40 台计算机共享一台服务器，共需两台服务器。

（2）每 10 台计算机组成一组，共有 8 组，每组用一个 16 端口百兆交换机，共需 8 台交换机。

（3）由于目前专用的服务器通常都配置 2 块千兆网卡，服务器与交换机连接可采用 2 个百兆链路聚合的措施，增强访问服务器的能力。

（4）每 4 组用一个 8 端口的百兆交换机互联，形成多星型结构。

5）网络性能参数技术目标

（1）带宽：从网络中心到网络实验室设备间要铺设多模光纤，带宽可以达到千兆每秒，从设备间到实验室的各台计算机要采用超 5 类双绞线，使带宽达到在百兆每秒左右。

（2）吞吐量：在网络高峰期时，上网人数比较多，发生冲突的可能性达到 10%，这样吞吐量= 90%×G（网络负载），其他时间的吞吐量几乎等于网络的负载。

（3）可用性：以边界路由 NE40 为例计算设备的可用性。

（4）可付性：可以承担得起的网络设计应在给定的财务成本下承载最大的流量。

（5）易用性：网络用户访问网络和服务的难易程度。

6）IP 地址分配和 VLAN 设计（表 12-8）

表 12-8　IP 地址分配和 VLAN 设计

Vlan ID	网络地址	名 称	描 述
1	192.168.10.0/24	Vlan1	本地 VLAN
2	192.168.20.0/24	Vlan2	本地 VLAN

7）接入层设备选择

接入层网络作为二层交换机，提供工作站等设备的网络接入。接入层在整个网络中接入交换机的数量最多，具有即插即用的特性。对此类交换机的要求，一是价格合理；二是可管理性好，易于使用和维护；三是有足够的吞吐量；四是稳定性好，能够在比较恶劣的环境下稳定的工作。

8）汇聚层设备选择

汇聚层主要负责接入层节点和核心层中心，汇聚分散的接入点，扩大核心层设备的端口密度和种类，汇聚各区域数据流量，实现骨干网络之间的优化传输。汇聚交换机还负责本区域内的数据交换，汇聚交换机一般与核心层交换机同类型，仍需要较高的性能和比较丰富的功能，但吞吐量较低。

工作在这一层的交换机最重要的要求就是支持安全策略和冗余组件。前者并不一定很有用，因为主要在汇聚层上做这块功能，而后者就比较关键，一旦正常工作的链路物理层断开，就要重新选择可用线路。

9）核心层设备的选择

网络主干部分称为核心层，核心层的主要目的在于通过高速转发通信，提供优化、可靠的主干传输结构，因此核心交换机应拥有更高的可靠性能和吞吐量。

工作在这一层的交换机要具备高速转发、路由以及吞吐量较大等功能，同时性能也要有保证。为了提高网络可靠性和可用性，可选择同系列设备作为冗余设备。

10）NAT、OSPF 配置

借助于 NAT，私有（保留）地址的"内部"网络通过路由器发送数据包时，私有地址被转换成合法的 IP 地址，一个局域网只需要使用少量的 IP 地址（甚至是 1 个）即可实现私有地址网络内所有计算机与 Internet 的通信需求。

OSPF 路由协议是一种典型的链路状态的路由协议，一般用于同一个路由域内。在这里，路由域是指一组通过统一的路由政策或路由协议相互交换路由信息的网络。在这个 AS 中，所有的 OSPF 路由器都维护一个相同的描述这个 AS 结构的数据库，该数据库存放的是路由域中相应链路的状态信息，OSPF 路由器正是通过这个数据库计算出其 OSPF 路由表的。

作为一种链路状态的路由协议，OSPF 将链路状态广播数据包（Link State Advertisement，LSA）传送给在某一区域内的所有路由器，这一点与距离矢量路由协议不同。运行距离矢量路由协议的路由器是将部分或全部的路由表传递给与其相邻的路由器。

【实验排错与调试】

实验配置组建过程中往往会出现一些问题，有些问题现象十分常见的，并且必须考虑的。例如，在配置 VLAN 过程中，首先要按照条件需求进行对交换机划分 VLAN，只有这样才能进行下一步 VLAN 的划分。再如当配置 OSPF 协议后，在其他一些设备上没有学到。在此过程中就必须对此进行一个排除和调试。首先，再设配上用 show running 命令查看设备的配置过程，用 show int 命令查看接口链路状态，如果链路状态为 DOWN，则要此接口上用 No Shutdown 命令开启。在三层交换机配置时，如果再次上学不到 OSPF 通告的路由或在 VLAN 上配置 IP 地址使不出来，则可以用 Show Running 查看配置过程，查看是否开启路由功能。用 Show VLAN 查看是否在此上创建该 IP 地址的 VLAN。

【项目拓展】

请分析您所在大学的校园网建设情况。

附　　录

附录 A 【问题导入】参考答案

第 1 章　计算机网络概述

问题 1：什么是计算机网络？

回答 1：顾名思义是由计算机组成的网络系统。就是利用通信设备和线路，将地理位置不同、功能独立自主的多个计算机系统相互互连，用网络软件（网络通信协议和网络操作系统等）实现网络中资源共享和信息传递的系统。

问题 2：计算机网络的功能是什么？

回答 2：资源共享，数据通信，分布式处理和负载均衡，提高计算机可靠性和可用性。

问题 3：计算机网络由哪些基本部分组成？

回答 3：计算机网络的组成基本由 3 个部分构成，网络硬件、传输介质、网络软件。

第 2 章　数据通信基础

问题 1：什么是模拟信号，什么是数字信号？

回答 1：数据可以分为模拟数据与数字数据两种。在通信系统中，表示模拟数据的信号称作模拟信号，表示数字数据的信号称作数字信号，两者是可以相互转化的。模拟信号是一种波形连续变化的信号，例如，拨打电话的语音信号。数字信号是一种离散的信号，通常表现为离散的脉冲形式。计算机中传送的是典型的数字信号。

问题 2：什么数据通信？

回答 2：数据通信就是发送方将要发送的数据转换成电（光）信号通过物理信道传输到数据接收方的过程。

问题 3：什么是传输速率？

回答 3：传输速率分信号传输速率和数据传输速率。信号传输速率是每秒钟发送的码元数，单位为波特/秒。数据传输率是每秒中传输的二进制位的位数，单位为 bit/s。为信号传输速率和数据传输速率是衡量数据通信速度的两个指标。

问题 4：数据交换方式有哪些？

回答 4：数据交换技术分为电路交换，报文交换和分组交换，其中分组交换包括面向连接的虚电路和无连接的数据报。

第 3 章　计算机网络体系结构

问题 1：什么是计算机网络协议？

回答 1：协议就是为实现计算机网络中的数据交换建立的规则标准或约定，包括语法，语义和时序。

问题 2：什么是计算机网络体系结构？

回答 2：计算机网络体系结构就是层次结构模型、各层协议和服务构成的集合，具体来说就是为了使各种不同的计算机能够相互通信合作，把每台计算机互连的功能划分成有明确定义的层次，并规定了同层次进程通信的协议及相邻之间的接口及服务。使用层次结构可以将一个复杂的系统设计问题分成层次分明的一组组容易处理的子问题，各层执行自己所承担的任务，便于实现。

问题 3：计算机网络体系结构包括哪些？

回答 3：计算机网络主要体系结构有 OSI/RM（开放系统互连参考模型）参考模型和 TCP/IP 参考模型，其中 OSI/RM 七层参考模型为理想模型，目前实际应用的模型为 TCP/IP 四层参考模型。

第 4 章　传输介质与综合布线基础

问题 1：在上述局域网中，为什么采用了双绞线和光纤两种传输介质，还有其他传输介质吗？

回答 1：根据传输介质的参数和特性，选择合适的传输介质以满足网络设计的需要。对传输速率要求比较高，传输距离长，抗干扰能力较强的情况下，一般采用光纤，光纤分为单模光纤和多模光纤；在传输距离不超过 100m 的建筑物内，一般采用双绞线，双绞线分为屏蔽双绞线和非屏蔽双绞线。

计算机局域网中常用的传输介质有双绞线、同轴电缆、光纤和无线传输介质。

问题 2：计算机与集线器之间使用双绞线连接有规范标准吗？

回答 2：双绞线更具实际应用场合不同，分为直通线和交叉线。集线器与计算机之间采用直通线相连，即双绞线两端都按照 EIA/TIA568B 线序制作。

问题 3：传输介质与网络互连设备之间有标准接口吗？

回答 3：不同的传输介质和网络互连设备之间都有标准的接口，如双绞线与网络互连设备采用的是 RJ-45 标准接口。

问题 4：组建企业网络时，传输介质布线有规范标准吗？

回答 4：组建企业网络，选择传输介质，均采用综合布线系统，布线施工人员需要按照布线系统标准的要求进行布线施工和测试。综合布线系统有国际标准和国内标准。

第 5 章　局域网基础

问题 1：计算机实验室是学习知识的场所，属于小型局域网，它是以太网吗？有什么特点？

回答 1：1983 年 IEEE 802 委员会公布的 802.3 局域网络协议（CSMA/CD）基本上和以太网技术规范一致，于是以太网技术规范成为世界上第一个局域网工业标准，所以，通常认为以太网就是局域网。局域网具有传输速率高，误码率较低，价格低廉并且组建简单容易的特点。

问题 2：如图 5-1 所示的计算机实验室所构建的网络采用的局域网技术标准是什么？

回答 2：采用的局域网技术标准是快速以太网，即 100Base—T，以双绞线为传输介质，传输速率可达 100Mbps。

问题 3：如图 5-1 所示的计算机实验室所构建的网络是对等网络，还是基于 C/S 模式的网络呢？

回答 3：计算机实验室所构建的网络是对等网络，80 台计算机拥有平等的地位，即可充当服务器也可充当客户机。

第 6 章　局域网组建

问题 1：共享式以太网和交换式以太网的主要区别是什么？

回答 1：共享式以太网采用集线器为网络互连设备，所有节点共享网络带宽，随着网络节点的增加，每个主机获得的带宽急剧地下降，网络性能也会下降。交换式以太网以交换机为网络互连设备，工作站的速率就是交换机端口的速率，提高了网络速率，同时也缩小冲突域，提高了网络性能。

问题 2：怎样才能保证财务部网络的安全？

回答 2：可以采用虚拟局域网技术，将公司的网络进行逻辑划分，保证财务网络的安全。

问题 3：在公司网络的基础上，如何在工程部或者销售部扩展无线网络？

回答 3：可以通过 AP 来简单扩展公司的网络，方便移动办公设备（如笔记本计算机）接入公司局域网。

第 7 章　Internet 基础

问题 1：什么是 Internet？

回答 1：Internet 即因特网，又称互联网，是由成千上万的不同类型、不同规模的计算机网络和计算机主机组成的可以相互通信的计算机网络系统，是在世界范围内基于 TCP/IP 协议的一个巨大的网际网，是全球最大、最有影响的计算机信息资源网。TCP/IP 协议是 Internet 的基础与核心。Internet 起源于美国国防部的 ARPANet。

问题 2：Internet 范围内成千上万的计算机是如何识别的？

回答 2：为了使接入 Internet 的众多计算机主机在通信时能够相互识别，接入 Internet 中的每一台主机都被分配有一个唯一的标识——32 位二进制地址，该地址称为 IP 地址（Internet Protocol），IP 地址分为 IPv4 和 IPv6 两个版本。Internet 范围内成千上万的计算机是通过计算机专用的"身份证号"——IP 地址进行识别的。

问题 3：由于只申请了一个 C 类网络 210.31.208.0，如何在不增加硬件及额外费用的情况下，实现（1）和（2）的目标？

回答 3：通常 IP 地址分为 A、B、C 三类，C 类 IP 地址主要应用在小型公司。由于 IPv4 地址资源紧缺，可以使用公司已申请到的 C 类 IP 地址，进行子网划分，使不同的部门位于不同的子网中。由于各个子网在逻辑上是独立的，因此没有路由转发，尽管这些主机都处在同一个物理网络中，子网之间还是不能相互通信的。由于不同的子网属于不同的广播域，划分子网可创建更小的广播域，缩减网络流量，提高网络性能。

第 8 章　广域网基础

问题 1：广域网与局域网的区别是什么？

回答 1：域网覆盖的范围比局域网（LAN）和城域网（MAN）都广。广域网的通信子网主要使用分组交换技术。广域网的通信子网可以利用公用分组交换网、卫星通信网和无线分组交换网，它将分布在不同地区的局域网或计算机系统互联起来，达到资源共享的目的。

问题 2：路由器与交换机有什么区别？

回答 2：路由和交换之间的主要区别就是交换发生在 OSI 参考模型第二层（数据链路层），而路由发生在第三层，即网络层。这一区别决定了路由和交换在移动信息的过程中需使用不同的控制信息，所以两者实现各自功能的方式是不同的。

问题 3：路由器的主要作用是什么？

回答 3：路由器主要作用是实现网络互连，选择合适路由，常用局域网之间，局域网和广域网之间的互连。

问题 4：如何对路由器进行配置，为什么路由器中要设置默认路由？

回答 4：通过对路由器进行路由算法或静态路由的配置，就可实现远程网络互联。通常，大约 99.99% 的路由器上都需要配置一条缺省路由以实现接入 Internet，默认路由是一种特殊的静态路由，指的是当路由表中与包的目的地址之间没有匹配的表项时路由器能够做出的选择。如果没有默认路由，那么目的地址在路由表中没有匹配表项的包将被丢弃。

问题 5：接入 Internet 的主要方式有哪些？

回答 5：接入 Internet 主要方式有 6 种，分别是 Modem 拨号接入，ADSL 接入，LAN 接入，Cable Modem 接入，光纤接入和无线接入。

第 9 章　Internet 传输协议

问题 1：传输层如何保证端到端可靠的数据传输？

回答 1：Internet 传输协议包括面向连接服务的 TCP 协议和面向无连接的 UDP 协议，主要功能是提供端到端可靠通信，当需要可靠的端到端的传输服务时，可以使用 TCP 协议。通过"三次握手"向应用层提供通信服务的可靠性，避免报文出错、丢失、延迟、重复、乱序等差错现象。

问题 2：什么是端口，什么是插口？

回答 2：传输层地址就是端口，是用来标志应用层的进程的逻辑地址。端口标号由 16 位二进制组成，例如，http 协议的端口号是 80。为了使得多主机多进程通信时避免混乱，把端口号和主机的 IP 地址结合起来使用，称为插口。例如 124.33.13.55:200 就是插口，由 48 位二进制组成，通常用正整数表示。

问题 3：传输层 UDP 协议主要应用在哪些场合？

回答 3：当每次传输数据量少、速度要求快但对可靠性要求不严的数据，特别是语音、视频等多媒体信息时，使用 UDP 协议。

第 10 章　Internet 应用

问题 1：什么是域名？

回答 1：域名（Domain Name），是由一串用点分隔的名字组成的 Internet 上某一台计算机或计算机组的名称，用于在数据传输时标识计算机的电子方位（有时也指地理位置，地理上的域名，指代有行政自主权的一个地方区域）。域名是一个 IP 地址上的"面具"。域名的目的是便于记忆和沟通的一组服务器的地址（网站，电子邮件，FTP 等）。

问题 2：文件传输协议的功能是什么？它是怎样工作的？

回答 2：文件传输协议使得主机间可以共享文件。它使用 TCP 生成一个虚拟连接用于控制信息，然后再生成一个单独的 TCP 连接用于数据传输。控制连接使用类似 TELNET 协议在主机间交换命令和消息。客户机可以给服务器发出命令来下载文件，上传文件，创建或改变服务器上的目录。

问题 3：什么是万维网？

回答 3：万维网（WWW，World Wide Web），也称作环球信息网，是一种特殊的信息结构框架。它是一个大规模的、联机式的信息储藏所，其目的是为了访问遍布在因特网上数以千计的机器上的链接文件。HTTP 协议是用于从 WWW 服务器传输超文本到本地浏览器的传送协议。

问题 4：什么是电子邮件？

回答 4：电子邮件，是一种用电子手段提供信息交换的通信方式，是互联网应用最广的服务。通过网络的电子邮件系统，用户可以以非常低廉的价格、非常快速的方式与世界上任何一个角落的网络用户联系。

第 11 章　计算机网络安全

问题 1：什么是网络信息安全？信息安全的任务是什么？

回答 1：网络信息安全一般是指网络信息的机密性、完整性、可用性及真实性。信息安全的任务是要采取措施（技术手段及有效管理）让这些信息资产免遭威胁，或者将威胁带来的后果降到最低程度，以此维护组织的正常运作。

问题 2：加密算法都有哪些？

回答 2：常用的加密算法有对称加密和非对称加密。

问题 3：防火墙是万能的吗？

回答 3：防火墙不是万能的，对于绕过它的攻击、病毒式的攻击、数据驱动攻击及内部攻击都无能为力。还需要与入侵检测系统一起提高网络安全防护能力。

问题 4：什么是病毒？

回答 4：计算机病毒是指进入计算机数据处理系统中的一段程序或一组指令，它们能在计算机内反复地自我繁殖和扩散，危及计算机系统或网络的正常工作，造成种种不良后果，最终使计算机系统或网络发生故障甚至瘫痪。

附录 B　计算机网络英文缩写

ABR（Average Bitrate）平均比特率

ACK（ACKnowledge Character）确认字符

ADSL（Asymmetric Digital Subscriber Line）非对称数字用户环路

AES（Advanced Encryption Standard）先进的加密标准

AH（Authentication Header）鉴别首部

ANSI（American National Standards Institute）美国国家标准局

AP（Wireless Access Point）无线访问接入点

API（Application Programming Interface）应用编程接口

APNIC（Asia-Pacific Network Information Center）亚太互联网络信息中心

ARIN（American Registry for Internet Numbers）美国因特网号码注册机构

ARP（Address Resolution Protocol）地址解析协议

AS（Autonomous System）自治系统

ASBR（Autonomous System Border Router）自治系统边界路由器

ASK（Amplitude Shift Keying）幅移键控

ASN（Autonomous System Number）自治系统号

ASN.1（Abstract Syntax Notation One）抽象语法记法 1

ATM（Asynchronous Transfer Mode）异步传输模式的缩写

ATU（Access Termination Unit）接入端接单元

BER（Bit Error Rate）误码率

BER（Basic Encoding Rule）基本编码规则

BGP（Border Gateway Protocol）边界网关协议

BOOTP（BOOTstrap protocol）边界网关协议

BSA（Basic Encoding Rule）基本编码规则

BSS（Basic Service Set）基本服务集

BSSIN（Basic Service Set ID）基本服务集标识符

BT（Bit Torrent）一种 P2P 程序

CA（Certification Authority）认证中心

CA（Collision Avoidance）避免碰撞

CATV（Community Antenna TV，Cable TV）有线电视

CBT（Core Based Tree）基于核心的转发树

CBT（Crossbar Technology）逻辑电平

C/S（Client/Server）客户机/服务器网

CCIR（Consultative Committee，International Radio）国际无线电咨询委员会

CCITT（International consultative committee on telecommunications and Telegraph）国际电报电话咨询委员会

CCP（CAN Calibration Protocol）是一种基于 CAN 总线的应用协议，是 ASAM-MCD 标准的一部分，该协议为标定系统开发提供了标准平台。

CDM（Code Division Multiplexing）码分复用

CDMA（Code Division Multiple Access）又称码分多址

CDMA2000（Code Division Multiple Access 2000）码分多址 2000

CE（Consumer Electronics）消费电子设备

CFI（Canonical Format Indicator）规范格式指示符

CGI（Common Gateway Iterface）通用网关接口

CHAP（Challenge Handshake Authentication Protocol）PPP 挑战握手认证协议

CIDR（Classless InterDomain Routing）无类别域间路由选择

CNAME（Canonical NAME）规范名

CNNIC（Network Information Center of China）中国互联网络信息中心

CRC（Cyclical Redundancy Check）循环冗余码校验

CSMA/CD（Carrier Sense Multiple Access/Collision Detect）即载波侦听多路访问/冲突检测方法

CSMA/CA（Carrier Sense Multiple Access/Collision Avoidance）即载波侦听多路访问/冲突避免方法

CTS（Cleat To Send）允许发送

DACS（Digital Access and Cross-connect System）数字交换系统

DARPA（Defense Advanced Research Project Agency）美国国防部远景规划局

DCE（Data Communication Equipment）数据电路终接设备

DCF（Distributed Coordination Function）分布协调功能

DDN（Digital Data Network）数字数据网

DF（Don't Fragment）不能分片

DHCP（Dynamic Host Configuration Protocol，DHCP）动态主机设置协议

DiffServ（Differentiated Services）区分服务

DIFS（Distributed Coordination Function IFS）分布协调功能帧间间隔

DLCI（Data Link Connection Identifier）数据链路连接标识符

DMT（Discrete Multi-Tone）离散多音

DNS（Domain Name System）是域名系统

DoS（Denial of Service）拒绝服务

DS（Distribution System）分配系统

DS（Differentiaten Services）区分服务

DSL（Digital Subscriber Line）数字用户线

DSLAM（DSL Access Multiplexer）数字用户线接入复用器

DSSS（Direct Sequence Spread Spectrum）直接序列扩频

DTE（Data Terminal Equipment）数据终端设备

DVMRP（Distance Vector Multicast Routing Protocol）距离矢量组播路由选择协议

EFM（Ethernet in the First Mile）第一英里的以太网

EGP（Exterior Gateway Protocol）外部网关协议

EIA（Electronic Industries Association）美国电子工业协会

EOT（Encapsulating Security Payload）封装安全有效载荷

ESS（Extended Servic Set）扩展的唯一标识符

EUI（Extended Unique Identifier）扩展的唯一标识符

FC（Fibre Channel）光纤通道

FCS（Fieldbus Control System）现场总线控制系统

FDDI（Fiber Distributed Data Interface）光纤分布式数据接口

FDM（Frequency-division multiplexing）频分多路复用

FDMA（frequencydivisionmultipleaccess）频分多址

FEC（Forwarding Equivalence Class）转发等价类

FFD（Full-Function Device）全功能设备

FHSS（Frequency Hopping Spread Spectrum）跳频扩频

FIFO（First In First Out）先进先出

FQ（Fair Queuing）公平排队

FSK（Frequency-shift keying）频移键控

FTP（File Transfer Protocol）文件传输协议

FTTB（Fiber To The Building）光纤到大楼

FTTC（Fiber To The Curb）光纤到路边

FTTD（Fiber To The Door）光纤到门户

FTTF（Fiber To The Floor）光纤到楼层

FTTH（Fiber To The Home）光纤到家

FTTN（Fiber To The Neighbor）光纤到邻区

FTTO（Fiber To The Office）光纤到办公室

FTTZ（Fiber To The Zone）光纤到小区

FTTX（Fiber-to-the-x）光纤接入

GSM（Global System for Mobile）全球移动通信系统

GPRS（General Packet Radio Service）通用分组无线服务技术

gTLD（general top-level domain）通用顶级域名

HDLC（High-Level Data Link Control）高级数据链路控制

HDSL（High speed DSL）高速数字用户线

HFC（Hybrid Fiber－Coaxial）光纤和同轴电缆相结合的混合网络

HIPPI（High-Performance Parallel Interface）高性能并行接口

HR-DSSS（High Rate Direct Sequence Spread Spectrum）高速直接序列扩频

HSSG（Higher Speed Study Group）超高速以太网研究工作组

HTML（HyperText Mark-up Language）即超文本标记语言

HTTP（HyperText Transfer Protocol）超文本传输协议

ICMP（Internet Control Message Protocol）Internet 控制报文协议

IDS（Intrusion Detection Systems）入侵检测系统

IDU（Interface Data Unit）接口数据单元

IEEE（Institute of Electrical and Electronics Engineers）美国电气电子工程师协会

IGMP（Internet Group Management Protocol）Internet 组管理协议

IGP（interior Gateway Protocols）内部网关协议

IMAP（Internet Mail Access Protocol）交互式邮件存取协议

IPS（Intrusion Prevention System）入侵预防系统

ISDN（Integrated Services Digital Network）ISDN 综合业务数字网

ISP（Internet Service Provider）互联网服务提供商

L2TP（Layer 2 Tunneling Protocol）第二层隧道协议

LAN（Local Area Network）局域网

LLC（Logic Link Control）逻辑链路控制

MAC（Media Access Control）媒体访问控制

MAN（Metropolitan Area Network）城域网

MIB（Management Information Base）管理信息库

MOSPF（Multicast Open Shortest Path First）组播扩展　OSPF

MTA（Multimedia Terminal Adapter）多媒体终端适配器

MTU（Maximum Transmission Unit）最大传输单元

NAK（Negative Acknowledge）确认响应

NAT（Network Address Translation）网络地址转换

NCP（Network Core Protocol）网络核心协议

NFS（Network File System）网络文件系统

NMS（Network Management System）网络管理系统

NVT（Network Virtual Terminal）网络虚拟终端机

OSI（open system interconnection）开放系统互联模型

OSPF（Open Shortest Path First）开放式最短路径优先

PAD（Portable Application Description）便携式应用描述

PAP（Password Authentication Protocol）密码认证协议

PCI（Peripheral Component Interconnect）外设组件互连标准

PCM（Pulse Code Modulation）脉码调制

PDU（Protocol Data Unit）协定数据单元

PIM-SM（Protocol Independent Multicast-Sparse Mode）稀疏模式独立组播协议

POP3（Post Office Protocol 3）即邮局协议的第 3 个版本

PPP（public-private partnership）是公共基础设施项目

PPPOE（point to point protocal over Ethernet）以太网上的 PPP

PPTP（Point to Point Tunneling Protocol）点对点隧道协议

PSK（Phase Shift Keying）相移键控

PSTN（Public Switched Telephone Network）公共交换电话网络

PVC（Permanent Virtual Circuit）永久虚电路

QoS（Quality of Service）服务质量

RADSL（Rate Adaptive DSL）速率自适应数字用户线路

RARP（Reverse Address Resolution Protocol）反向地址转换协议

RIP（Routing Information Protocol）路由信息协议

SAP（Stable Abstractions Principle）设计的稳定抽象等价原则

SDH（Synchronous Digital Hierarchy）同步数字体系

SLIP（Serial Line Internet Protocol）串行线路网际协议

SMI（Structure of Management Information）定义使用于网络管理通信协议的物件的规则

SMTP（Simple Mail Transfer Protocol）即简单邮件传输协议

SNA（System Network Architecture）（IBM 公司开发的）系统网络架构

SNMP（Simple Network Management Protocol）简单网络管理协议

STP（Shielded Twisted-Pair）屏蔽双绞线

SVC（Switching Virtual Circuit）交换虚拟电路

TCP（Transmission Control Protocol）传输控制协议

TDM（Testing Data Management/Technical Data Management）试验数据管理/技术数据管理

TDMA（Time Division Multiple Access）时分多址

TD-SCDMA（Time Division-Synchronous Code Division Multiple Access）时分同步码分多址

TLD（Top Level Domain）顶级域名

UA（User Agent）在 OSI 的应用程序中应用端建立、接收 X400 信息的界面

UDP（User Datagram Protocol）用户数据包协议

URL（Uniform / Universal Resource Locator）统一资源定位符

UTM（Unified Threat Management）统一威胁管理

UTP（Unshielded Twisted Paired）非屏蔽双绞线

VDSL（Very-high-bit-rate Digital Subscriber loop）甚高速数字用户环路
VLAN（Virtual Local Area Network）虚拟局域网
VPN（Virtual Private Network）虚拟专用网络
VTP（VLAN Trunking Protocol）VLAN 中继协议
WAN（Wide Area Network）广域网
WCDMA（Wideband Code Division Multiple Access）宽带码分多址
WDM（Wavelength Division Multiplexing）密集波分复用
WLAN（Wireless Local Area Networks）无线局域网络
WWW（World Wide Web）环球信息网

附录 C　Cisco Packet trace 模拟器的使用

C.1　Cisco Packet trace 简介

Cisco Packet trace 是 Cisco 公司官方推出的 Cisco 交换机和路由器模拟器，提供了对 Cisco 1841、Cisco2620XM、2621XM、2811 型号路由器和 Cisco Catalyst 2950—24、2950T、2960、356024PS 型号交换机的模拟，并且支持自定义设备。可以利用这些设备自由设计网络拓扑进行网络实验。Cisco Packet trace 是一款非常逼真的模拟器，目前的最新版本为 Packet trace 6.0。

C.1.1　Cisco Packet trace 的安装

1）Cisco Packet trace 软件的下载

在 Cisco 网络学院官方网站有 Cisco Packet trace 软件的最新版本，在那里可以下载（但需要用户名和口令），也可以通过搜索引擎在互联网上搜索并下载 Cisco Packet trace 的最新版本下载。

（1）打开 Web 页面，https://cisco.netacad.net/cnams/dispatch。

（2）输入用户名和口令。单击"Go"按钮。打开 Cisco Packet trace 下载页面。

（3）单击页面左侧的"Cisco Packet trace"栏下侧的"DownLoad"链接，打开下载窗口。

（4）单击窗口下部"Cisco Packet Tracer program downloads"超链接，打开下载页面。选择对应的操作系统的版本。单击后边的下载图标。

2）安装 Cisco Packet trace 软件

（1）直接运行下载自解压软件包，系统会自动启动安装程序，按照安装向导，完成安装过程。

（2）运行"开始→程序→Cisco Packet trace→Cisco Packet trace"，打开 Cisco Packet trace5.3 的模拟器主界面如图 C-1 所示。

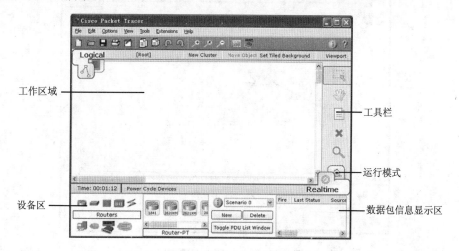

图 C-1　Cisco Packet trace5.3 模拟器主界面

C.1.2　Cisco Packet trace 模拟器的基本用法

1）Cisco Packet trace5.3 模拟器窗口简介

（1）工作区域。中间的空白区域就是拓扑图的构建和网络实验的工作区域。该区域是 Cisco Packet trace 的核心区域，其它区域都是为它服务的。在工作区，用户可以按需设计各种计算机网络拓扑结构，并对每个设备进行功能配置。

（2）设备选择区。主界面左下角为设备类型选择库，在 Cisco Packet trace5.3 中包含的设备类型有 Routers（路由器）、switch（交换机）、Hubs（集线器）、Wireless Devices（无线设备）、connections（传输介质）、End Devices（终端设备）、WAN Emulation（广域网）、Custom made devices（自定义设备）、Multiuser connection（多用户传输）。

鼠标指向设备图标时，系统会自动提示该设备的类型。单击设备类型图标后（如 switch），在类型库右侧的设备型号选择列表框中可选择具体的设备型号（Cisco Catalyst 2950—24、2950T、2960、switch-pt、switch-pt -empty、356024PS、bridge-pt）。

当需要用哪个设备时，先单击一下，然后在中央的工作区域单击一下就可以了，或者直接用鼠标摁住这个设备把它拖上去。

（3）数据包信息显示区。当用户调试当前实验网络时，数据包的相关信息就会显示在该区域。

（4）工具栏。主界面右侧为工具栏，包括 select（选择）、Move Layout（移动）、Place Note（给设备贴标签）、Delete（删除）、Inspect（查看信息和发 PDU 包）、Resize shape（调整形状）。

这些功能的基本操作步骤类似，首先单击要应用的功能，鼠标指针就会变成与所选功能图标一样的图形，然后，再单击工作区中要对其他实施功能的设备即可。

（5）运行模式切换区。为方便用户学习，Cisco Packet trace 提供了两种网络运行模式，即 Realtime 模式（实时）和 Simulation 模式（模拟），两种模式可随时切换。

模式情况下为 Realtime 模式（实时模式）。这种模式与配置实际网络设备一样，每发出一条配置命令，就立即在设备中执行。例如：两台主机通过直通双绞线连接并将他们设为同一个网段，那么 A 主机 Ping B 主机时，瞬间可以完成这就是实时模式。而切换到模拟模式后主机 A 的 CMD 里将不会立即显示 ICMP 信息，而是软件正在模拟这个瞬间的过程，以人能够理解的方式展现出来，如图 C-2 所示。

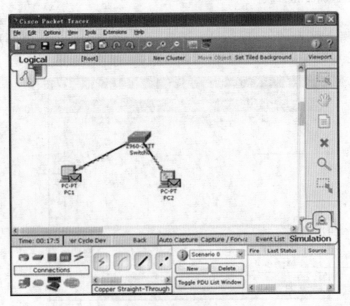

图 C-2　两台计算机直连局域网

单击"Auto Capture（自动捕获）"，可以看到直观、生动的 Flash 动画来显示了网络数据包的来龙去脉。单击 Simulate mode 会出现 Event List 对话框，该对话框显示当前捕获到的数据包的详细信息，包括持续时间、源设备、目的设备、协议类型和协议详细信息，如图 C-3 所示。

要了解协议的详细信息，请单击显示不用颜色的协议类型信息 Info，可以很详细显示 OSI 模型信息和各层 PDU，如图 C-4 所示。

图 C-3　模拟模式

图 C-4　PDU 的详细信息

2）选择和添加网络设备

通过鼠标拖动的方式从设备库中添加交换机、路由器、PC、Server 服务器等设备和网络传输介质，来构建实验的网络拓扑。

使用鼠标拖动方法，向工作区添加一台 Cisco 2811 路由器和 Cisco 2960 交换机。网络设备添加到工作区后，单击工具栏中的"选择（select）"按钮，可选择对象，并可通过拖动的方式调整图标在工作区中的位置。

新添加的路由器，其端口默认是禁用的（shutdown），需要进行 no shutdown 操作，端口才会激活。线路连接后，链路才会起来。

3）添加设备互联传输介质

在设备类型库中单击"传输介质" ⚡ ""图标，可在设备型号列表框中详细显示可用的网络设备间互联的传输介质，如图 C-5 所示。

图 C-5　设备互联传输介质

自左向右各传输介质图标的含义及用途如下所示。

（1）automatically Choose Connection Type：自动选择连接类型。

（2）Console：交换机/路由器的配置线缆。

（3）Copper Straight-through：双绞线直通线。

（4）Copper Cross-over：双绞线交叉线。

（5）Fiber：光纤。

（6）Phone：电话线。

（7）Coaxial：同轴电缆。

（8）Serial DCE：提供时钟的数据一端。

（9）Serial DTE：数据终端设备。

在模拟器中，设备之间的连接选用的传输介质见表 C-1。

表 C-1　传输介质的用途

一　端	对　端	线　缆　类　型
路由器的以太网口	路由器的以太网口	交叉线
路由器的以太网口	交换机的以太网口	直通线
路由器的以太网口	PC	直通线
交换机的以太网口	PC	直通线

选择设备互联的传输介质后，当鼠标移动到工作区后，其指针形状会变成 RJ—45 接头形状。在要互联的设备上单击，从弹出菜单中选择用来互联的接口。然后将鼠标移动到要互联的对端设备上（会动态显示连接线缆），单击，从弹出菜单中选择用来互联的接口，即可实现在这两个设备间添加互联的传输介质。

互联传输介质的两端会各显示一个圆形的示意图表，该图标的颜色表示了该接口的工作状态是否正常。红色表示物理线路有问题（线路类型不对、端口被禁用或者设备未开机加电），相当于交换机或路由器的接口指示灯没有亮；橘黄色表示端口的物理线路已接通，接口指示灯已亮，数据链路还未处于正常工作状态；绿色表示端口及链路工作正常。

交换机或路由器的端口被禁用（shutdown）时，接口指示灯为红色；重新启动后（no shutdown），接口指示灯变为橘黄色，过一会后变为绿色，此时端口才恢复正常工作状态。

4）删除设备或传输介质

要删除网络设备或互联的传输介质，可先单击右侧工具栏中的"　✖　"图标，选择删除功能，此时鼠标指针会变成"叉"的形状，单击要删除的对象即可。

对象删除结束后，注意单击工具栏中的"　　"图标，恢复为选择对象状态。

C.2　使用 Cisco Packet trace 模拟器进行网络方案的验证实训

C.2.1　网络设备的配置方法

添加网络设备并实现互联后，还必须对网络设备进行正确的配置，网络才能正常运行。

在模拟器中，单击要配置的网络设备，此时会弹出一个新的窗口。该窗口显示了网络设备的硬件外观和可选配的模块，并提供了图形化的配置方式和基于命令行接口（CLI）的配置方式，这与真实网络设备的配置方式基本相同。模拟器的图形化配置方式，相当于真实交换机或路由器的 Web 配置方式。

下面以配置 Cisco 2811 路由器为例，介绍如何配置网络设备（同时打开 Cisco Catalyst 2960 交换机的配置窗口）。

1）硬件配置与浏览

在设备类型选择库单击 router 图标，然后将设备型号选择列表框中的"Cisco 2811"拖到工作区。

单击右侧工具栏中的"　　"按钮，让模拟器处于对象选择状态，然后单击"Cisco 2811 路由器"图标，此时就会打开如图 C-6 所示的窗口。在该窗口中，可以完成对该交换机的全部配置与管理。

（1）Physical 选项卡：用于设备硬件的浏览和配置。

（2）窗口的右上部区域显示了该设备的外观图，单击 Zoom in 按钮，可放大设备的外观；Original Size 显示原始大小；Zoom Out 缩小显示设备外观图。

（3）设备上显示右电源开关，可通过单击来打开或关闭设备的电源。电源开关右侧有电源指示灯，呈绿色时，表示电源开。设备必须打开电源后，才能工作。

添加或删除选配的模块时，必须先关闭设备的电源。添加选配模块时，首先在左侧的列表框中选择要添加的模块（有的设备没有可选配的模块），然后将窗口底部右侧的模块示意图拖放到设备的空槽位上即可。删除可选模块时，在关闭电源的情况下，将要删除的模块拖出去即可。

2）通过图形化方式配置设备

单击 config 选项卡，可切换到图形化配置界面，如图 C-7 所示。在图形化窗口的下方窗口给出了每步操作相应的等价命令。

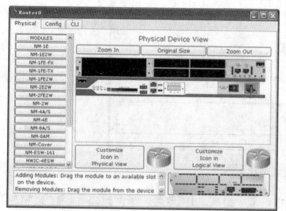

图 C-6　网络设备配置管理窗口

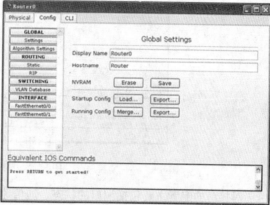

图 C-7　网络设备的图形化配置窗口

（1）全局设置。在"Global Setting"配置页面，可设置或修改设备的显示名（拓扑结构中的名称）和主机名（配置文件中的名称），以及对启动配置文件和运行配置文件的管理。

Startup-config 代表路由器 / 交换机的启动配置文件，该文件是开机加电启动时所加载的配置文件，该文件存储在 NVRAM 存储器中。单击 Load 按钮，可从备份配置文件中加载启动配置；单击 Export 按钮，可导出备份启动配置；单击 Erase 按钮，将删除设备中的启动配置；单击 Save 按钮，可保存当前配置，即将当前正在内存中运行的配置，保存到启动配置中。

Running-config 代表当前正在内存中运行的配置，该配置信息关机掉电后就会消失。单击"Merge"按钮，可将指定的配置文件中的配置信息合并到当前的 Running-config 配置文件中。

（2）路由配置。路由配置有"static（静态）"和"RIP（动态）"两种。

单击 Static 按钮，可添加或删除静态路由，其配置界面如图 C-8 所示。

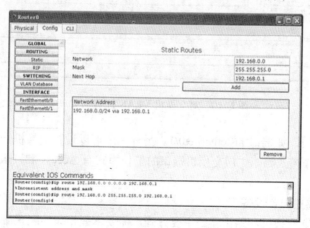

图 C-8　配置管理静态路由

单击 RIP 按钮，可添加或删除基于 RIP 路由协议的动态路由，其配置界面如图 C-9 所示。

（3）接口配置。单击 Interface 按钮可展开显示该设备拥有的接口。选中要配置的接口后，在右侧的界面中将显示对该接口的配置与管理界面。

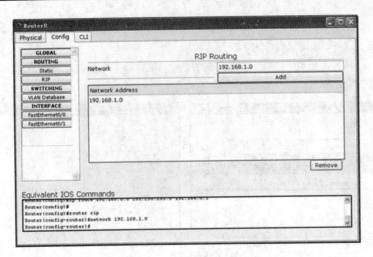

图 C-9　配置管理动态路由

对接口的配置主要包括端口的状态、通信速率、双工方式、IP 地址、子网掩码等。对于 MAC 地址，通常采用默认值，不用修改；若要修改，则应保证不要重复。

对交换机的配置，其配置项主要是创建 VLAN，指派端口属于哪一个 VLAN、配置 Trunk 端口和配置路由等方面。

单击 VLAN Database 按钮可实现对交换机 VLAN 的配置与管理。如图 C-10 所示为 Cisco Catalyst 3560 交换机的 VLAN 配置界面。

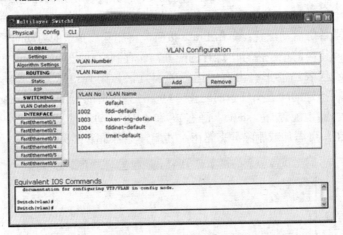

图 C-10　对交换机 VLAN 配置与管理

单击交换机的端口，如端口 fastethernet0/1。另外，还可以设置交换机端口的状态、通信速率、双工方式、端口的工作模式等。二层交换机端口的工作模式有 Access 和 trunk 两种，可通过下拉框进行选择设置。

3）通过命令行方式配置设备

命令行方式是配置交换机和路由器的主要方式，需要掌握相关的配置命令和用法。

单击 CLI 选项卡，可切换到命令行配置界面。在该配置界面中，通过输入交换机和路由器的命令来进行配置。交换机和路由器开机启动过程的画面也可在该界面中显示输出，如图 C-11 所示。执行 enable 命令，可进入特权模式，在该模式执行 show running 命令可显示当前的配置。

其他命令的用法和在交换机上配置命令和用法是一样的。图形化配置方式金能进行一些简单的配置，较复杂的配置仍要通过命令行方式来实现，如对路由器的 NAT 配置、子接口划分、配置 trunk 封装协议、访问控制列表等。

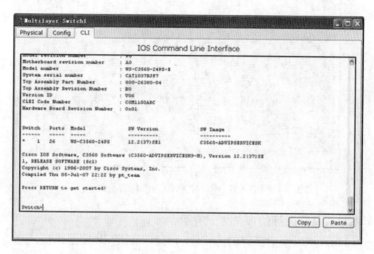

图 C-11　交换机的命令行配置界面

C.2.2　用户终端设备的配置方法

网络设备配置正确后，就应对网络中的用户主机和服务器进行配置，并测试网络访问是否正确。

在设备类型选择库单击"End Devices（终端设备）"图标，然后在"设备型号选择列表库"中选择用户终端，如"PC-PT"，拖动到工作区。

1）配置用户主机

单击工作区的用户终端"PC-PT"，打开用户终端配置界面，如图 C-12 所示。主要设置网关地址、用户主机的 IP 地址和子网掩码。

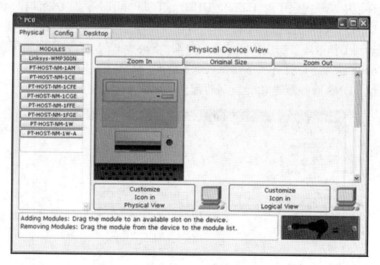

图 C-12　用户主机配置界面

单击 Config 选项卡，自动切换到对主机显示名、网关地址、DNS 服务器的配置界面。

单击 Interface 选项下的 fastethernet 选项，可进入对网卡的 IP 地址的设置界面。包括端口的状态、通信速率、双工模式，IP 地址的获取方式以及对 IPV6 的设置。

2）用户主机图形化界面

单击 Desktop 选项卡，可切换到用户主机的图形化界面，如图 C-13 所示。

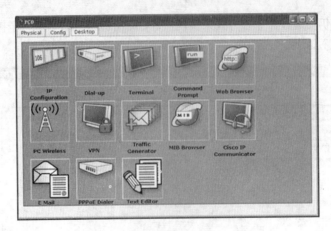

图 C-13　用户主机的图形化界面

在该图形化界面中，常用图标的含义如下所示。

- IP Configuration：将以模拟窗口的方式显示当前主机的 IP 配置信息。
- Dial-UP：实现拨号连接。
- Terminal：可打开虚拟超级终端。
- Command Prompt：可提供 MS-DOS 命令行环境，在该环境中可执行 arp、ping、ipconfig、telnet 和 tracert 等网络调试和诊断命令。
- Web Browser：将以图形化方式模拟一个浏览器，来访问虚拟实验环境中的 Web 服务器，以检查网络配置和 Web 服务器能否正常访问。
- PC Wireless：配置和管理无线网络。用户主机需要配置无线网络接入设备。

3）配置服务器

在虚拟实验环境中，还提供了对 HTTP、DHCP、TFTP 和 DNS 服务器的模拟。在设备类型选择库单击 "End Devices（终端设备）" 图标，然后在 "设备型号选择列表库" 中选择用户终端，如 "Server-PT"，拖动到工作区。单击工作区的用户终端 "Server-PT"，打开服务器配置界面。

（1）单击 Conifg 选项卡，打开服务器全局配置界面，如图 C-14 所示。可以对主机显示名进行更改，对网关地址、DNS 服务器的 IP 地址进行配置。

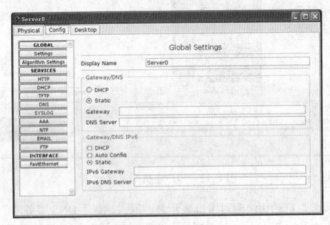

图 C-14　服务器全局配置界面

（2）单击 Service 选项可展开或折叠主机所支持的服务。如单击 DHCP 选项可进入对 DHCP 服务器的配置界面，如图 C-15 所示。

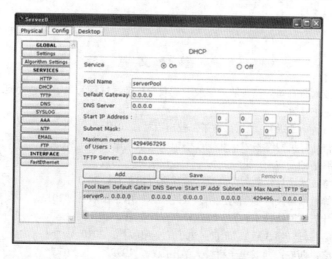

图 C-15　DHCP 服务器配置界面

（3）单击 Interface 选项下的 FastEthernet 选项，可实现对服务器主机 IP 地址的配置。

（4）单击 Desktop 选项卡，可切换到服务器的图形化界面，如图 C-16 所示。

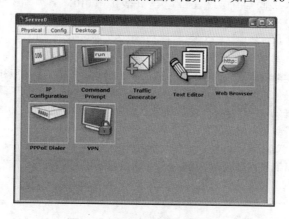

图 C-16　服务器的图形化界面

在该图形化界面中，常用图标的含义如下所示。

● IP Configuration：将以模拟窗口的方式显示当前主机的 IP 配置信息。

● Command Prompt：可提供 MS-DOS 命令行环境，在该环境中可执行 arp、ping、ipconfig、telnet 和 tracert 等网络调试和诊断命令。

● Web Browser：将以图形化方式模拟一个浏览器，来访问虚拟实验环境中的 Web 服务器，以检查网络配置和 Web 服务器能否正常访问。

C.2.3　模拟实验环境的使用

在模拟器中模拟试验环境进行实验的步骤一般如下所示。

（1）在模拟器虚拟实验环境中，按照方案设计中的设备选型选择网络设备如交换机和路由器，然后添加用户主机和服务器。

（2）选择合适的传输介质按照方案设计中的网络拓扑图把网络设备和用户主机连接起来。

（3）配置网络设备。

（4）配置用户主机和服务器。

（5）在用户主机上通过 ping、tracert 等命令调试诊断命令来监测网络是否畅通，服务器能否正常访问。

参 考 文 献

[1] 教育部职业教育与成人教育司. 高等职业学校专业教学标准（试行）电子信息大类. 北京：中央广播电视大学出版社，2012.

[2] 谢希仁. 计算机网络（第 5 版）. 北京：电子工业出版社，2010.

[3] 季福坤. 数据通信与计算机网络技术. 北京：中国水利水电出版社，2003.

[4] 王路群. 计算机网络基础及应用. 北京：电子工业出版社，2012.

[5] 黄林国. 计算机网络技术项目化教程. 北京：清华大学出版社，2011.

[6] 姜波，李柏青. 计算机网络技术基础与应用. 大连：东软电子出版社，2013.

[7] 臧海娟，陶为戈. 计算机网络技术教程. 北京：科学出版社，2013.

[8] 李志球. 计算机网络基础（第 3 版）. 北京：电子工业出版社，2010.

[9] 雷震甲. 计算机网络. 西安：西安电子科技大学出版社，1999.

[10] 龚海刚. 计算机网络技术. 北京：电子工业出版社，2012.

[11] 马宜兴. 网络安全与病毒防范（第五版）. 北京：上海交通大学出版社，2011.

[12] 张蒲生. 计算机网络基础与应用技术. 北京：中国铁道出版社，2007.

[13] 柳青. 计算机网络技术基础. 北京：人民邮电大学出版社，2010.

[14] 梁裕. 网络综合布线设计与施工技术. 北京：电子工业出版社，2011.

[15] 禹禄君. 综合布线技术项目教程（第 2 版）. 北京：电子工业出版社，2011.

[16] 谢希仁. 计算机网络（第三版）. 大连：大连理工大学出版社，1989.

[17] 陈明等. 计算机网络实验教程从理论到实践（第 3 版）. 北京：机械工业出版社，2007.

[18] 思科公司. 思科网络技术学院教程. 北京：人民邮电出版社，2004.

[19] 季福坤. 数据通信与计算机网络（第二版）. 北京：中国水利水电出版社，2011.

[20] 高传善. 数据通信与计算机网络. 北京：高等教育出版社，2004.

[21] 熊桂喜. 计算机网络（第 3 版）. 北京：清华大学出版社，2004.

[22] 杨心强. 数据通信与计算机网络教程. 北京：清华大学出版社，2013.